은여우 길들이기

은여우 길들이기

리 앨런 듀가킨·류드밀라 트루트 지음 | 서민아 옮김

HOW TO TAME A FOX

AND BUILD A DOG

선구적인 과학자, 카리스마 넘치는 지도자,
언제나 따뜻한 마음을 잃지 않았던
드미트리 벨랴예프를 추억하며 이 책을 바칩니다.

목차

왜 여우는
개처럼 될 수 없을까?

아무런 준비 없이 완벽한 개 한 마리를 만들고 싶다고 하자. 이때 중요한 요소는 뭘까? 충성심과 영리함은 필수 요소다. 귀여운 외모와 몸짓도 빠져서는 안 되겠지. 다정한 눈동자, 당신이 나타나길 기대하는 것만으로도 좋아서 마구 흔들어대는, 동그랗게 말린 북슬북슬한 꼬리는 어떨까. '난 예쁘지 않을지도 몰라. 하지만 내가 당신을 사랑하고 필요로 하는 거, 당신도 알지?'라고 외치는 것만 같은, 잡종견의 얼룩덜룩한 털에 우리는 폭 안겨버릴지도 모른다.

그런데 사실 우리는 굳이 이런 개를 만들려 애쓰지 않아도 된다. 류드밀라 트루트(이 책의 공저자 가운데 한 사람)와 드미트리 벨랴예프가 이미 우리를 위해 만들어놓았으니까. 뭘? 완벽한 개를. 실은 개가 아니라 여우지만. 아무튼 잘 길들인 녀석이다. 그들은 이 길들인 동물을 빠른 시간 안에 ― 전혀 새로운 생물체를 탄생시키기에는 놀랍도록 빠른 시간 안에 — 만들어냈다. 이 같은 성과를 거둔 시간은 6년이 채 안 되었는데, 우리 선조들이 늑대를 개로 길들이기까지 걸린 시간에 비하면 진화적 시간으로 눈 한번 깜박거리는 사이에 지나지 않는다. 두 사람은 영하 40도라는, 보통은 견디기 힘들 정도로 추운 시베리아에서 이 연구를 진행했다. 이곳에서 류드밀라와 그녀보다 먼저 연구를 시작한 드미트리는 동물의 행동과 진화에 관해 믿기 어려울 만큼 놀라운 실험들을 상당히 오랜 기간에 걸쳐 실시했다. 그리고 그 결과 우리의 얼굴을 핥으며 심장을 녹일 만큼 귀엽고 순한 여우를 탄생시켰다.

지금까지 많은 글에서 여우 길들이기 실험을 소개했지만, 실험에 얽힌 모든 이야기를 자세하게 알린 글은 이 책이 처음이다. 사랑스러운 여우들, 과학자들, 여우를 돌본 사람들(실험에 대해 결코 완벽하게 이해하지 못하지만 모든 것을 희생한 가난한 현지인들), 실험들, 정치적 음모, 거의 비극이라고 할 만한 사건과 정말 비극적인 사건, 러브 스토리, 보이지 않는 곳에서 이루어진 일 등, 모든 이야기가 이 책 속에 담겨 있다.

이 모든 일은 1950년으로 거슬러 올라가 오늘날까지 이어지지만, 우리는 잠시 1974년으로 건너가보자.

그해 어느 맑고 화창한 봄날 아침, 아직 햇살이 겨울에 내린 눈을 녹이지 못하던 때, 류드밀라는 시베리아의 실험용 여우 농장 모퉁이에 위치한 작은 집으로 거처를 옮겼다. 이 여우 농장에는 푸신카 Pushinka라고 하는 아주 작은 여우 한 마리가 있었다. 푸신카는 러시아 말로 '작은 솜털 뭉치'라는 의미다. 푸신카는 날카로운 검은 눈, 끝이 은색인 까만 털, 왼쪽 뺨 위로 죽 이어진 흰색 반점이 특징인 아름다운 암컷 여우로 갓 돌이 지난 상태였다. 온순한 행동, 개와 유사한 애정표현으로 푸신카는 여우 농장에 있는 모든 이들의 사랑을 한 몸에 받았다. 류드밀라와 그녀의 동료 과학자들, 그리고 지도자인 드미트리 벨랴예프는 지금이야말로 푸신카가 잘 길들었는지, 정말로 애완 여우가 될 수 있을 만큼 만족스럽게 바뀌었는지 확인할 때라고 판단했다. 이 작은 여우는 과연 집안에서 인간과 함께 생활할 수 있을까?

드미트리 벨랴예프는 통찰력 있는 과학자이자 유전학자로서, 러시아에서 매우 중요한 민간 모피 산업에서 일하고 있었다. 벨랴예프가 경력을 시작할 당시엔 유전학 연구가 엄격히 금지되었기에 그는 모피 품종개량 업무를 맡았다. 왜냐하면 이 일을 핑계로 유전학 연구를 계속 할 수 있었기 때문이다. 푸신카가 태어나기 22년 전, 벨랴예프는 동물 행동 연구에서 전례가 없는 실험 하나를 시작했다. 길들인 여우를 사육하기 시작한 것이다. 그는 늑대 대신 늑대와 유전적으로 가까운 사촌인 은여우를 대상으로 늑대가 개처럼 사육되는 과정을 모방하고자 했다. 만일 여우를 개와 유사한 동물로 변화시킬 수 있다면, 가축화가 이루어진 과정에 관한 오랜 수수께끼를 해결하게 될지 몰랐다. 심지어 인간의 진화에 관한 중요한 통찰력을 발견할지도 몰랐다. 어쨌든 우리는 본질적으로 길들어진 유인원이었으니까.

화석은 어떤 종의 가축화가 언제 어디에서 일어났는지에 대한 실마리와, 그 과정에서 동물들이 어떤 변화 단계를 거쳤는지에 대한 대략적인 이해를 제공한다. 그렇지만 가축화가 애초에 어떻게 시작됐는지는 말해주지 않는다. 인간의 접촉을 몹시도 싫어하던 사나운 야생동물들은 어떻게 우리 인간 조상들이 사육을 시작할 정도로 고분고분해졌을까? 만만치 않게 사나웠던 우리의 야생 선조들은 어떻게 인간으로 변화하기 시작했을까? 동물의 야생을 길들이는 실시간 실험이 그 해답을 제공할지도 몰랐다.

벨랴예프의 실험 계획은 대담했다. 종의 가축화는 수천 여년의 시간에 걸쳐 서서히 진행된 것으로 평가되었다. 그러니 실험이 수십 년 동안 이루어졌다 할지라도 어떻게 중요한 결과를 기대할 수 있었겠는가? 하지만 벨랴예프에게는 이름을 부르면 다가오고 목줄 없이도 농장에 풀어놓을 수 있는, 개와 아주 많이 닮은 푸신카 같은 여우가 있었다. 푸신카는 작업자들이 주위에서 일을 하고 있으면 그들을 따라다녔고, 류드밀라와 함께 시베리아의 노보시비르스크 변두리 농장으로 이어지는 조용한 시골길을 산책하는 걸 무척 좋아했다. 그리고 푸신카는 그들이 길들이기 위해 번식시킨 수백 마리 여우들 가운데 한 마리일 뿐이었다.

류드밀라는 푸신카와 함께 농장 모퉁이에 위치한 집으로 이사하면서 여우 실험을 전례 없는 영역으로 발전시키고 있었다. 여우들을 길들이기 위해 15년간 지속해온 유전자 선별은 확실히 성과를 거두었다. 이제 벨랴예프와 류드밀라는 푸신카가 류드밀라와 함께 생활하는 동안 개들이 인간과 맺는 것과 같은 특별한 유대 관계를 발전시킬지 확인하고 싶었다. 애완동물을 제외한 대부분의 가축화된 동물들은 인간과 친밀한 관계를 맺지 않는다. 지금까지 가장 강한 애착과 충성심은 주인과 개 사이에서 나타났다. 무엇이 이런 차이를 만드는 걸까? 인간과 동물 사이의 깊은 유대감은 오랜 시간에 걸쳐 발전했을까? 아니면 류드밀라와 벨랴예프가 이미 여우들에게서 보았던 수많은 다른 변화들과 마찬가지로 인간에 대한 친밀함은 금세 드러날 수 있는 변화였을까? 인간과 함께 생활하는 것은 길들인 여우에게 자연스러운 일이었을까?

류드밀라는 푸신카를 처음 만난 지 얼마 안 되어 친구가 되기로 결정했다. 당시 푸신카는 태어난 지 3주 된 작고 사랑스러운 아기 여우로 오빠 언니들과 함께 뛰어놀고 있었다. 류드밀라는 푸신카의 눈동자를 들여다보며, 지금까지 어떤 여우에게도 느껴보지 못한 깊은 친밀감을 느꼈다. 푸신카 역시 인간의 접촉에 굉장한 열의를 보였다. 푸신카는 류드밀라나 농장의 작업자들 가운데 누군가 가까이 다가오면 흥분해서 열심히 꼬리를 흔들고, 좋아서 킹킹대고, 하던 일을 멈추고 자기를 쓰다듬어 달라는 분명한 요구의 표현으로 그들을 간절히 올려다보곤 했다. 그리고 요구대로 해주지 않으면 아무도 푸신카 옆을 지나갈 수 없었다.

푸신카는 한 살이 됐을 때 짝짓기를 해서 새끼를 뱄다. 이제 류드밀라는 푸신카를 집안에 들이기로 했다. 그렇게 하면 푸신카와 함께 생활하면서 푸신카가 어떻게 적응할지 관찰할 수 있을 뿐 아니라, 인간들 곁에서 태어난 새끼 여우들이 농장에서 태어난 새끼 여우들과 다른 방식으로 사회화되는지도 관찰할 수 있을 터였다. 1975년 3월 28일, 분만 예정일 열흘 전에 푸신카는 새집으로 옮겨졌다.

약 65제곱미터 넓이의 집은 세 개의 방과 주방, 욕실로 이루어져 있었다. 류드밀라는 방 하나에는 침대 하나와 작은 소파, 책상 하나를 놓아 침실 겸 사무실로 사용했고, 다른 방에는 푸신카가 지낼 거처를 마련했다. 공용 공간으로 사용하는 나머지 방은 의자 몇 개와 테이블 하나를 갖추어 이곳에서 식사를 하기도 하고, 가끔 연구 조교들이나 방문자들이 모이기도 했다. 푸신카는 온 집안을 자유롭게 돌아다닐 터였다.

집에 온 첫날 이른 아침, 푸신카는 무척 불안한 모습으로 방마다 들락거리면서 온 집안을 뛰어다니기 시작했다. 보통 새끼를 밴 여우들은 출산이 임박하면 자기 거처에서 누운 채 대부분의 시간을 보내지만, 푸신카는 이 방에서 저 방으로 분주히 서성거렸다. 자기 자리 바닥에 깔린 나무 조각들을 할퀴다가 잠시 눕는가 싶더니, 이내 다시 벌떡 일어서서는 온 집안을 또 한 바퀴 도는 것이었다. 류드밀라와 함께 있는 것이 편했고 자기를 쓰다듬어 달라고 종종 류드밀라에게 다가오기도 했지만 불안해하는 모습이 역력했고, 류드밀라가 푸신카의 간식으로 가지고 온 작은 치즈 조각과 사과 하나 외에는 온종일 아무 것도 먹으려 들지 않았다.

그날 오후 류드밀라의 딸 마리나와 마리나의 친구 올가가 왔다. 두 아이들은 이사를 하는 중요한 날인만큼 그곳에 계속 있고 싶어 했다. 밤 11시 무렵, 푸신카는 여전히 집안을 서성거리고 있었고 세 사람은 이제 그만 잘 준비를 했다. 두 아이가 류드밀라의 침대 옆 바닥에 담요를 덮고 누우려던 참이었다. 너무나 뜻밖에도, 그리고 류드밀라로서는 정말 다행히도, 그들이 막 잠이 들기 시작했을 때 푸신카가 살그머니 방안으로 들어와 아이들 바로 곁에 나란히 눕는 것이었다. 그러더니 마침내 안심하고 잠이 들었다.

류드밀라가 푸신카와 여러 달을 함께 보내면서 알게 되겠지만, 이후로 이 작고 사랑스러운 여우는 그녀와 함께 하는 생활이 더할 나위 없이 편안해졌을 뿐 아니라 가장 충실한 개들 못지않게 충성스러워졌다.

01 대담한 아이디어

    1952년 어느 가을 오후, 서른다섯 살의 드미트리 벨랴예프는 특유의 복장인 검은색 양복과 넥타이 차림으로, 모스크바에서 출발해 발트해 연안에 위치한 에스토니아의 수도 탈린으로 향하는 밤 기차에 올랐다. 탈린은 핀란드만 연안에 위치하지만, 당시엔 제2차 세계대전 이후 동유럽과 서유럽을 가르는 철의 장막 뒤에 가려져 있어 핀란드와는 전혀 딴 세상이었다. 벨랴예프는 신뢰하는 동료인 니나 소로키나와의 면담을 위해 이곳으로 가는 길이었다. 벨랴예프가 육종 기술 발전을 위해 여러 여우 농장에서 일할 때, 그중 한 곳에서 육종 기술 책임자였던 니나 소로키나와 함께 일한 적이 있었다. 유전학을 전공한 벨랴예프는 정부가 운영하는 모스크바 모피 동물 품종개량 중앙연구소의 선임 과학자로, 아름답고 고급스러운 모피를 생산하기 위해 정부가 운영하는 여러 곳의 여우와 밍크 상업농장에서 육종 기술자들을 돕는 임무를 맡았다. 동물의 가축화가 어떻게 시작되었느냐 하는 문제는 동물 진화 연구에서 매력적인 미해결 문제들 가운데 하나다. 벨랴예프는 이에 관한 자신의 이론을 시험할 수 있도록 도와달라는 부탁에 소로키나가 동의하길 바랐다.

벨랴예프는 담배 몇 갑, 삶은 달걀과 딱딱한 살라미로 만든 간단한 도시락, 책 몇 권과 과학 논문들을 가지고 갔다. 그는 광활한 소련 전역에 흩어져 있는 여우와 밍크 농장을 향해 수시로 장거리 기차여행을 했는데, 워낙 열렬한 독서광이라 항상 여러 권의 과학 서적과 논문은 물론이고 훌륭한 소설, 희곡집, 시집 들을 가지고 다녔다. 유럽과 미국의 수많은 실험실에서 물밀 듯 쇄도하는 유전학 및 동물 행동에 관한 주요 최신 연구 결과 및 이론들을 따라잡아야 할 때조차도 언제나 러시아 문학을 향한 애정으로 따로 시간을 마련했다. 벨랴예프는 수백 년의 정치적 혼란기를 거치는 동안 동포들이 겪은 고난을 표현한 작품들, 수십 년 전 스탈린이 정권을 잡은 이후 소련에 불어 닥친 갖가지 격변과 깊이 관련된 작품들을 특히 열정적으로 좋아했다.

드미트리의 문학 취향은 종종 못 배운 농부들이 약삭빠른 꾀로 박식한 주인들을 이겨 먹는, 소련이 사랑하는 이야기꾼 니콜라이 레스코프의 재미있는 설화에서, 1917년 러시아 혁명 직전 "거대한 사건이 다가오고 있다"라는 예언적인 글을 쓴 알렉산드르 블로크의 신비주의적 상징시에 이르기까지 매우 다양했다. 그 가운데 그가 가장 좋아하는 작품은 19세기 러시아의 위대한 시인이며 극작가인 알렉산드르 푸시킨의 희곡 〈보리스 고두노프〉였다. 이 작품은 역대 헨리 왕들에 관한 셰익스피어의 여러 희곡에 영향을 받은 교훈적인 이야기로, 서구와 통상을 열고 교육 개혁을 시작했지만 자신의 적들을 혹독하게 다루었던 개혁가이자 인기 있는 러시아 황제의 격정적인 통치 기간을 그렸다. 1605년 고두노프가 뇌졸중으로 갑작스레 사망하게 되면서 러시아 동란의 시대로 알려진 피비린내 나는 시민전쟁 시대가 시작되었다. 350년 전의 이 잔혹한 시기는 드미트리가 성장하던 1930년대와 40년대에 스탈린에 의해 빈번하게 지속된 테러와 참화 속에 그대로 반영되었다. 스탈린의 숙청 작업은 수백만 명의 목숨을 앗아갔고 그의 잘못된 농업 정책으로 기근이 끊이지 않았다.

스탈린은 유전학 연구에 대해서도 엄중한 탄압 정책을 옹호했기 때문에 1952년에 러시아에서 유전학자가 된다는 건 여전히 매우 위험한 일이었다. 하지만 벨랴예프는 자기 자신과 자신의 경력에 미칠 커다란 위험을 무릅쓰고 유전학 분야의 최신 결과들에 대해 관심을 놓지 않았다. 한편 스탈린의 지지를 받으며 10년 넘게 과학자 행세를 해오던 사기꾼 트로핌 리센코는 소련 과학계에 엄청난 영향력을 행세했는데, 그 주요 명분 가운데 하나가 유전학 연구에 대한 맹렬한 반대운동이었다. 그로 인해 많은 최고의 연구자들이 자리에서 물러나 포로수용소로 내몰리거나 강제로 사임 당해 하찮은 직위를 받아들여야 했다. 이 분야의 주요 인물이었던 드미트리의 형을 비롯한 일부 연구자들은 죽임을 당하기도 했다. 리센코가 집권하기 전만 해도 러시아는 유전학에서 세계 선두를 달리던 국가였다. 서양의 많은 훌륭한 유전학자들 — 미국인 허먼 멀러 같은 — 은 소련의 유전학자들과 함께 연구할 기회를 얻기 위해 동쪽을 향해 먼 길을 여행하기도 했다. 그러나 이제 러시아의 유전학은 모든 진지한 연구들이 엄격하게 금지될 정도로 완전히 파괴되었다.

그렇지만 드미트리는 리센코와 그의 일당들이 결코 자신의 연구를 방해하지 못하게 하리라고 단단히 결심했다. 그가 실시한 여우와 밍크의 품종개량 연구는 가축화라는 중요하지만 아직 해결하지 못한 수수께끼에 아이디어를 제공했는데, 그것을 검증할 방법을 찾지 않고 넘기기에는 아이디어가 상당히 근사했다.

문명의 발전에 없어서는 안 될 소, 양, 염소, 돼지를 가축화하기 위해 우리 조상들이 이용한 육종 방법은 익히 잘 알려져 있었다. 드미트리는 여우와 밍크 농장에서 실시한 자신의 연구에 매일 이 방법을 이용했다. 하지만 애초에 가축화가 어떻게 시작되었는가 하는 문제는 여전히 수수께끼로 남아 있었다. 가축으로 길들인 동물의 조상들은 야생 상태에 있었을 때 인간이 접근하면 무서워서 곧장 달아나거나 공격했을 것이다. 그렇다면 이런 행동을 변화시켜 번식을 가능하게 만들기까지 대체 무슨 일이 있었던 걸까?

벨랴예프는 자신이 답을 찾을 수 있을 거라고 생각했다. 고생물학자들은 가장 처음 가축화된 동물은 개라고 주장했고, 지금까지 진화생물학자들은 개가 늑대로부터 진화되었다고 확신했다. 드미트리는 인간의 접촉을 본능적으로 싫어하고 잠재적으로 공격적인 늑대 같은 동물이 어떻게 수만 년에 걸쳐 사랑스럽고 충성스러운 개로 진화했을까 하는 문제에 매료되었다. 그러다 여우의 품종개량에 관한 자신의 연구에서 중요한 단서를 얻었고, 아직 초기 단계에 있는 자신의 이론을 시험하고 싶었다. 그는 이 진화 과정이 처음에 어떻게 작동되었을지 알 것 같았다.

벨랴예프는 탈린으로 향했다. 전례 없는 대담한 프로젝트를 시작하도록 도와달라고 니나 소로키나에게 부탁하기 위해서였다 — 그는 늑대가 개로 진화한 방식을 모방하고 싶었다. 여우는 유전적으로 늑대와 가까운 친척이므로, 늑대에서 개로 진화할 때 관련된 유전자라면 어떤 유전자든 소련 전역의 농장에서 기르고 있는 은여우도 공유할 가능성이 높을 것 같았다.[1] 모피 동물 품종개량 중앙연구소의 선임 연구자로서, 그는 자신이 계획한 실험을 하기에 더할 나위 없이 좋은 지위에 있었다. 소련 정부는 모피 수출로 벌어들이는 외국 통화로 재원을 마련하는 일이 절실히 필요했기 때문에 드미트리의 품종개량 연구는 매우 중요했다. 따라서 그는 자신의 실험에 대해 모피 생산을 향상하기 위한 노력의 일환이라고 설명하면 안전하게 실험을 진행할 수 있을 거라고 믿었다.

그렇다 하더라도 드미트리가 계획한 여우 가축화 실험은 모스크바에 있는 리센코 일당의 훔쳐보는 시선을 따돌려야 할 만큼 위험했다. 그가 저 멀리 탈린에 위치한 여우 농장에서 육종 프로그램의 보호 아래 실험을 시작할 수 있도록 도와달라고 니나에게 부탁해야겠다고 결심한 이유도 그래서였다. 그는 더 부드럽고 윤기가 흐르는 모피를 생산하기 위해 니나와 공동 프로젝트를 실시해 여러 차례 성공한 바 있었기 때문에 니나가 매우 재능 있는 연구자라는 걸 알고 있었다. 그들은 좋은 관계를 이어왔던 터라 드미트리는 니나를 신뢰할 수 있었고 니나 역시 자신을 신뢰한다고 믿었다.

드미트리의 실험 계획은 유전학 연구에서 지금까지 한 번도 실시된 적 없는 규모였다. 지금까지는 주로 아주 작은 바이러스와 박테리아 혹은 빠르게 번식하는 파리와 쥐를 대상으로 실험했지, 1년에 딱한 번 짝짓기를 하는 여우와 같은 동물을 대상으로 실험한 적은 없었다. 새끼 여우들을 각 세대마다 교배시키는 데 걸리는 시간 때문에 실험이 결과를 얻기까지는 몇 년, 어쩌면 몇십 년, 아니 그보다 더 오랜 기간이 걸릴지 몰랐다. 하지만 드미트리는 장기간의 헌신과 위험을 모두 감수할 가치가 있는 실험이라고 생각했다. 실험 결과가 나오면 틀림없이 획기적인 성과를 거두게 될 것이었다.

드미트리 벨랴예프는 위험을 피하는 사람이 아니었다. 그는 스탈린 통치의 위험 상황을 헤쳐 나가기 위해 자신이 지닌 많은 도구들을 어떤 식으로 사용해야 하는지 잘 알았다. 제2차 세계대전이 일어나자 즉시 소련군에 입대해 최전선에서 독일군에 대항하여 용감히 싸웠고, 전쟁이 끝날 무렵엔 겨우 스물여덟 나이에 소령으로 진급했다. 군 복무에서도, 고가에 팔리는 아름다운 모피 생산을 위한 모피 품종 개량 기술에서도 정부 고위 관리자들의 신임을 받았고, 최고의 과학자이며 일 잘 하는 사람이라는 평판을 얻었다. 또 자신의 넘치는 매력과 사람들을 매료시키는 인상을 이용할 줄도 알아 명성을 더욱 빛나게 했다.

벨랴예프는 단단한 턱, 숱 많은 검은 머리칼, 사람을 꿰뚫어보는 듯한 흑갈색 눈동자가 매력인 아주 잘생긴 남자였다. 172센티미터의 키에도 불구하고 자신감과 위엄 있는 자세로 풍채가 당당하다는 인상을 주었다. 그와 함께 일한 사람들은, 심지어 아주 잠시 그를 만난 사람이라도, 그를 묘사해달라는 부탁을 받으면 그의 눈빛에서 뿜어져 나오는 놀라운 힘을 언급하지 않을 수 없었다. 한 동료는 이렇게 회상한다. "드미트리가 우리를 바라볼 땐 우리를 꿰뚫어보면서 우리의 마음을 읽고 있었습니다. 그의 사무실에 가는 걸 좋아하지 않는 사람도 있었어요. 무슨 잘못을 하거나 처벌을 받을까봐 두려워서가 아니었습니다. 그의 눈동자, 시선이 무서웠기 때문이었지요." 벨랴예프는 이런 자신의 인상을 잘 알고 있었고, 사람들과 이야기할 때 종종 뚫어져라 쳐다보며 사람들을 자신의 시선 속에 가두곤 했다. 그에게 무언가를 숨기거나 그를 속이기란 불가능할 것 같았다.

탁월함에 대한 드미트리의 높은 기준은 일부 동료 과학자들과 그를 위해 일하는 사람들을 크게 고무시켰고, 그들 대부분은 그에게 열정적으로 헌신했다. 드미트리는 그들에게 자신감을 불어넣으며 연구에 최선을 다하도록 독려하면서 그들과 함께 끊임없이 새로운 연구 방안을 탐구했다. 그는 활발한 토론 방식을 지지해 새로운 견해가 오가는 솔직한 토론을 장려했고, 열띤 분위기 속에서 적극적으로 아이디어를 주고받는 걸 무척 좋아했다. 그러나 그와 함께 일한 사람들 가운데에는 그의 리더십을 썩 달가워 않는 사람도 있었고, 그의 폭발적인 열정과 에너지에 위축된 사람도 있는가 하면, 책임 회피나 모든 종류의 가십, 모의를 경멸하는 그의 태도를 두려워하는 사람도 있었다. 그는 최고의 연구와 신뢰를 기대할 수 있는 사람과 그럴 수 없는 사람을 구분할 줄 알았다. 니나 소로키나는 양쪽 모두에서 그가 믿을 수 있는 사람들 가운데 한 명이었다.

탈린까지 기차로 먼 길을 달려온 드미트리는 남쪽으로 향하는 시내버스를 타고 이름과는 어울리지 않게(탈린Tallinn은 '덴마크 사람의 거리'라는 뜻이다 — 옮긴이) 심하게 울퉁불퉁한 도로를 달려 여러 개의 작은 마을을 지났다. 그의 목적지는 에스토니아 숲속 깊숙한 곳에 박힌 코힐라라는 아주 작은 마을이었다. 아니, 마을이라기보다 무슨 집단 거류지라고 하는 편이 더 어울렸는데, 전 지역에 흩어져 있는 수십 개 산업 규모 모피 농장의 전형적인 형태였다.[2] 약 1500마리의 은여우가 수용된 60여 헥타르 크기의 농장에는 금속 지붕이 덮인 긴 목조 작업장 수십 개가 늘어서 있고, 각각의 작업장에는 수십 개의 우리가 마련되었다. 작업자들과 그 가족들은 농장에서 도보로 십 분 거리에 위치한 초라한 정착지에서 생활했다. 정착지는 우중충한 주택 몇 채, 작은 학교 하나, 상점 몇 개, 사교 클럽 두어 개로 이루어져 있었다.

니나 소로키나는 이 외딴 거류지의 삭막한 배경과 다소 어울리지 않는 사람이라는 인상을 줬다. 니나는 검은 머리칼이 매력적인 30대 중반의 아름다운 여성이었고, 이처럼 중요한 산업에서 영향력 있는 위치에 오를 만큼 매우 지적이고 자기 일에 무척 열정적인 사람이었다. 워낙 방문객을 따뜻하게 맞는 니나는 드미트리가 그녀의 농장에 방문할 때마다 기꺼이 자신의 사무실에서 차를 마시자고 권했다. 드미트리가 긴 여행을 마치고 농장에 도착했을 때, 그들은 조용히 이야기를 나누기 위해 곧바로 그녀의 사무실로 향했다. 드미트리는 차와 케이크를 앞에 놓고 언제나처럼 담배를 입에 물면서 자신이 제안하려는 바 ― 은여우를 가축화하려는 계획 ― 를 니나에게 말했다. 니나가 이 친구가 약간 정신이 나간 게 아닐까 생각한 것도 무리가 아니었다. 모피 농장에서 사육하는 대부분의 여우들은 굉장히 공격적이어서, 작업자와 사육사들이 다가가면 날카로운 송곳니를 드러내며 사납게 으르렁거리면서 그들에게 달려들었기 때문이다. 여우들은 한번 물면 굉장히 세게 물기 때문에, 니나와 그녀의 사육 팀은 이 동물들 근처에 갈 땐 팔뚝 중반까지 올라오는 약 5센티미터 두께의 보호 장갑을 착용했다. 하지만 니나는 상당히 흥미를 느끼며, 이런 시도를 하려는 이유가 무엇인지 드미트리에게 물었다.

드미트리는 가축화와 관련해 아직 해결되지 않은 문제들에 늘 관심을 가져왔고, 가축화된 동물의 조상들은 거의 그렇지 않는데 반해 왜 가축화가 되면 1년에 여러 차례 새끼를 낳는지에 관한 수수께끼에 특히 매료되었다고 말했다. 만일 여우를 가축화할 수 있다면 여우는 더 여러 차례 새끼를 낳을 테고, 그러면 모피 산업에 큰 도움이 될 터였다. 그의 말은 사실이었지만, 니나와 그녀의 사육 팀을 위한 그럴듯한 눈가림이기도 했다. 누군가 그들에게 무슨 실험을 하느냐고 물으면, 모피의 품질과 매해 새끼의 출생 수 증가를 확인하기 위해 여우의 행동 및 생리학을 연구한다고 말하면 될 테고, 이것은 리센코에게 받아들여질 수 있는 연구 범위였다. 그러니 당국이 무슨 수로 이 연구에 이의를 제기할 수 있겠는가?

드미트리는 지나치게 자세히 설명해서 니나를 위태롭게 만들고 싶지 않았다. 사실의 전모는, 만일 실험이 성공하면 모든 종의 가축화에 관해 아직 해결되지 않은 여러 중요한 문제들의 답을 찾게 되리라는 것이었다. 벨랴예프는 동물들이 어떻게 가축화되었는지에 관해 기존에 알려진 내용을 연구하면 할수록, 이에 관한 수수께끼 같은 문제들에 더욱 흥미를 갖게 되었으며, 명확하게 설명하긴 어렵지만 어쩐지 자신이 제안하는 종류의 실험만이 그 해답을 제공할 수 있을 것 같았다. 가축화가 어떻게 시작되었느냐 하는 문제의 답을 달리 어떤 방법으로 찾을 수 있겠는가? 가축화 과정에서 이 첫 번째 단계에 관해 기록된 자료는 어디에서도 찾을 수 없었다. 개를 닮은 늑대나 길들인 말의 초기 형태처럼 가축화된 동물의 초기 화석들이 발견되긴 했지만, 과학자들은 이 화석들을 통해 애초에 어떻게 해서 그런 과정이 시작되었는지 거의 밝히지 못했다. 마침내 진화 초기 형태의 동물의 유해를 발견한다면 최초 발생한 생리적 변화들을 규명할 수 있겠지만, 그렇다 하더라도 이 변화들이 어떻게 왜 나타나게 되었는지는 설명해주지 못할 것이었다.

가축화에 관한 다른 많은 문제 역시 아직 풀리지 않았다. 그중 하나는 왜 지구상에 있는 수백만 동물 종 가운데 극히 소수의 동물 종만이 가축화되었느냐 하는 것이었다. 가축화된 동물 종은 전체 종 가운데 수십 종에 불과했으며 그 대부분이 포유류지만 어류와 조류 몇 종, 누에나방과 꿀벌을 비롯한 소수의 곤충도 포함되었다. 또 한 가지 풀리지 않은 문제는 가축화된 포유동물에게 일어난 상당수 변화가 그토록 유사한 이유가 무엇인가 하는 것이었다. 드미트리가 우상으로 여기는 지식인 가운데 한 사람인 다윈은 대부분 포유류의 털과 가죽에 군데군데 다양한 무늬들 — 반점, 얼룩, 얼굴의 흰 점, 그 밖에 여러 얼룩무늬 — 이 나타났다는 사실에 주목했다. 그뿐만 아니라 많은 포유류들이 늘어진 귀라든지 동그랗게 말린 꼬리, 새끼 때처럼 어려보이는 얼굴 같은, 야생의 사촌들은 성장 이후 더 이상 유지하지 않는 신체의 특징들 — 이런 특징들을 유형성숙적 특징neotonic features이라고 하며, 매우 많은 종의 어린 동물들을 무척 사랑스럽게 보이게 한다 — 을 어린 시절부터 성체가 된 이후까지 줄곧 보유했다. 그렇다면 왜 이런 특징들이 사육자들에 의해 선택되었을까? 소의 가죽에 흑백의 반점이 있어 봤자 소를 키우는 농부들에게 아무런 이익이 없었을 텐데 말이다. 돼지 꼬리가 동그랗게 말리든 말든 돼지 치는 농부에게 무슨 상관이 있단 말인가?

어쩌면 이 같은 동물의 특징 변화는 인간의 사육과 관련한 인위선택 과정에서 비롯된 것이 아니라, 자연선택을 통해 일어났을지 모른다. 야생에서보다 덜할 뿐, 결국 자연선택은 가축화가 이루어진 이후에도 계속해서 작동한다. 야생 동물들은 주로 모습을 위장할 목적으로 자신의 털과 가죽에 온갖 종류의 반점이며 줄무늬며 여러 가지 무늬를 만들어낸다. 그렇다면 가축화된 동물이 만들어내는 반점과 얼룩무늬는 이 같은 위장 역할을 하지 않는데도 자연선택은 왜 이런 특징들을 장려하는 걸까? 틀림없이 다른 답이 있을 것이다.

가축화된 동물들 사이에서 볼 수 있는 또 한 가지 공통된 속성은 짝짓기 능력에 관한 것이다. 모든 야생의 포유동물은 1년에 단 한 차례, 매년 특정한 기간에 새끼를 낳는다. 어떤 동물은 그 기간이 며칠에 불과하고 어떤 동물은 몇 주, 심지어 몇 달 동안 이어진다. 예를 들어, 늑대는 1월과 3월 사이에 새끼를 낳는다. 여우가 새끼를 낳는 기간은 1월부터 2월 말까지다. 1년 중 이 기간은 생존을 위해 최적의 상태에 해당한다. 기온, 빛의 양, 먹이 등이 세상에 무사히 첫발을 내딛기에 가장 좋은 이 시기에 새끼들이 태어난다. 반면 가축화된 여러 종의 경우 연중 아무 때나 몇 달 동안 여러 차례 짝짓기를 할 수 있다. 가축화가 동물의 생명 활동에 그처럼 커다란 변화를 가져온 이유는 무엇이었을까?

벨랴예프는 가축화에 관한 이 모든 난제에 대한 해답은 모든 가축화된 동물의 본질적이고 결정적인 특성, 즉 온순함과 관련이 있다고 생각했다. 그는 이 한 가지 핵심적인 특성에 의해 동물을 선택한 우리 조상들이 가축화 과정을 주도했으며, 그리하여 이 동물들은 그들 종의 전형적인 유형보다 덜 공격적이고 인간을 덜 무서워했을 거라고 믿었다. 다른 바람직한 특성들 때문에 이런 동물들을 사육했더라도, 그전에 먼저 이 온순함이라는 특징이 동물과 함께 일하기 위한 가장 핵심 요건이 되었을 것이다. 동물로부터 얻으려는 것이 무엇이든 — 우유든 고기든 보호든 우정이든 — 인간은 주인에게 순하고 다정한

소, 말, 염소, 양, 돼지, 개, 고양이가 필요했다. 그리고 이 동물들 또한 먹이 때문에 횡포를 당하지 않고 보호자에 의해 해를 입지 않았을 것이다.

벨랴예프는 여우와 밍크의 품종개량에 대해 연구하면서 모피 농장에서 사육하는 대부분의 밍크와 여우들이 상당히 공격적이거나 사람을 두려워하며 겁을 먹는 반면, 몇몇은 사람이 다가가도 무척 차분하다는 사실에 주목했다고 니나에게 말했다. 이들은 차분함을 유지하도록 길러지지 않았으므로, 이 특성은 이들의 자연스러운 행동 변이 가운데 일부임이 분명했다. 벨랴예프는 이 현상이 모든 가축화된 동물의 조상에도 해당될 거라고 상정했다. 그리고 우리의 고대 조상이 동물을 키우면서 이런 선천적인 온순함을 선택하기 시작했기에, 동물들은 진화적 시간을 지나면서 점차 순해진 것이다. 그는 이처럼 가축화와 관련된 다른 모든 변화가 온순한 행동을 향한 선택 압력에 의해 촉발되었을 거라고 생각했다. 생존에 이점을 제공하는 인간을 피하거나 공격하기보다, 이제는 인간들 주위에 얌전하게 있는 편이 더 유리했다. 인간을 가까이 하는 동물들은 더 안정적으로 먹이에 접근했고 포식자들로부터 더 안전하게 보호받았다. 온순함을 선택한 것이 어떻게 동물들에게 일어났을 모든 유전적 변화의 원인이 되었는지는 아직 알 수 없지만, 벨랴예프는 한 가지 실험을 생각해냈고 이 실험이 마침내 해답을 제공하길 희망했다.

니나는 열심히 귀를 기울였다. 니나 역시 극히 소수지만 일부 여우들에게서 사람이 다가가면 매우 얌전해지는 모습을 목격한 적이 있어 벨랴예프의 이론에 흥미를 느꼈다. 벨랴예프는 니나와 그녀의 사육팀이 따라주었으면 하는 절차를 설명했다. 매년 1월 말 짝짓기 기간에 코힐라에서 가장 얌전한 여우 몇 마리를 선별해 서로 짝짓기를 시킨다. 이렇게 선별된 여우들 사이에서 낳은 새끼들 가운데 다시 가장 얌전한 새끼들을 선별해 서로 짝짓기를 시킨다. 세대 간 변화는 감지하기 어려우며 처음엔 확인조차 힘들겠지만, 가장 적절한 판단을 내려야 할 것이다. 벨랴예프는 아마도 이 방법을 통해 마침내 차츰 얌전한 여우들이 태어나게 될 테고, 그리하여 가축화의 첫발을 내딛게 될 거라고 제안했다.

드미트리는 또 니나와 그녀의 사육 팀이 여우 우리에 접근하거나 여우들 앞에서 양손을 들어 올릴 때 여우들의 반응을 자세히 관찰함으로써 얌전한 정도를 평가할 수 있을 거라고 제안했다. 심지어 우리의 창살 사이로 튼튼한 나무 막대를 집어넣고 여우들이 그것을 공격하는지 혹은 공격성을 억제하는지 확인할 수도 있을 것이다. 그러나 어떤 방법을 고안할지는 그들에게 맡길 터였다. 그는 니나의 판단을 믿었다. 니나 역시 드미트리의 아이디어가 추진할 가치가 있다고 확신했다.

니나가 동의하기에 앞서, 드미트리는 이 실험의 위험성에 대해 논의하고 싶었다. 그는 리센코 치하에서 가축화의 유전학에 관한 실험을 하는 것이 얼마나 위험한 일인지 니나도 잘 알 테지만, 그럼에도 불구하고 이 문제를 신중하게 고려해야 한다고 강조했다. 또한 니나의 팀 외에는 누구에게도 이 연구에 대해 언급하지 않는 것이 좋겠다고 말했고, 무슨 실험을 하느냐는 질문을 받으면 그저 모피의 품질을 향상시키고 매년 태어나는 새끼의 수를 증가시킬 수 있을지 확인하는 것이 실험의 목적이라고 대답하면 될 거라고 제안했다.

니나는 조금도 주저하지 않고 그를 돕겠다고 말했다. 니나와 그녀의 팀은 곧바로 실험을 시작하기로 했다.

실험을 돕겠다는 니나의 동의는 벨랴에프에게 매우 중요했다. 그는 이 작업이 중요한 연구의 시작이 되길 희망했다. 가축화에 대한 자신의 생각이 옳다면 이 연구는 획기적인 결과로 이어질 테니 말이다. 또한 이 연구는 대단히 혁신적인 연구를 해온 소련 유전학의 전통을 유지할 터이므로, 역시나 그에게 시급한 임무였다.

드미트리는 자기 세대의 연구자들이 이 전통을 되살릴 거라고 믿었다. 이 실험이야말로 자신의 역할을 다할 수 있는 최선의 방법이라고 확신했다. 그와 동료 유전학자들은 리센코와 그 일당이 진지한 연구를 저해하는 행태를 더 이상 묵인할 수 없었다. 머지않아 서양의 과학자들은 유전자 암호를 해독할 테고, 따라서 유전자가 어떻게 구성되는지, 동물의 성장과 일상적인 삶의 지배 방식에 관해 거의 모든 것을 결정하는 세포들에 유전자가 어떻게 메시지를 전달하는지 밝힐 게 분명했다. 이 새로운 과학 혁명에 소련의 유전학자들도 동참해야 했다. 지금이야말로 그의 형을 비롯한 과학 분야의 수많은 영웅들이 자신의 경력은 물론이고 때로는 생명까지 희생했던 선구적인 유전학 연구를 새롭게 구축할 때였다.

드미트리가 가축화 연구에 특히 영감을 받은 사람이 있었으니, 유전학이라는 대의를 위해 목숨을 바친 선구자들 가운데 한 명인 니콜라이 바빌로프였다. 니콜라이 바빌로프는 식물 재배에 대한 우리의 이해를 크게 발전시킨 사람인 동시에 세계에서 가장 중요한 식물 탐험가들 가운데 한 사람이었다. 그는 약 64개 나라를 여행하면서 전 세계 ─ 그리고 러시아 ─ 식량의 필수 원천인 씨앗을 수집했다. 러시아는 그의 생애 동안에만 세 차례 끔찍한 기근을 겪었고 그로 인해 수백만 명이 목숨을 잃었기 때문에, 바빌로프는 조국을 위해 농작물을 증산할 여러 가지 방법을 강구하는 데 일생을 바쳤다. 그는 1916년부터 씨앗을 모으기 시작했으며, 그의 노력은 드미트리가 존경을 표하고 싶을 만큼 수준 높은 연구와 인내의 전형이 되었다. 바빌로프는 경력을 막 시작할 무렵 참담한 손실이라고 할 만한 일을 겪었다. 영국에서 세계 주요 유전학자들과 함께 수학하던 그는 제1차 세계대전 시기에 러시아로 돌아오는 길에 배가 독일군의 기뢰에 충돌해 침몰했는데, 그 바람에 연구에 이용하기 위해 챙겨온 보물과도 같은 식물 표본을 전부 잃고 말았다.[3]

바빌로프는 이런 좌절에도 구애받지 않고, 질병에 덜 취약한 다양한 종류의 농작물을 찾는 새로운 연구 프로그램에 착수했다. 그는 재배종의 발생지를 찾기 위해서라면 아무리 먼 지역의 정글, 숲, 산악지대도 마다하지 않고 이동하여, 이윽고 전 세계의 재배 작물을 수집했다[4] 그는 하루 수면 시간이 네 시간에 불과한 것으로 알려졌는데, 여유 시간이 생기면 350편 이상의 논문과 여러 권의 책을 쓰고 열두 개 이상의 언어를 익혔던 것 같다. 또한 현지의 농부, 마을 사람들과 이야기를 나누며 자신이 연구하는 작물에 대해 그들이 알고 있는 모든 내용을 배우고 싶어 했다.

바빌로프의 수집 모험은 가히 전설적이라고 할 수 있는데, 1921년에 이란과 아프가니스탄으로 향하는 여정에서 시작해 캐나다와 미국을 방문했고, 1926년에는 에리트레아, 이집트, 키프로스, 크레타섬, 예멘을, 1929년에는 중국을 방문했다.[5] 첫 번째 여행에서는 이란과 러시아 국경에서 체포되었고, 독일어 교재 몇 권을 지니고 있다는 이유로 스파이로 몰렸다. 중앙아시아 팔미르 지역에서는 가이드에게 버림받고, 여행자 무리에서 쫓겨나고, 강도떼에게 공격을 당했다. 아프가니스탄 국경으로 이동 중일 땐 객차와 객차 사이를 건너다 떨어지는 바람에 기차가 굉음을 내며 달리는 동안 팔꿈치 두 개로 매달려서 갔고, 시리아로 향할 땐 말라리아와 발진 티푸스에 걸린 상태로 이동을 계속했다. 그의 전기 작가 중 한 사람은 그의 초인적인 열정에 대해 이렇게 기록했다. "6주 동안 외투조차 벗지 않았다. 낮에는 이동하면서 수집했고, 밤이 되면 현지인의 오두막 바닥에 몸을 던졌다 … 탐험 기간 내내 이질로 고생하면서 수천 개의 표본을 가지고 돌아왔다." 실제로 그는 역사상 누구보다 살아 있는 식물 표본을 많이 수집했고, 다른 사람들이 자신의 연구를 계속 이어가도록 하기 위해 수백 개의 현장연구소를 세웠다. 그뿐만 아니라 방대한 식물 표본을 수집하면서 세계 식물 재배의 중심지 여덟 군데를 발견하게 되었는데, 서남아시아, 동남아시아, 지중해, 에티오피아, 아비시니아, 멕시코와 페루 지역, 칠로에 군도(칠레 부근), 브라질과 파라과이 국경, 그리고 인도네시아 부근의 어느 섬 한가운데가 그곳이다.

1920년대에 바빌로프는 실제로 청년 리센코와 친구로 지내며 그를 돕기도 했다. 당시 리센코는 곡물 수확량 증가를 돕는 연구로 전 국민의 칭송을 받았는데, 이 일은 바빌로프에게도 매우 중요한 사명이었다. 바빌로프는 작물 육종에 관해 연구해야 한다는 리센코의 주장에 크게 마음이 끌려 처음엔 우크라이나 과학 아카데미 회원으로 그를 추천하기까지 했다. 그러나 곡물 수확량을 증가해야 한다는 리센코의 주장은 비극적이게도 스탈린의 관심을 끌게 되었고 마침내 리센코는 소련 과학계를 장악하게 되었는데, 그 과정은 가히 드미트리가 사랑하는 푸시킨의 작품에 나올 법한 이야기다.

　이 모든 일은 수 세기 동안 이어온 군주제에 의해 지주, 노동자, 농부로 크게 계급 분화가 지속된 이후, 1920년대 중반 공산당 지도부가 '보통 사람'을 찬양하기 위한 프로그램의 일환으로 교육을 받지 못한 다수의 사람을 프롤레타리아 계급에서 과학계의 권위 있는 직위로 승격시키면서 시작되었다. 우크라이나에서 소작농의 아들로 자란 리센코는 이 프로그램에 완벽하게 들어맞는 인물이었다.[6] 그는 열세 살이 되기 전까지 읽는 법조차 배우지 못했다. 대학 학위도 없었는데 원예 학교에 해당하는 학교에서 수학해 대학 학위에 준하는 학위를 받았다.[7] 작물 육종에서 받은 훈련이라고는 사탕무 재배에 관한 단기 과정이 전부였다.[8] 1925년, 리센코는 아제르바이잔에 위치한 간자 식물 육종 연구소에서 중간 수준의 일자리를 얻어 완두콩 파종 작업을 했다. 그러던 중 소작농 과학자들[9]의 기적과도 같은 성과에 대해 칭찬 일색의 기사를 쓰던 《프라우다》지 기자[10]를 설득해, 자신의 완두콩 작물 수확량이 평균 수확량을 크게 능가하고, 자신의 기술이 굶주리고 있는 국민을 먹여 살리는 데 도움을 줄 수 있다고 믿게 했다. 기자는 열렬한 찬사를 담아 다음과 같은 기사를 썼다. "맨발의 교수 리센코에게는 추종자들이 있으며 … 농경학 분야의 권위자들이 그를 찾아와 … 황공한 마음으로 그와 악수를 한다."[11] 기사는 백 퍼센트 가짜였다. 그러나 이 기사로 리센코는 단숨에 전 국민의 관심을 받게 되었는데, 그 가운데 이오시프 스탈린이 있었다.

　리센코는 곡물의 씨앗을 물속에 넣어 냉동한 후 심으면 추운 날씨가 지속되는 시기에도 밀과 보리 등의 곡물 수확량을 훨씬 높일 수 있는 일련의 실험을 하고 있다고 주장했다. 그의 말에 따르면 이 방법으로 소련 농지의 산출량을 단 몇 년 만에 두 배로 증가시킬 수 있을 터였다. 그러나 실제로 리센코는 농작물 수확량 증가에 관해 단 한 번도 제대로 된 실험을 한 적이 없었다. 본인은 '데이터'를 생성했다고 주장했지만 죄다 날조한 것이었다.

리센코는 자신의 협력자인 스탈린과 함께 유전학 연구의 평판을 떨어뜨리기 위한 운동을 벌였는데, 부분적으로는 진화에 관한 유전학 이론이 입증되면 자신이 사기꾼이라는 사실이 들통 나기 때문이었다. 그는 서양과 소련의 유전학자들을 불순분자라며 맹비난해 스탈린을 크게 만족시켰다. 1935년 크렘린에서 열린 한 농업학회에서 리센코가 유전학자들은 '파괴 공작원들'이라며 열변을 토하며 연설을 마치자, 스탈린이 자리에서 일어나 "브라보, 리센코 동지, 브라보"라며 외쳤다.[12]

바빌로프는 처음엔 리센코에게 속았지만, 시간이 지나 리센코의 주장들을 자세히 연구하면서 그의 결과를 의심하게 되었고, 자신의 제자에게 리센코의 결과를 반복할 수 있는지 확인하기 위한 실험을 실시하도록 했다. 그 결과 1931년부터 1935년까지 실시한 일련의 실험에서 리센코의 주장이 틀렸음이 입증되었다.[13] 이렇게 리센코가 사기꾼임이 밝혀지자 바빌로프는 이제 두려움을 모르는 그의 적수가 되었다. 그러자 스탈린이 이끄는 당중앙위원회는 이에 대한 보복으로 바빌로프의 해외여행을 전면 금지했고, 정부 대변지 《프라우다》는 그를 향해 공개적으로 맹비난을 가했다. 리센코는 바빌로프와 그의 제자에게 '그와 같은 잘못된 데이터를 소탕할 때 ⋯ 그 함축된 의미를 이해하지 못하는 이들' 또한 '소탕'해야 한다고 경고했다.[14] 바빌로프는 이에 굴하지 않고 계속해서 리센코에 대항했으며, 1939년 작물육종

협회 연합모임 연설에서 "우리는 장작더미 속으로 걸어 들어가 온몸을 불사를지언정 신념을 굽히지 않을 것이다"라고 선언했다.[15] 그리고 얼마 후인 1940년, 우크라이나 여행 중에 검은 옷을 입은 네 명의 남자들에게 체포되어 모스크바 감옥에 투옥되었다. 25만 종류의 재배 식물 표본을 수집하느라 수차례 죽을 고비를 모면하면서 조국의 기근 문제를 해결하려 애써왔던 남자는 3년이라는 기간 동안 감옥에서 굶주리며 서서히 죽음을 맞았다.

드미트리는 바빌로프의 연구 결과를 열심히 탐독하면서 그가 올린 광범위한 성과들과 유전학을 보호하기 위한 대담한 태도에 감탄했다. 그리고 여우 길들이기 프로젝트가 바빌로프가 보여준 혁신과 의연함의 명맥을 잇는 데 도움이 되길 바랐고, 바빌로프도 이 프로젝트를 진심으로 찬성할 거라고 생각했다.

리센코의 손에 의해 비극적인 운명을 맞은 형 니콜라이 역시 여우 길들이기 실험에 열성적인 지지자가 되었으리라는 걸 잘 알았다. 벨랴예프 가족은 1917년 러시아 혁명에 이은 잔혹한 탄압의 물결 속에서 수많은 타격을 입었지만 결코 신념을 꺾지 않았다.

드미트리의 아버지 콘스탄틴은 프로타소보라는 마을의 교구 목사였다. 모스크바에서 남쪽을 향해 차로 네 시간을 더 가는 곳에 위치하는 프로타소보는 겨우 수백 만 명의 인구로 이루어진 작은 마을로 넓은 목초지와 울창한 숲이 그림 같은 풍경을 이루었다. 마을 사람들은 모든 면에서 콘스탄틴을 존경했지만 소련 당국은 그렇지 않았다. 1917년 러시아 혁명 직후 정부는 무신론주의 정책을 선포하여 교회 재산을 몰수하고 신자들을 박해하는 등 강력하게 종교를 탄압했다. 드미트리의 아버지는 수차례 투옥되었다.

드미트리가 열 살이던 1927년에는 성직자에 대한 박해가 더욱 심해져 부모님이 그의 안전을 걱정할 정도였다. 부모님은 그를 고향 프로타소보에서 떠나보내, 당시 결혼해 모스크바에 살고 있는 열여덟 살 위인 형 니콜라이와 함께 살게 했다. 니콜라이는 다행히 종교 탄압에 의해 성직자의 아들이라는 이유로 입학이 금지되기 전, 모스크바 국립대학교에 입학했다. 그는 유전학이라는 새로운 분야를 전공해 나비에 관해 연구하고 있었다.

드미트리는 형 니콜라이를 우상으로 여겼다. 니콜라이는 학기를 마치고 고향에 올 때면 드미트리에게 나비 표본 목록을 작성하는 걸 돕게 했고, 유전학자들이 변태 과정 같은 경이로운 현상을 알아내는 데 이처럼 섬세한 생명체가 어떻게 도움을 주는지 설명해주었다. 드미트리가 형 니콜라이의 집으로 거처를 옮긴 당시, 니콜라이는 콜초프 실험생리학 연구소에서 공부하면서 러시아에서 가장 존경받는 저명한 유전학자, 세르게이 체트베리코프[16]의 연구실에서 연구하고 있었다. 체트베리코프 연구실은 소련에서 가장 우수한 과학자들을 대거 배출하고 있었고, 니콜라이는 연구 단체의 많은 연구원들로부터 차세대 러시아 유전학을 이끄는 선두주자로 기대를 모으며 촉망 받는 후배가 되었다. 체트베리코프 연구실의 연구원들은 매주 수요일마다 함께 모여 차를 마시면서 가장 최신 연구 결과들에 대해 토론했다. 니콜라이는 이 모임에 드미트리를 자주 데리고 갔다. 드미트리는 뒷좌석에 앉아 무엇에도 구애받지 않는 열정적인 토론 분위기에 넋을 놓고 바라보았는데, 모임에서 어찌나 소리들을 질러대는지 이 모임을 '소리 지르는 모임'이라고 부르기도 했다.

니콜라이 벨랴예프의 명성은 점차 높아졌다. 그는 1929년에 우즈

베키스탄 타슈켄트에 있는 중앙아시아 누에 연구소에 자리를 제안 받고, 누에의 유전학을 연구하기 위해 그곳으로 옮겼다. 누에 생산량 향상은 소련 산업에 큰 이익이 될 전망으로 입증될 터여서 그가 맡은 자리는 매우 중요한 직위였다. 드미트리는 형의 뒤를 이어 학문의 길을 가리라는 희망을 품었지만, 모스크바에 있는 올가 누나 가족들에게 보내져 함께 살게 되었다. 올가 누나는 두 아이를 키우느라 근근이 먹고 사는 형편이었기 때문에, 드미트리는 7년 과정의 직업학교 프로그램에 등록해 전기기사가 되기 위한 훈련을 받았다.[17] 이후 여전히 대학을 다닐 수 있을 거라고 희망했지만, 17살이 되어 모스크바 국립대학교에 지원하려 했을 때 돌연 참담한 현실을 깨닫게 되었다. 이제 대학은 더 이상 성직자의 자식을 입학시키지 않았던 것이다. 드미트리는 대신 실업 전문대학에 가는 수밖에 달리 방법이 없어 이바노바 국립 농업학교에 입학했다. 농업학교에서는 적어도 생물학을 공부할 수 있었고, 많은 최고의 과학자들이 학교를 방문해 유전학의 가장 최신 발전 내용에 관해 강의했다.

1937년 겨울, 드미트리의 가족은 니콜라이의 실종 소식을 들었다. 누에 유전학에 관한 니콜라이의 연구가 여러 중요한 성과를 거두어, 트빌리시에 있는 정부 출연 기관의 책임자로 임명된 후였다. 1937년 가을에 니콜라이는 가족과 친구들을 방문하기 위해 모스크바로 여행하는 길에 트빌리시에 있는 동료 유전학자들이 속속 체포되기 시작했으니 조심하라는 경고를 들었다. 이런 위험한 상황에도 불구하고 니콜라이는 아내와 열두 살 아들을 위해 집으로 돌아갔고, 트빌리시에 도착한 즉시 아내와 함께 체포되었다. 가족들은 이 사실을 수년이 지나서야 알게 됐다. 니콜라이는 1937년 11월 10일에 처형되었다.[18] 그의 어머니는 수년 동안 니콜라이의 아내를 찾아다니다 마침내 그녀가 바이스크라는 도시 부근 감옥으로 이송되었다는 사실을 알게 되었다. 하지만 전혀 연락이 닿지 않았고, 손자의 생사에 대해서는 아무런 소식도 듣지 못했다.

니콜라이의 실종과 살해 사건은 리센코에 반대하겠노라는 드미트리의 의지를 불태웠다. 그렇지만 드미트리는 신중하게 조치를 취해야 한다는 걸 잘 알았다. 그가 대학 과정을 밟는 동안 그의 교수들 가운데 한 사람이 모스크바에 있는 모피 동물 품종개량 중앙연구소의 한 부서에 책임자가 되어, 1939년에 드미트리가 졸업하자 그에게 연구소의 선임 실험기사 자리를 맡겼다. 드미트리는 이곳에서 아름다운 모피를 지닌 해외 수출용 은여우의 품종개량을 연구했다. 일을 시작한 지 채 1년이 되지 않았을 때 제1차 세계대전이 일어났다. 드미트리는 4년 간 전선에서 치열한 전투를 벌이며 수차례나 생명을 위협하는 중상을 입는 등 군복무에 두각을 나타냈다. 전쟁이 끝났을 땐 군대에서 그의 퇴역을 원치 않을 정도였다. 하지만 해외무역부 장관이 그의 은여우 품종개량 연구를 매우 중요하게 여겼기 때문에 드미트리는 군대를 제대하고 다시 연구실에 합류했고 마침내 선발 육종부 책임자로 임명되었다. 드미트리는 탁월한 품종개량 연구로 단숨에 화려한 명성을 얻어, 이제는 리센코에 반대한다는 의사를 공개적으로 밝힐 수 있으리라는 확신이 생겼고, 자신의 의견을 강력하게 표현했다.

1948년 7월, 소련 정부와 리센코는 스탈린의 반지성주의와 반세계시민주의 프로그램의 일환으로 '자연을 변형'시키기 위한 원대한 계획을 착수하면서 생물학에 관한 모든 정책을 담당하게 되었다.[19] 바로 얼마 후인 1948년 8월, 레닌 농업과학 아카데미 연합에서 리센코는

'생물학의 현황'이라는 제목으로 소련 과학사에서 가장 부정직하고 위험한 연설로 널리 평가되는 연설을 했는데, 이때 '반동적인 현대 유전학자들'[20] 즉 서양의 현대 유전학자들을 또다시 맹비난했다. 목에 핏대를 세우며 떠들던 연설이 끝나자 청중은 일제히 일어서서 미친 듯이 환호성을 질렀다.[21]

이 모임에 참석한 유전학자들은 자리에서 일어나 자신의 과학적 지식과 경험을 부인해야 했고, 이를 거부한 사람은 공산당에서 축출되고 직업을 잃었다.[22] 연설에 관한 기사를 읽은 드미트리는 답답하고 화가 났다. 벨랴예프의 아내 스베틀라나는 다음 날 벨랴예프가 집에서 이 모임에 관한 신문기사를 읽고 몹시 괴로워했다고 기억한다. "드미트리는 안절부절 못한 채 두 손으로 연신 신문을 비틀면서 괴롭고 슬픈 눈빛으로 저에게 다가왔습니다."[23] 한 동료는 그날 낮에 우연히 드미트리와 마주쳤는데 그가 씩씩대면서, 리센코는 '과학계의 악마'라며 크게 화를 냈다고 기억한다. 벨랴예프는 친구든 적이든 할 것 없이 모든 동료 과학자들에게 리센코의 해악에 대해 거칠게 토로하기 시작했다.

모피 품종개량 연구가 워낙 중요해 해고는 면했지만, 드미트리는 리센코의 영향력에서 완전히 벗어나지 못했다. 모스크바의 한 잡지에 실린 만화는 드미트리가 "땅으로 내려오다"라는 문구가 달린 낙하산을 타고 하늘에서 내려오는 모습을 그려 그를 풍자했고, 리센코에 동조하는 모스크바 과학자들은 모임을 조직해 '벨랴예프의 지도에 따라 움직이는' 반동적인 유전학자들을 호되게 비난했다. 드미트리는 이 모임에 출석해 지속적인 유전학 연구의 중요성에 관해 도전적이고 열정적인 연설을 했다. 그 결과 모스크바 모피 연구소에서 더 이상 학생들을 가르치지 못하게 됐고, 그가 저널을 투고한 과학 학술지는 즉시 폐간되었으며, 부서 책임자에서 선임 과학자로 강등되었고, 실험실에서 받는 급여는 반으로 삭감되었으며, 그의 직원들은 다른 곳으로 발령 받았다.

그렇지만 벨랴예프는 밍크와 여우를 연구하는 동안에도 어떻게든 유전학 연구를 계속했다. 그리고 이 연구의 일부로, 니나 소로키나가 실시하고 있는 예비 실험이 다윈의 진화 이론에 대한 전형적인 해석이 제시하는 것보다 더 짧은 시간에 유의미한 결과를 낳을지 모른다는 희망을 보았다. 벨랴예프는 동물들에게 나타나는 많은 변화들 — 축 늘어진 귀, 동그랗게 말린 꼬리, 반점, 1년에 한 차례만 짝짓기를 하는 원칙 파괴 — 이 가축화 과정에서 나타나는 이유와 그 변화들이 비교적 빨리 나타나는 이유에 대해 나름의 의견을 가지고 있었다. 하지만 1952년에 니나 소로키나를 방문했을 땐 그녀에게 이 의견을 말하지 않았다. 누군가와 공유하기에는 아직 상당히 잠정적이었고, 특히나 진화적 변화의 본질에 관한 보편적인 지식과 방향성이 달랐기 때문이었다.

다윈은 진화적 변화가 대개 작은 단계들에서 점진적으로 일어나고, 길들인 동물에서 나타나는 극적인 변이와 관련된 종류의 변화는 무수한 세대에 걸쳐 축적되어 나타난다고 주장했다. 그러나 벨랴예프는 30년 미만 전에 시작한 품종개량 프로그램을 위해 야생에서 데리고 온 밍크들을 연구하면서, 그처럼 단기간에 모피 색깔에 눈에 띄는 변화가 나타났다는 사실에 주목했다. 야생 밍크의 모피는 모두 짙은 갈색이다. 그런데 언젠가부터 일부 밍크들의 모피 색깔이 태어날 때부터 베이지색, 흰색, 은빛이 도는 푸른색으로 변했다. 새로운 돌연변이에 그 원인을 두는 유전학자도 있을 수 있겠지만, 그러기에는 이런 일이 굉장히 자주 수차례 반복해서 일어나는 것 같았다. 벨랴에프는 이런 현상에 대해, 야생 밍크의 게놈에 이미 모피 색깔을 만드는 유전자가 보유되어 있지만, 이 유전자들이 말하자면 비활성 상태였다는 의미가 틀림없다고 생각했다. 그는 갇혀 지내게 된 환경의 변화와 모피의 품질을 위해 번식해야 하는 새로운 선택 압력이 이 '휴면' 유전자의 활동을 촉발시킨 것이 분명하다고 제안했다.

여우의 경우 한동안 일부 여우의 발에 흰색 반점이 나타났다가 더 이상 눈에 띄지 않았는데, 그러다가 후대에 갑자기 다시 나타났고 지금은 일부 여우의 얼굴에 다시 나타나는 것을 확인했다. 일부 유전학자들은 비활성 유전자들은 어떻게든 '켜질' 수 있으며, 여우의 흰색 반점이 나타나는 위치가 바뀌는 것처럼 유전자들은 어떤 이유에서인지 다양한 결과를 낳을 수 있다고 제안한 바 있었다. 드미트리는 가축화 과정에서 드러나는 많은 변화들 뒤에는 이런 식으로 유전자 활성화의 변화들이 있었을 거라고 생각했다. 그에게 이 사실은 다윈의 이론에 대한 일반적인 해석이 시사하는 것보다 훨씬 단기간에 가축화가 일어날 수 있음을 말해주었다.

벨랴에프는 자신의 여우 실험이 그처럼 빠르게 변화를 가져오길 희망했다. 하지만 다른 한편으로는 자신이 틀릴 수도 있고 주목할 만한 결과를 전혀 만들어내지 못할 수도 있었다. 그것이 과학이었다. 어쨌든 벨랴에프는 추진하지 않고는 배길 수 없을 만큼 흥미진진한 아이디어를 생각해냈고, 그것을 실행에 옮겼다. 이제 그가 할 수 있는 일은 니나의 입에서 나오는 몇 마디를 기다리는 것이 전부였다.

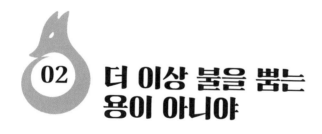

더 이상 불을 뿜는 용이 아니야

은여우가 가축화에 적합한 동물이라는 벨랴예프의 생각은 일리가 있었다. 늑대와 여우가 비교적 후대의 공통 조상에서 내려온 후손임은 당시 많은 사람들이 알고 있는 사실이었으므로, 늑대가 개로 진화할 때 관련되었을 일부 유전자들을 여우도 보유하고 있을 가능성이 클 것 같았다. 그러나 유전자가 비슷하다고 해서 실험의 효과가 보장되는 건 아니라는 걸 드미트리는 잘 알고 있었다.

동물의 가축화 역사에서 가장 이해하기 힘든 부분 가운데 하나는 가축화된 종의 가까운 사촌들을 가축으로 길들이려는 다방면의 노력들이 번번이 실패했다는 사실이다. 예를 들어, 얼룩말은 말과 굉장히 가까운 친척으로, 간혹 둘 사이에서 새끼가 태어나기도 할 정도다. 수컷 얼룩말과 암컷 말 사이에서 잡종 말 조스zorse가 태어나거나, 수컷 말과 암컷 얼룩말 사이에서 암컷 헤브라hebra가 태어난다. 그러나 말과 유전적 관련성이 높은데도 불구하고 얼룩말은 성공적으로 가축화 되지 못했다. 19세기 말에 아프리카에서 많은 시도가 있었다. 식민지 당국이 아프리카에 데리고 온 말들은 체체파리가 옮긴 병 때문에 죽 어가고 있었지만, 얼룩말은 이런 질병들에 거의 영향을 받지 않았다. 얼룩말이 말과 매우 유사하므로 대체 동물로 적당할 거라는 생각은 더할 나위 없이 타당해 보였다. 하지만 얼룩말의 사육을 시도한 사람 들은 이내 전혀 예상 밖의 결과를 깨닫게 되었다.

얼룩말은 누우와 영양 곁에서 풀을 뜯어먹고 사는 초식동물이지만 사자, 치타, 표범의 주요 목표물이기도 하다. 이러한 포식 압력이 그 들에게 맹렬한 투지를 심어주었다. 얼룩말이 발로 차는 힘은 굉장히 세다. 그런데도 배짱 좋은 일부 사람들은 얼룩말을 타고 달릴 수 있을 정도로 고분고분하게 훈련시키기도 했다. 영국의 대담한 동물학자 월 터 로스차일드는 심지어 얼룩말 무리를 런던에 들여와 한동안 네 마 리의 얼룩말이 끄는 마차를 몰고 버킹엄궁까지 달리며 과시하기도 했 다. 하지만 이 얼룩말들은 사실상의 가축화에는 저항했다. 이처럼 많 은 동물이 인간의 통제에 복종하도록 훈련될 수는 있지만, 가축화로 이어지려면 선천적으로 길들도록 유전자의 변화가 수반되어야 한다. 좀처럼 길들지 않는 말이 있는 것처럼 특정한 각각의 동물이 덜 길들 수는 있겠지만 말이다.

사슴은 또 다른 흥미로운 사례를 제공한다. 사슴의 가까운 친척들 은 가축화 시도에 저마다 전혀 다른 반응을 보여, 전 세계 수십 종의 사슴 가운데 단언컨대 단 한 종의 사슴 — 순록 — 만이 가축화되었 다. 러시아 사람들에 의해 그리고 스칸디나비아의 원주민 사미족에 의해 아마도 두 차례 독립적으로 가축화된 마지막 포유류 가운데 하나인 순록은 북극과 아북극 기후에 사는 많은 사람들의 생활에 필수적인 동물이 되었다.[24] 인간과 오래도록 가장 가까이에서 생활해온 야생 동물에 속하며 대체로 우리에게 공격적이지 않다는 사실을 고려하면, 그밖에 다른 사슴 종들이 가축화되지 않았다는 사실은 특히 흥미롭다. 또한 사슴은 수천 년 동안 우리에게 가장 중요한 식량원 가운데 하나였기 때문에, 우리는 유순한 사슴 무리를 기르고 싶은 동기가 강했다. 그러나 사슴은 일반적으로 신경질적인 동물이며, 새끼들이 위험에 처했다고 생각되면 공격적으로 될 수 있다. 또 겁을 먹으면 무리지어 우르르 몰려다니기도 한다. 얼룩말과 말의 경우와 마찬가지로 사슴 역시 가축화를 시작하기에는 길들임을 위한 유전적 변이를 충분히 갖추지 못했을지 모른다.

드미트리는 여우 역시 가축화될 수 있는 또 하나의 가까운 친척으로 밝혀질 수 있다는 걸 잘 알고 있었다. 어쨌든 그가 니나에게 자신의 실험을 도와달라고 부탁할 무렵엔 은여우가 인간들에게 사육된 지 수십 년이 지났는데도 대부분 조금도 길들지 않았으니 말이다.

은여우는 붉은 여우의 특별한 품종으로, 붉은 여우는 포식자들에 의해 구석으로 몰리지 않는 한 야생에서 특별히 공격적이지 않다. 붉은 여우는 유럽과 미국 근교 지역으로 들어가 작은 개와 고양이를 사냥하며 살지만, 선천적으로 인간과 멀리 떨어져 지내길 선호하며 야생에서는 주로 더 작은 먹잇감을 사냥한다. 잡식동물이라 과일, 딸기류, 풀, 곡물 등도 먹지만 설치류와 작은 새들을 특히 좋아한다. 늑대처럼 무리지어 사냥하지 않으며, 새끼를 낳은 직후부터 새끼들이 혼자 자립할 준비가 될 때까지 부모가 새끼를 보살피는 기간을 제외하면 무리를 이루지 않고 혼자 생활한다. 짝짓기 철마다 새 짝을 찾는 대신 평생 짝짓기를 하지 않는다. 보이지 않는 곳에 숨어 지내는 데 아주 능숙해서 밝은 오렌지빛을 띠는 붉은 여우조차 야생에서 발견하기 어려울 수 있다.

하지만 갇혀 지내는 여우들은 이야기가 다르다. 대부분의 여우들은 돌보는 사람이 다가가면 사납게 으르렁대면서 굉장히 공격적이고 이따금 무척 사나울 때도 있다. 우리에 있는 여우를 향해 너무 가까이 손을 내밀다간 자칫 심하게 물어뜯길 위험이 있기 때문에, 니나 소로키나의 코힐라 농장처럼 여우 농장에서 일하는 사람들은 거추장스럽지만 두꺼운 보호 장갑을 착용하는 것이 필수였다.

여우 사육에 따른 보상은 위험을 감수할 가치가 있었다. 여우들은 모피를 위해 오랜 세월 갇혀 지낸 데 반해 정작 상업적으로 사육을 시작한 때는 1800년대 후반에 와서였다. 수완 좋은 두 캐나다인이 프린스 에드워드섬에서 여우 농장을 하기로 결정했고, 붉은 여우를 사육하면 색깔과 감촉이 더 근사한 모피를 생산할 수 있는지 확인해보기로 했다. 그들이 생산한 가장 인기 있는 코트는 검은빛이 도는 은색에 윤기가 흐르는 것이었는데, 모피 시장에서 제법 괜찮은 가격에 팔리자 섬에 더 많은 여우 농장이 세워지기 시작했다. 현지 사람들은 이런 여우 농장 붐을 '실버 러시silver rush'라고 불렀다.

런던 시장의 기록에 따르면 1910년에 프린스 에드워드섬에서 생산한 고급 '은여우' 털가죽 가격은 하나당 수백 달러에서 2,500달러로 급등했고, 가장 잘 생긴 번식용 암수 여우 한 쌍은 수만 달러에 팔리고 있었다. 이처럼 엄청난 부가 쌓이자 소련의 일부 모피 육종업자들은 이 사업에 뛰어들기로 결정하고 프린스 에드워드섬에서 난 여우 몇 마리를 수입했다. 1930년대까지 소련은 다른 나라 못지않게 많은 양의 은여우 모피를 수출했고, 러시아 육종업자들은 코힐라와 같은 산업 규모의 농장들로 이루어진 대규모 네트워크를 구축하고 있었다.

니나 소로키나와 그녀의 팀에는 연구원 외에도 육종가와 전반적인 작업을 지속적으로 관리하는 일반 작업자들이 포함되어 있었으며, 팀원 모두 드미트리의 설명대로 검사하기 위해 여우들에게 접근할 때 공격적인 반응이 기다리고 있으리라는 걸 잘 알고 있었다. 드미트리는 모두가 표준적인 방식으로 여우에게 접근해야 한다고 일러두었다. 사람의 몸짓에 따라 여우의 반응이 달라질 수 있으므로, 정해진 행동 범위를 지키면 다양한 몸짓을 통제하는 데 도움이 될 것이었다. 예를 들어, 한 연구원이 여우에게 다가가 우리 바로 앞에서 얼굴을 들어 올린다면, 다른 연구원이 우리 앞에서 손을 흔들 때와 다른 반응을 끌어낼지 모른다. 또한 여우에게 점점 천천히 다가가면 빠른 속도로 다가갈 때보다 반응을 덜 끌어낼 것이다.

니나는 여우에게 반드시 천천히 접근할 것, 우리의 문을 천천히 열고 장갑을 착용한 손에 약간의 먹이를 들고 안으로 천천히 손을 집어넣을 것을 표준 행동으로 정했다. 이렇게 정한 행동대로 했을 때 일부 여우들은 작업자에게 달려들었고, 대부분의 여우들은 뒤로 물러나 위협적으로 으르렁대며 조소했다. 그러나 매년 검사한 백 마리가량의 여우들 가운데 열두 마리 정도는 동요하는 모습을 덜 드러냈다. 물론 결코 침착하다고 말할 수는 없지만 크게 반응하지도 공격적이지도 않았다. 심지어 몇 마리는 작업자의 손에서 먹이를 받아먹기도 했다. 먹이를 주는 손을 물지 않은 여우들은 드미트리와 니나의 예비 연구에서 다음 세대 부모가 되었다.

세 차례의 짝짓기 기간을 거치면서 니나와 그녀의 팀은 몇 가지 흥미로운 결과를 확인하게 되었다. 그들이 선별한 여우의 새끼들 가운데 일부는 그 부모, 조부모, 증조부모보다 약간 더 차분했다. 사육사가 접근하면 냉소를 지으며 공격적으로 반응하는 건 여전했지만, 어떤 때는 거의 무관심해 보였다.

벨랴예프는 몹시 기뻤다. 행동 변화는 감지하기 어려울 정도로 미미한데다 소수의 여우에게만 나타났지만, 예상보다 훨씬 짧은 시간에, 진화의 시간 척도로는 눈 깜박할 사이에 나타난 것이다. 벨랴예프는 이제 예비 프로그램을 대규모 실험으로 확장하는 데 전념했다. 그러나 이 작업은 중앙연구소에서 그의 책임 범위 밖의 일이었으므로 상관의 승인을 받아야 했다. 만일 위에서 물어보면 소로키나와 그녀의 팀에 조언했던 것처럼, 매우 훌륭한 모피를 지니고 1년에 여러 차례 새끼를 낳는 여우를 사육하기 위해 실험을 하려 한다고 말하면 되겠지만, 그렇다 하더라도 이런 쟁쟁한 기관에서 그것도 리센코의 본거지인 모스크바에서 그처럼 엄청난 시도를 하려면 보복당할 위험을 무릅써야 했다.

하지만 실험에 착수하기 위해 그리 오랜 시간을 기다릴 필요는 없었다. 1953년 3월, 스탈린의 사망으로 정치적 경향이 바뀌고 있었다. 리센코는 이미 권력을 잃기 시작했다. 스탈린의 후계자인 니키타 흐루쇼프 역시 리센코의 팬이었지만, 그는 리센코 치하에서 실험실 기사와 다를 바 없는 일을 하며 고생한 저명한 유전학자 몇 명을 복귀시키는 등 소련 과학의 회생을 장려하고 있었다. 흐름이 바뀌고 있다는 또 하나의 분명한 신호는 정부가 벨랴예프의 영웅인 니콜라이 바빌로프의 명예를 공식적으로 회복시킨 것이었다.[25] 뒤처진 과학의 발전을 만회하려면 할 일이 많았다.

스탈린 사망 한 달 전, 제임스 왓슨과 프랜시스 크릭은 DNA 구조라는 골치 아픈 수수께끼를 해결하고 유전자 암호를 해독했음을 발표했다. 그들은 거대한 분자 모형을 보여주면서 DNA 구조가 나선형 계단과 유사한 형태로 이루어졌다고 밝혔다. 이 구조는 나중에 이중나선 구조라고 불리게 되었다. DNA는 초소형 계산기처럼 생겼으며, 이 발견은 마침내 돌연변이 발생 과정에 대해 주목할 만한 설명을 제공했다. 즉 돌연변이는 암호를 복제하는 과정에서 오류가 일어날 때 만들어지는 게 분명하다고 말이다.

이처럼 유전자 암호에 관한 완벽한 설명을 고려하면, '서양의 유전학자들'을 향한 리센코의 비난은 아무리 좋게 보더라도 터무니없이 잘못된 정보였음이 드러났다. 그뿐 아니라 곡물 수확량 증가를 위해 리센코가 제안한 방법으로 시도했던 무수한 노력은 하나같이 처참한 실패로 끝났다. 그의 권고에 따라 종자를 생산해 곡물을 수확했지만, 산출량은 증가하지 않았다. 리센코가 접목법으로 각각의 특성을 결합하면 교배종이 그 특성을 그대로 물려받는다고 주장하는 바람에 접목법을 이용한 실험도 무수히 시행되었다. 하지만 이 주장 역시 근거가 없다고 증명되었다. 이와는 완전히 대조적으로, 서양의 과학자들은 '부르주아적인' 유전적 육종 기법을 이용하여 교배종 옥수수의 풍작을 이루었다. 1930년대에 리센코가 이 연구를 탄압하기 전까지 러시아 과학자들도 이 방법을 실험하고 있었다.

소련의 유전학계는 활기를 되찾았다. 리센코 집권 시기를 버텨오던 소련 유전학계의 주요 인물들은 리센코주의자들과의 공개적인 세력 싸움에서 과감하게 공격을 가하기 시작했다. 그와 동시에 드미트리는 특별히 고가의 모피를 지닌 아름다운 동물을 지속적으로 번식시킨 눈부신 성과로 러시아 과학계에서 점차 명성이 높아져갔다. 특히 밍크는 점점 인기가 많아져 벨랴예프는 중앙연구소에서 암청색, 청옥색, 황옥색, 베이지색, 진주색 등 매우 아름다운 색깔로 이루어진 각양각색의 화려한 새 모피를 생산했다. 그뿐만 아니라 일부 여우들의 얼굴에 흰색 반점이 나타나는 이유는 불활성 유전자가 활동을 재개해 새로운 위치에 반점이 나타나기 때문이라고 설명한 인상적인 과학 논문도 발표했다.

업적에 대한 소문이 퍼지자 드미트리는 수차례 강연 요청을 받게 되었다. 그는 젊은이 특유의 에너지와 말솜씨, 잘생긴 외모와 자신감으로 청중을 사로잡았다. 그의 강연에 참석한 많은 사람들은 아무리 넓은 강연장에서도 그가 강단을 향해 걸어가면 즉시 모든 이들의 이목을 끌었다고 기억한다. 심지어 그가 청중의 생각과 기분을 감지해서 강연장에 참석한 모든 청중과 강력한 관계를 맺는 거의 신비에 가까운 능력을 지녔다고 말하는 사람들도 있었다.

특히 1954년 어느 날엔 그의 존재가 뿜어내는 힘과 과학을 향한 진실성으로 소련 과학계의 엘리트들에게 강한 인상을 남겼다. 권력을 유지하기 위해 몸부림치던 리센코와 그의 일당들은 무엇보다 벨랴예프의 명성을 떨어뜨리기 위해 몇 차례 강연을 준비했다. 강연은 학술 강연에 가장 탁월한 장소인 모스크바 종합기술 박물관의 동굴 같은 중앙 강당에서 열렸다.

드미트리의 강연이 예정되자, 강당은 그의 이야기를 듣기 위해 몰려든 사람들로 인산인해를 이루었다. 분위기는 열광적이었다. 청중은 리센코 일당이 벨랴예프를 초청한 목적이 그를 조롱하려는 것임을 알고 있었다. 리센코가 잘 써먹는 전략 가운데 하나가 있는데, 표적 대상이 진행하는 공개 강연에 자기 똘마니들을 보내 강연자를 향해 무대가 떠나가라 소리를 지르고 비난을 퍼붓게 하는 것이었다. 그렇게 해서 강연자의 지지자들이 맞받아치면 대부분의 강연은 마치 고함지르기 대회라도 된 듯 소란스럽게 전개되는 것으로 유명했다.

무대로 향하는 문이 열렸을 때, 드미트리는 대단히 아름다운 여우와 밍크 모피를 한 무더기 들고서 씩씩하게 무대를 향해 걸어간 다음 그것들을 연단 위에 걸쳐놓았다. 그날 강연장에 참석한 한 동료의 회상처럼, 드미트리는 이렇게 자신의 전문 지식을 시각적으로 매우 근사하게 펼쳐 보임으로써 어떤 효과를 얻게 될지 아주 잘 알고 있었다. 강당은 일순간 침묵에 잠겼고, 벨랴예프는 굵고 쩌렁쩌렁한 목소리로 강연을 시작했다. 그날 청중석에 앉아 있던 나탈리아 플로네는 그의 강연을 '오르간을 위해 작곡된 곡'에 비유하면서 그의 목소리가 "마치 인간 오케스트라 같았다"라고 회상했다.

드미트리는 자랑스럽게 고개를 들어 청중 한 사람 한 사람과 눈을 맞추면서 강당을 장악했고 청중의 마음을 사로잡았다. 유전학은 여전히 공식적으로 금지된 학문이었지만, 드미트리는 품종개량에 대한 자신의 유전학적 발견을 공유하는 데 거침이 없었다. 드미트리는 리센코를 두려워하지 않았고 공개적으로 그에게 도전하고 있었다. 그날 조롱을 가한 쪽은 바로 벨랴예프였다. 그리고 그날 이후 벨랴예프는, 자신과 함께 일하는 사람들은 그렇게 할 수 없겠지만 자신은 리센코가 소련의 과학에 자행해온 일들을 몹시 혐오한다는 의견을 공개적으로 말할 수 있을 것 같았다.

많은 존경을 받게 된 벨랴예프는 그로부터 불과 몇 년 뒤에 고위직에 임명되어 마침내 꿈꾸던 대규모 여우 가축화 실험에 착수할 수 있게 되었다. 1957년에는 리센코의 강경한 반대자인 니콜라이 두비닌이 세포학·유전학 연구소 소장으로 임명되었다. 이 연구소는 '학술 도시' 아카뎀고로도크의 거대한 과학연구 센터에 속한 많은 연구 기관 가운데 한 곳이었다. 두비닌은 벨랴예프에게 모스크바를 떠나 세포학·유전학 연구소의 진화유전학 실험실을 맡아달라고 부탁했다.

아카뎀고로도크는 소련의 과학을 활성화하기 위한 새로운 노력의 일환으로, 시베리아의 '골든 밸리' 중앙에 위치한 대규모 산업도시, 노보시비르스크 부근에 건설되고 있었다. '골든 밸리'라는 이름이 붙은 이유는 풍부한 자연자원 때문이었다. 일반적으로 시베리아 하면 두껍게 눈이 쌓인, 얼어붙은 황무지를 떠올리기 쉬운데, 종종 영하 40도의 기온이 연일 이어져 겨울이 혹독한 건 사실이지만 골든 밸리의 봄과 여름은 따뜻하고 화창하다. 시베리아의 광활한 농지들은 작은 마을이 곳곳에 띄엄띄엄 흩어져 있을 뿐이라 황량하기 그지없다. 반면, 노보시비르스크는 소련에서 가장 큰 도시 가운데 하나이며 백만여 명의 인구로 이루어져 있어 비서직이나 관리직 같은 많은 하위직 노동자들이 필요한 과학의 중심지가 되기 좋은 위치였다. 과학자들도 이곳으로 옮겨올 예정이었다.

수십 년 전 막심 고리키는 가상의 과학도시에 관한 글을 썼다. "과학자들은 일련의 사원들이 있는 … 과학도시에서 모두 사제가 되어 … 우리 지구를 둘러싼 도무지 이해할 수 없는 신비를 두려움을 모른 채 끊임없이 깊이 탐구한다." 고리키는 그 같은 오아시스를 숙고하면서 '사람들이 정확한 지식을 벼리고 세계의 모든 경험을 연마하면서, 그것을 가설로, 더욱 심오한 진리 탐구의 수단으로 변형시키는 주조장과 작업장'[26]을 상상했다.

아카뎀고로도크는 바로 그런 장소가 될 것이었다.

이 도시는 수만 명의 연구자를 수용하고, 소련의 과학을 세계 상위의 위치로 끌어올릴 과학계 동료들의 활발한 공동체가 될 터였다. 시베리아의 겨울이 아무리 혹독하다 한들, 모스크바에서 3,200킬로미터 떨어진, 리센코의 세력 기반이 점차 약해지고 있는 이곳 과학 바빌로니아의 매력을 무디게 만들 수는 없었다. 고참이든 신참이든 할 것 없이 소련 전역의 모든 연구자들이 모여들었다. 그들은 열의를 다해 연구했다. 리센코의 전성기 시절, 많은 과학자들이 박해를 받으며 미천한 신분으로 떨어지고 대부분 감옥으로 향했다면, 이제 그 여정에 놀랄 만큼 큰 변화가 시작되었다. 이제 그들은 전혀 뜻밖의 장소에 세워진 새로운 과학 유토피아에서 과학의 부활을 주도할 것이었다.

두비닌은 벨랴예프를 연구소의 진화유전학 실험실 책임자로 임명하자마자 곧바로 연구소 부소장으로 승진시켰다. 이제 드미트리는 본격적으로 여우 실험에 착수할 수 있게 되었으며, 아카뎀고로도크를 향해 모스크바를 떠나기도 전에 이미 시동을 걸기 시작했다. 아직은 매우 신중히 해야 할 필요가 있음을 머지않아 알게 되었지만.

리센코와 그의 지지자들은 공식적으로는 자신들이 아직 권력을 쥐고 있는데도 현장에 있는 유전학자들이 버젓이 금지 규정을 무시하기 시작했다는 사실에 격분했다. 그들은 유전학에 반대하는 후속 작전을 펼쳤고 이 새로운 전투의 일환으로 리센코가 창설한 위원회가 1959년 1월에 모스크바에서 출발해 노보시비르스크에 도착한 뒤 아카뎀고로도크를 방문했다.[27] 이 위원회는 세포학·유전학 연구소에서 실시할 연구 내용과 책임자를 결정할 공식적인 권한을 갖고 있었기 때문에 벨랴예프와 전체 연구원은 강제로 퇴출될 위기에 처해졌다. 연구소 과학자들의 회상에 따르면, 위원회 위원들이 '실험실 안을 기웃거리며' 비서들을 포함해 누구든 가리지 않고 전 직원을 심문하는 바람에, 위원회가 유전학 연구를 상당히 못마땅하게 여긴다는 소문이 퍼졌다. 리센코가 집결시킨 위원회가 아카뎀고로도크 전체 연구소의 최고 책임자인 미하일 라브렌티예프를 만났을 때, 그들은 "세포학·유전학 연구소의 방향은 방법론적으로 잘못됐다"라고 그에게 통보했다. 리센코주의자 집단에게 이런 말이 나온다는 건 불길한 신호였다. 모두 불길한 기운을 느끼고 있었다.

당시 소련 공산당 서기장인 니키타 흐루쇼프는 아카뎀고로도크 방문과 관련한 위원회의 보고 내용을 들었다. 흐루쇼프는 오랫동안 리센코의 지지자였기에 1959년 9월에 노보시비르스크를 방문해 직접 상황을 살펴보기로 했다. 흐루쇼프는 자신이 지시한 대로 정확하게 일이 진행되지 않으면 불같이 성질을 내곤 했는데, 아카뎀고로도크 건설은 그가 원하는 대로 정확하게 진행되기에는 워낙 대규모 프로젝트였다. 아니나 다를까, 그는 상황이 개선되지 않으면 소련 과학 아카데미를 완전히 해산하겠다고 위협했다. "당신들 모두 해산시키겠소!" 흐루쇼프는 격분했다. "추가수당과 모든 특권을 박탈하겠소! 표트르 1세는 아카데미를 필요로 했지만, 지금 **우리가** 그것이 왜 필요하겠소?"[28]

아카뎀고로도크의 과학 연구소 전 직원들은 흐루쇼프의 방문을 위해 유체역학 연구소 앞에 모였다. 한 연구자는 서기장이 "그들에게 눈길 한번 돌리지 않은 채 모인 직원들 곁을 아주 빠른 걸음으로 지나갔다"라고 회상한다. 흐루쇼프와 관리자들 사이의 회의 내용은 기록되지 않았지만, 당시 보고 내용에 따르면 이번 여행 중 일부를 동행한 흐루쇼프의 딸 라다가 개입하지 않았더라면 흐루쇼프는 세포학·유전학 연구소를 폐쇄했을 게 분명했다. 유명한 저널리스트이며 생물학을 전공한 라다는 리센코가 사기꾼이라는 걸 알아보았고, 아버지에게 연구소를 유지해야 한다고 설득했다.

그러나 흐루쇼프는 자신의 불만을 드러내기 위해 뭔가 해야겠다고 결정했기 때문에, 방문 다음 날 세포학·유전학 연구소 책임자인 두비닌을 파면했다. 그렇게 되자 부소장이었던 벨랴예프가 승진하여 그 자리를 맡게 되었다. 드미트리는 두비닌처럼 존경받는 사람을 대신해야 한다는 생각에 위축되었다. 하지만 선뜻 받아들이기 힘들 뿐 아니라 유독 비판의 여지가 큰 때일지라도 기회가 왔을 때 붙잡아야 한다고 믿었고, 그리하여 최고 수준의 유전학 연구를 시행할 수 있었다. 그의 동료이자 친구는 몇 년 뒤에 그와 나누었던 대화를 회상한다. 당시 드미트리가 그녀에게 연구소 실험실 한 곳의 책임을 맡아달라고 제안했을 때 그녀는 "못하겠다, 할 수 없다"라고 말했다. 명성이 높은 전임자를 자신이 본받을 수 있을지 걱정이 됐던 것이다. 그러자 벨랴예프가 그녀에게 말했다. "할 수 없다'는 말은 잊어버려. 과학을 하고 싶다면 그런 표현은 잊어야 해. 내가 두비닌의 후임으로 이 연구소 소장 직을 맡은 건 쉬웠을 것 같아?"[29] 그는 연구소의 지휘권을 넘겨받았고, 곧이어 자신의 이상적인 실험을 책임지고 시행할 사람을 찾아 나섰다.

류드밀라 트루트는 "내 영혼 깊은 곳에 동물들을 향한 병적인 사랑이 있다"라고 말한다. 그녀는 열렬한 애견인인 어머니로부터 이런 성향을 물려받았다. 류드밀라는 애완견들과 함께 성장했는데, 먹을 것이 턱없이 부족했던 제2차 세계대전 시기에도 그녀의 어머니는 집을 잃고 굶주리는 개들에게 먹이를 주면서 이렇게 말하곤 했다. "류드밀라, 우리가 이 개들에게 먹을 걸 주지 않으면 이 녀석들이 어떻게 살아남겠니? 개들에게는 사람이 필요하단다." 어머니를 본받은 류드밀라는 주인 없는 개를 마주칠 때를 대비해 언제나 주머니에 약간의 먹을거리를 가지고 다닌다. 그리고 가축화된 동물에게는 사람이 **필요하다**는 사실을 절대 잊지 않는다. 그녀는 이것이 우리가 가축화된 동물들을 만든 방법이라는 걸 알고 있었다.

류드밀라는 동물을 향한 열정으로 생리학과 동물행동학을 공부하기로 결심하고, 소련에서 이 분야에 가장 우수한 교육 프로그램을 제공할 뿐 아니라 세계 일류 대학에 속하는 모스크바 국립대학교에 입학했다. 류드밀라는 벨랴예프의 실험을 시행할 사람에게 정확하게 요구되는 최고 수준의 교육을 받았다. 동물행동학은 러시아에서 눈부신 역사를 지닌 연구 분야였으며, 류드밀라를 지도한 교수들은 전설적인 인물들과 함께 연구한 사람들이었다.

이반 파블로프는 행동의 훈련 및 형성 방법에 관한 연구로 1904년에 노벨상을 수상했다. 러시아 최초의 노벨상 수상자인 파블로프는 사육사가 개에게 매번 종을 친 직후에 먹이를 주면, 개는 먹이가 제공되지 않더라도 종소리만 듣고도 침을 흘리도록 길든다는 사실을 증명했다. 파블로프는 이것이 먹이가 곧 도착하리라는 의식적인 예상의 문제가 아니라 잠재의식적인 과정이라는 이론을 제시했다. 그의 연구는 동물의 행동에 대해 유전자의 역할보다 환경의 영향을 강조하는 행동주의 분야의 토대가 되었다. 파블로프의 전통을 따른 행동주의자들 가운데에는 미국인 B. F. 스키너가 있는데, 쥐를 대상으로 한 그의 연구가 서양에서 널리 알려지게 되었다.

20세기 초 자연주의자 블라디미르 와그녀와 그의 추종자들이 이끈 동물행동학은 러시아의 선구적인 연구임에도 불구하고 그다지 알려지지 않았다. 이들의 연구는 대부분의 동물 행동은 자연선택 과정의 결과라는 찰스 다윈의 핵심 주장을 기반으로 했다. 류드밀라는 이 연구를 발전시킨 주요 과학자 레오니트 크루신스키의 지도하에 모스크바 국립대학교에서 수학했다. 크루신스키의 연구는 동물에게 사고 능력이 있는지에 관한 문제에 중점을 둔 것이었다. 크루신스키는 선구적인 연구자로서, 동물 행동에서 유전자가 강력한 역할을 한다고 믿는 한편 이반 파블로프의 연구에도 큰 영향을 받았다. 그는 행동주의와 유전학에서 얻은 통찰력을 자신의 연구에 결합했고, 일부 동물들은 학습 능력과 기본적인 추론 능력이 있으며 단순히 유전자나 훈련에 의해서만 지배되는 건 아니라는 견해를 제기했다.

크루신스키는 자신이 동물의 '추론 능력'이라 이름붙인 현상에 대한 관찰에서 영감을 받아 동물의 추리력을 연구하였다. 동물들은 이 능력으로 자기가 쫓는 사냥감이 자기를 피하기 위해 어디로 이동하는지 파악할 수 있었다. 크루신스키는 야생에서 동물을 관찰하기 위해 여러 차례 여행을 다닐 때마다 그가 사랑하는 개를 데리고 다녔는데, 어느 날 개가 메추라기를 쫓아 관목으로 향하는 모습을 관찰했다. 관목이 워낙 울창했기 때문에 개는 그 안으로 들어가지 못하고 주위를 빙빙 돌면서 메추라기가 반대 방향으로 나타나기를 기다렸다. 크루신스키는 개의 이런 행동이 간단한 추리력이 필요한 방식으로 앞으로의 행동을 예측할 수 있음을 보여주는 것이라 믿었고, 이후 다른 많은 동물들로부터 유사한 행동을 목격했다. 동물들은 경험을 통해 이런 식으로 추론할 줄 아는 게 분명했고, 그렇다는 건 동물의 행동은 유전자

뿐 아니라 생활에서 얻은 경험과 환경 모두에 의해 형성되는 게 분명하다는 걸 의미했다.[30]

크루신스키는 동물 행동 진화에 관한 열정적인 연구자로, 늑대의 사고 능력과 개의 사고 능력을 체계적으로 비교함으로써 가축화 과정이 개를 덜 영리하게 만들었다고 주장했다. 그는 늑대가 생존을 위해서는 끊임없이 경계를 늦추어서는 안 되는 반면 — 말하자면, 정신을 바짝 차려야 하는 반면 — 개는 생존 압력을 덜 느끼기 때문에 개가 늑대보다 덜 영리하게 되었다는 이론을 제시했다. 그러나 이후로 개들이 사실은 야생의 사촌들보다 덜 영리하지 않으며, 인간에 대한 두려움이 없어 복잡한 환경에 더 쉽게 적응할 수 있는 만큼 사실상 늑대나 야생 개들보다 훨씬 다양한 행동 레퍼토리를 갖고 있다는 것이 입증되었다.

크루신스키는 그 밖에도 여러 종류의 동물을 연구했으며, 많은 동물이 문제 해결 능력이 있을 뿐 아니라 복잡한 사회생활을 하고 있다는 내용을 자세하게 기록으로 남겼다. 그는 이 분야에 관해 놀랍도록 다양한 종류의 흥미로운 연구를 실시했다. 한 논문에서는 오색딱따구리가 나무를 도구로 이용하는 방식을 관찰하고 기록했다. 오색딱따구리는 솔방울 크기에 딱 맞는 나무 구멍 안에 그것을 집어넣고, 이 구멍이 솔방울을 고정하는 일종의 바이스 같은 역할을 하게 만들어 씨앗을 쪼아 먹는다. 많은 행동학자가 동물에게 감정이 있다는 사실을 무시하고 이에 관한 연구를 주변부로 밀어냈지만, 크루신스키는 자신이 관찰한 동물의 감정에 대해 직설적으로 표현했다. 예를 들어, 그는 아프리카 사냥개들은 '친밀한 관계'를 바탕으로 유지되는 이른바 공동체 안에서 생활한다고 언급했다.

벨랴예프는 크루신스키와 친구였고, 그의 연구를 높이 평가했다. 여우 실험을 하려면, 크루신스키가 가르치는 방식으로 동물의 행동을 정교하게 관찰할 필요가 있었기 때문에, 매일 책임지고 여우 실험을 할 연구자를 어떻게 구하면 좋을지 조언을 얻고자 크루신스키를 방문했다. 모스크바 국립대학교의 참새언덕에 위치한 그의 사무실은 으리으리한 천장, 대리석 바닥, 화려하게 장식된 기둥, 예술 조각상으로 이루어져 있었다. 드미트리는 웅장한 분위기에 편안하게 자리를 잡고 앉아 장차 자신의 실험 계획을 설명하면서 연구를 도울 재능 있는 대졸자를 찾고 있다고 말했다. 크루신스키는 이 내용을 주변에 알렸고, 류드밀라는 이런 기회를 접하자마자 즉시 마음이 끌렸다. 학부 과정에서 게의 행동을 연구한 류드밀라는 게의 복잡한 행동만큼이나 매력적이고, 그녀가 사랑하는 개들과 아주 가까운 친척인 여우를 대상으로 연구하는 데다, 벨랴예프 같은 대단히 존경받는 과학자와 함께 일할 수 있다는 사실에 생각만 해도 설렜다. 당장 드미트리의 연구에 합류하고 싶었다.

1958년 초, 류드밀라는 벨랴예프를 만나기 위해 중앙연구소에 있는 그의 사무실을 방문했다. 류드밀라는 벨랴예프를 보자마자 소련의 남자 과학자치고는, 특히 그와 같은 지위의 사람치고는 보기 드문 사람이라는 인상을 받았다. 대부분의 경우 상당히 고압적인 자세로 여자들을 내려다보았기 때문이다. 상냥하게 미소를 띤 류드밀라는 거의 152.4센티미터의 키에 웨이브 있는 갈색 머리를 아주 짧게 쳐서 나이보다 어려 보였고 심지어 아직 학부 과정도 마치지 않은 상태였지만, 드미트리는 그녀를 동등한 연구원으로 대했다. 류드밀라는 사람을 꿰뚫어보는 듯한 그의 갈색 눈동자에 사로잡혔다고 회상한다. 그의 눈동자에서는 지성과 추진력이 강렬하게 전해졌을 뿐 아니라 남다른 공감능력도 드러났다. 드미트리가 류드밀라에게 자기소개를 부탁했을 땐 마치 평생 그녀를 보아온 사람처럼 그녀의 존재를 파악하고 있는 것 같았다. 류드밀라는 벌써 그의 팀원이 된 기분이었다. 드미트리는 자신이 계획하고 있는 대담한 연구들을 아주 솔직하게 류드밀라와 공유했고, 류드밀라는 이 훌륭한 사람의 신뢰를 받게 된 걸 영광스럽게 생각했다. 그녀는 그처럼 대담함과 온정을 동시에 겸비한 비범한 인물을 한 번도 본 적이 없었다.

드미트리는 류드밀라에게 자기 생각을 말했다. 그녀는 이렇게 회상한다. "드미트리는 나에게 여우를 개처럼 만들고 싶다고 말했습니다." 류드밀라가 얼마나 독창적으로 실험을 실시할지 알아보기 위해, 드미트리는 그녀에게 다음과 같은 질문을 했다. "당신은 지금 수백 마리의 여우를 수용한 여우 농장에 있고, 실험을 위해 이 가운데 스무 마리를 선별해야 합니다. 어떻게 하시겠습니까?" 류드밀라는 여우를 상대해본 경험이 전혀 없었고, 여우 농장이 어떤 곳인지, 여우들이 자신을 어떻게 대할지, 그저 막연하게 짐작만 할 뿐이었다. 하지만 류드밀라는 자신감 넘치는 젊은 여성이었기에 최선을 다해 제법 합리적인 가능성을 제시했다. 그녀는 다양한 방법을 시도하고, 여우를 상대로 연구해온 사람들과 상의하며, 자료에 기록된 내용들을 철저하게 연구하겠다고 대답했다. 드미트리는 편안한 자세로 앉아 류드밀라의 대답을 들으면서 그녀가 연구소까지 어떻게 출퇴근할지, 그처럼 참신한 연구를 위해 어떤 식으로 기술을 발전시킬지 짐작해보고 있었다. 류드밀라는 철저히 과학적이고 상당히 독창적인 사람임이 분명했다. 드미트리는 그녀에게 정말로 노보시비르스크로 옮길 준비가 되었는지,

아카뎀고로도크로 이사할 각오가 되었는지 물었다. 어쨌든 시베리아 한가운데로 거처를 옮긴다는 건 결코 가볍게 여길 수 있는 삶의 변화가 아니었기 때문이다.

한편 드미트리는 류드밀라가 감수해야 할 위험 상황에 대해서도 분명하게 우려를 표하면서 그녀가 어떤 위험을 겪게 될지 있는 그대로 솔직하게 말했다. 그리고 리센코주의자들의 간섭을 피하기 위해 이 연구를 여우 생리학 연구라고 부르게 될 테고, 적어도 당분간은 실험과 관련해 유전학에 대한 언급은 일절 하지 않기로 했다고 설명했다. 또한 필요하면 리센코에 대한 반대 의견을 분명하게 낼 수 있고 또 낼 것이라고 단언했다. 그러나 리센코와 그 일당들에게 아직 세력이 남아 있으며, 심지어 본보기 삼아 멀리 시베리아에 있는 유전학자들까지 처벌하고 그들의 경력과 명성에 흠집을 낼 수도 있었다. 류드밀라도 알고 있는 사실이었다. 그걸 모르는 사람은 아무도 없었다. 그런데도 이 사실을 충분히 알고 있어야 한다고 강조하는 드미트리에게 류드밀라는 감동하였다.

드미트리는 과학자로서 류드밀라의 경력이 어떤 운명을 맞게 될지에 대해서도 심각한 우려를 드러냈다. 실험이 아무런 유의미한 결과를 내지 못 할 수도 있음을 분명하게 해두고 싶었기에, 매우 심각한 태도로 류드밀라의 눈을 똑바로 진지하게 바라보면서 그럴 가능성도 짚어두었다. 물론 실험이 성과를 내길 희망했고 그렇게 되리라 믿었다. 하지만 그렇다 하더라도 아주 오랜 세월이 걸릴 수 있고 심지어 류드밀라의 평생이 걸릴지도 몰랐다. 류드밀라가 할 일은 번식할 여우들을 선별하고, 세대에서 세대로 여우들의 생리와 행동 모두에서 일어나는 모든 변화를 자세하게 기록하는 것이었다. 그뿐 아니라 아카뎀고로도크에는 아직 실험용 여우 농장이 세워지지 않았기 때문에, 노보시비르스크의 세포학·유전학 연구소에서 아주 먼 곳까지 이동해 외딴 지역에 흩어져 있는 여우 농장들을 일일이 방문해야 했다. 드미트리는 언젠가 여우 농장을 방문할 수 있길 바랐지만 아직은 그럴 수 없었다.

류드밀라는 드미트리의 경고를 신중하게 고려했지만, 정말로 확신에 차 있었다. 류드밀라는 알 수 있었다. 이 일이 위대한 도전이 되리라는 것을, 벨랴예프가 자신에게 매우 탁월한 능력을 요구할 테고 그 요구가 자신을 크게 고무하리라는 것을.

류드밀라는 매우 친절하고 겸손한 태도를 지닌 여성이지만, 강한 에너지와 결단력으로 무시할 수 없는 실력자가 되었다. 커다란 열정을 품고 과학자가 되리라는 꿈을 추구해왔으며, 소련의 과학이 거의 전적으로 남자들에 의해 장악되고 있음에도 불구하고 모든 면에서 뛰어난 실력을 보였다. 그녀는 선구자적인 연구를 하는 것 외에는 아무것도 원하지 않았다. 벨랴예프는 여우를 상대로 하는 연구 방법을 개발하는 데 상당한 재량과 책임이 주어질 거라고 분명히 밝혔고, 그녀에게 그것은 대단히 매력적인 것이었다. 류드밀라는 자신이 나중에 말했듯이 "복권에 당첨됐다"는 걸 알았다. 이제 그녀는 소련 과학의 중심이 될지 모를 새로운 과학 도시의 1세대 연구원이 될 뿐 아니라 이처럼 훌륭한 인물과 특별한 연구를 함께 하게 될 터였다. 류드밀라는 확신했다. 사람의 마음을 사로잡을 듯한 드미트리 눈동자 속에서 그 확신을 볼 수 있었다. 류드밀라는 드미트리를 신뢰했다.

류드밀라는 모스크바를 떠나 시베리아에서 살게 되리라고는 꿈에도 생각해본 적이 없었다. 그녀는 모스크바 외곽에서 성장했고 이 도시를 사랑했다. 가족 모두 그곳에서 살았고, 아주 가까이에 모여 살았기 때문에 정기적으로 다함께 저녁을 먹거나 소풍을 갔다. 게다가 류드밀라는 이제 막 결혼해 딸도 있었다. 그토록 화목하게 지내던 사랑하는 가족들과 헤어져 딸 마리나를 데리고 먼 곳으로 떠난다는 건 결코 쉬운 일이 아니었을 것이다. 그런데다 항공기 정비사인 남편 볼로디야가 시베리아에서 어떤 직업을 찾을 수 있을지, 생활 환경은 또 어떨지 누구도 알 수 없었다. 아카뎀고로도크에서의 생활에 관해 류드밀라가 아는 사실은 단 한 가지, 그곳이 뼛속까지 시릴 만큼 매서운 추위가 거의 1년 내내 이어지는 시베리아 한복판에 위치한다는 것이었다. 그렇지만 류드밀라는 가야 했다. 나중에 알게 된 사실이지만, 그녀의 남편은 시베리아 이주를 진심으로 지지했고 그곳에서 직업을 구할 수 있을 거라고 자신했다. 다행히 류드밀라의 어머니도 그들이 자리를 잡고 나면 함께 살기로 했다. 어머니는 그들과 함께 살면서 류드밀라가 일하는 동안 아이를 돌보기로 했다. 1958년 봄, 그들은 시베리아 횡단 열차를 타고 새로운 집으로 향했다.

아카뎀고로도크에는 벨랴예프가 실험용 여우 농장을 만들기 위해 따로 사용할 수 있는 땅이 없었다. 수백 마리의 여우를 수용할 부지는커녕, 연구 도시는 여전히 건설 중이어서 세포학·유전학 연구소는 아직 들어설 건물조차 갖지 못했다. 따라서 류드밀라는 적어도 초창기에는 민영 여우 농장에서 여우 가축화 실험에 착수해야 했다. 수년 사이에 벨랴예프는 니나 소로키나가 그랬던 것처럼 민영 농장 관리자들과 두루 친분을 쌓아나갔다. 그는 코힐라에서 실험을 하기로 결정하긴 했지만, 사실 코힐라는 본격적인 실험을 하기에는 너무 작고 또 너무 멀었다. 그래서 류드밀라는 다른 장소를 답사해야 했다.

그렇게 해서 류드밀라는 1959년 가을, 시베리아의 광활한 황무지를 횡단하는 완행열차를 타고 아직 현대화의 손길이 닿지 않은 마을과 마을을 지나게 되었다. 류드밀라는 숲속 깊숙한 곳에 숨어 있는 작은 철도역에 내려 먼지 자욱한 길을 걸어 내려가, 실험을 하기 위한 최적의 장소를 찾기 위해 산업용 여우 농장을 하나씩 방문했다.

한 농장에 다다랐을 때, 류드밀라는 관리자에게 자신과 벨랴예프가 실시하고자 하는 실험의 성격에 대해 설명했다. 약간의 부지를 소유해야 하고 검사를 위해 수백 마리의 여우에게 접근해야 하지만 결국 그들의 실험에서 번식을 위해 선별할 수 있는 가장 얌전한 여우들은 극히 소수에 불과할 것이라고 말이다. 민영 농장에서 일하는 많은 사람들은 도대체 누가 왜 그런 일을 위해 굳이 시간을 들이려 하는지 의아해했다. "벨랴예프가 나를 보냈다는 사실을 알기 전까지 사람들은 내가 미쳤다고 생각했습니다. 저 여자가 무슨 짓을 벌이려고 제일 순한 여우를 고르는 건가 하고 말이죠! 당연히 그럴 만하지요." 류드밀라는 재미있다는 듯 이야기한다. 하지만 류드밀라가 누구와 함께 연구하는지 이름을 대는 순간 그들의 태도는 백팔십도로 바뀌었다. 류드밀라는 이렇게 말한다. "벨랴예프 박사님 이름만으로 충분히 존중받을 수 있었습니다."

류드밀라는 레스노이라는 거대한 상업용 여우 농장을 실험 부지로 결정했다. 이곳은 카자흐스탄과 몽골 국경 중간쯤에 있는 외딴 지역으로, 노보시비르스크에서 남서쪽으로 약 360킬로미터 떨어진 곳에 있었다. 소련의 모든 상업용 농장들이 그렇듯 레스노이 역시 국가 소유였으며, 생식력 있는 암컷 여우 수천 마리와 수만 마리의 어린 새끼 여우들을 언제든지 수용할 수 있었다. 레스노이는 정부에 황금알을 낳아주는 농장으로, 이곳 관리자가 류드밀라에게 여우를 사육하도록 할당해준 작은 부지도 마찬가지였다. 류드밀라는 코힐라의 실험용 여우 약 열두 마리를 들여와 레스노이로 보냈다. 이후 몇 년에 걸쳐 다른 상업 농장들로부터 몇 마리 여우들을 더 들여올 테지만, 실험 과정에서 짝짓기하게 될 첫 번째 여우 집단은 대부분 레스노이에서 들여온 여우들이 될 것이었다.

레스노이 농장은 익숙해지기까지 꽤나 시간이 걸렸다. 거대한 단지로 조성된 농장에는 옥외 작업장이 줄지어 늘어서 있고, 각각의 작업장 안에 수백 개의 우리가 설치되어 있으며, 그 우리마다 여우가 한 마리씩 들어있는데 대개 안절부절못한 채 주변을 서성거렸다. 여우 우리가 모든 공간을 빈틈없이 빽빽하게 덮어버려 그 넓은 부지가 전혀 넓어 보이지 않았다. 냄새는 또 어찌나 지독하던지 특히 초보자인 류드밀라에게는 도무지 견디기 힘들 정도였고, 무엇보다 식사 시간에 으르렁 깩깩 질러대는 소리는 종종 귀청이 터질 지경이었다. 여우에게 먹이를 주고 우리를 청소하는 소규모 집단의 작업자들은 젊은 아가씨가 여우 실험인지 뭔지 하는 생소한 일을 열심히 꼼꼼하게 처리하는 모습에 처음엔 별 신경을 쓰지 않았다. 그들은 각자 약 100마리의 여우를 책임지고 돌보아야 했기 때문에 호기심을 가질 만한 시간이 거의 없었다.

류드밀라는 지금까지 여우를 대상으로 실험해본 경험이 없었기 때문에 처음엔 여우의 공격성에 적지 않게 당황했다. 그녀는 여우들을 '불을 뿜는 용'이라고 불렀는데, 여우들에게 제법 익숙해진 뒤에도 우리를 향해 다가갈 때면 자신을 향해 덤벼들며 으르렁대는 이 여우들이 과연 순해질 날이 오긴 할지 도무지 믿어지지가 않았다. 드미트리가 실험에 상당히 오랜 기간이 걸릴지 모른다고 경고했던 이유를 이제야 알 것 같았다.

레스노이 농장 관리자는 류드밀라의 요청에 따라 암컷 여우들을 위해 제법 큰 우리를 만들어주기로 했다. 앞쪽 구석에 나무로 만든 방을 짜 넣고 그 안에 나무 부스러기들을 깔면 그곳에서 출산한 어미와 새끼들이 편안하게 쉴 수 있을 터였다. 야생에서 임신한 암컷은 곧 태어날 새끼를 위해 나무 밑동이나 뿌리 밑, 바위의 갈라진 틈 아래, 비탈 위 같은 곳에 입구는 좁고 중심부는 넓은 아늑한 소굴을 짓는다. 여우는 대개 두 마리에서 여덟 마리의 새끼를 낳는데 일단 새끼가 태어나면 암컷은 굴 안에 있는 새끼들을 열심히 지키고 수컷 짝은 암컷에게 먹이를 가져다준다. 임신한 암컷을 위해 이처럼 편안한 은신처를 마련하는 것은 류드밀라에게 중요한 일이었다.

1960년 가을에 시작된 다음 단계는 코힐라의 예비 프로젝트에서 번식한 약 열두 마리의 여우를 레스노이로 가지고 오는 것이었다. 당시 니나 소로키나는 코힐라에서 8대째 여우를 번식시키고 있었다. 그들이 여우들에게 발견한 변화는 아직 기껏해야 아주 미미한 수준이었다. 가장 온순한 여우 열두 마리가 레스노이에 보내졌는데, 대체로 이 여우들은 모피 농장의 일반 여우들보다 아주 약간 얌전할 뿐이었다. 그런데 코힐라에서 가장 최근 두 차례의 번식기에 태어난 여우 두 마리가 제법 두드러진 차이를 보였다. 이 여우들은 눈에 띄게 얌전했다. 류드밀라는 이 두 마리 여우를 보고 깜짝 놀랐다. 심지어 안아 올릴 수도 있을 정도였다. 이 놀라운 생물체들은 농장의 다른 여우들에 비하면 이미 개와 닮아 있었고 류드밀라는 실험이 성공하리라는 확신을

하게 됐다. 류드밀라는 이 여우들의 이름을 라스카^{Laska}(순둥이)와 키
사^{Kisa}(야옹이)라고 지었다. 이후 류드밀라는 실험 과정에서 태어난 모
든 여우들에게 이름을 지어주었는데, 새끼의 이름은 항상 어미의 이
름 첫 글자로 시작했다. 해가 거듭되면서 동료들과 관리인들이 류드
밀라의 연구에 합류했고, 그들은 류드밀라와 함께 여우의 이름을 지
으며 즐거워했다.

레스노이에서 류드밀라의 첫 번째 과제는 연구에 이용할 여우의
수를 늘리는 것이었고, 그러기 위해 이곳에 있는 많은 여우들 가운데
연구에 적합한 여우를 선별해야 했다. 류드밀라는 1년에 네 차례 아
카뎀고로도크를 떠나 출장을 가야 했다. 먼저 10월에 짝짓기를 할 가
장 얌전한 여우를 선별한 다음, 1월 말에 짝짓기 과정을 감독하고, 4월
출산 직후에 새끼들을 관찰한 다음, 마지막으로 6월에 새끼들과 이들
의 성장 과정을 더욱 자세하게 관찰해야 했으며, 이 과정을 해마다 반
복해야 했다. 레스노이와의 거리는 400킬로미터에 불과했지만, 소련
의 열차 시스템 사정을 고려할 때 출장은 보통 고단한 일이 아니었다.
오후 11시에 노보시비르스크를 출발해 레스노이에서 한 시간 거리에
위치하는 작은 도시 비스크에 도착한 후, 다음 날 오전 11시경 출장의
마지막 여정을 위해 이곳에서 버스를 탔다.

류드밀라는 매일 아침 6시에 우리를 각각 꼼꼼하게 살피는 것으로
하루를 시작했다. 니나가 코힐라에서 사용한 것과 같은 종류인 5센티
미터 두께의 보호 장갑을 착용한 다음, 우리에 다가갈 때, 닫힌 우리
옆에 서 있을 때, 문을 열 때, 그리고 우리 안에 막대기를 집어넣을 때
각각의 여우들이 자신의 존재에 어떻게 반응하는지 평가했다. 각각의
상호작용에 대해 1부터 4까지 등급을 나누어 점수를 매기고, 합산한

점수가 가장 높은 여우를 가장 얌전한 여우로 지정했다. 매일 50여 마리의 여우를 테스트했는데, 육체적으로도 정신적으로도 몹시 고단한 과정이었다.

류드밀라가 다가가거나 우리 안에 막대기를 집어넣으면 대부분의 여우들은 공격적으로 반응했다. 여우들은 기회만 주어지면 손을 물어뜯고 싶어 안달하는 것 같았다. 소수의 여우들은 겁을 내며 우리 뒤에 몸을 웅크렸지만, 역시나 얌전한 것과는 전혀 거리가 멀었다. 극히 소수만이 줄곧 얌전한 태도를 유지했고 류드밀라를 골똘히 주시하면서도 아무런 반응을 보이지 않았다. 류드밀라는 전체 여우 가운데 10퍼센트에 해당하는 이런 부류의 여우들 가운데에서 선별해 코힐라에서 데려온 소수의 여우들과 맺어주어 다음 세대의 부모가 되게 했다.

류드밀라는 오후에는 맛있는 보르시치(러시아 사람들이 즐겨 먹는 비트 수프 — 옮긴이), 러시아 미트볼, 팬케이크를 제공하는 마을의 작은 식당에서 점심을 먹기 위해 잠깐 휴식을 취한 뒤, 다시 농장으로 가서 몇 시간 이상 실험을 한 다음, 농장의 품종개량 연구자 숙소에서 자신에게 배정된 작은 방에 들어가 그날 관찰한 내용을 자세하게 기록했다. 그런 다음 마지막으로 밤 11시쯤 주방에서 가벼운 저녁을 먹으며 같은 집에서 생활하는 다른 사람들과 이야기를 나누고 농담도 주고받으며 하루의 긴장을 풀었다. 이렇게 대부분의 시간을 오직 여우들하고만 보냈기 때문에 이제는 여우들과 제법 친해졌음에도 불구하고 종종 무척 외로웠다.

1960년 1월, 여우들의 첫 번째 짝짓기를 감독하기 위한 레스노이 방문은 유독 힘들었다. 지난 10월 방문했을 때 이 여우들의 번식을 위한 세부 계획을 기록해두었다. 먼저 근친 교배를 피하면서 가장 얌전한 수컷과 가장 얌전한 암컷끼리 짝을 지어주기로 했다. 짝짓기하도록 서로 어울리게 해주면 대부분의 여우들은 잘 따랐지만, 일부 암컷은 정해진 짝을 거부해서 다른 적합한 짝을 찾기 위해 신속하게 움직여야 했다. 이런 일은 여간 스트레스가 아니었다. 하지만 드미트리의 기대를 저버리고 싶지 않았다. 류드밀라는 수시로 영하 40~50도로 떨어지는 기온에서 난방이 되지 않는 작업장에 몇 시간씩 나와 있었다. 남편과 딸 마리나가 몹시 그리웠다. 어머니가 마리나를 잘 돌보고 계신다는 걸 알고 있었지만, 어린 딸이 성장하는 흥분되는 순간들을 너무 많이 놓치고 있다는 사실이 무척 속상했다. 레스노이 농장에는 전화기가 없어 집으로 자주 전화할 수도 없었고, 그렇다고 농장 관리자의 개인 전화로 장거리 전화를 한다는 건 거의 불가능했다. 이런 와중에 레스노이와 노보시비르스크 간의 우편 업무는 느리고 신뢰할 수 없기로 유명했다.

다행히 4월과 6월의 레스노이 방문은 보람 있었다. 4월에 새끼 여우들이 처음 눈을 떠 소굴 밖으로 나오는 모습을 관찰하는 것은 놀라운 선물이었다. 대부분 동물의 새끼들이 그렇듯 여우의 새끼들은 정말 사랑스럽다. 막 태어날 때 새끼 여우의 크기는 사람 손보다 조금 크고 체중은 약 113그램에 불과하다. 처음엔 완전히 무력하고 눈도 보이지 않고 귀도 들리지 않으며, 출생 후 18일 내지 19일이 지나야 눈을 뜬다. 새끼 여우는 풍성한 털로 뭉친 작은 공처럼 생겼다.

야생의 새끼들은 생후 4주 무렵이 되면 낮에 머뭇머뭇 조심스럽게 소굴 밖을 나왔다가 잠을 자기 위해 돌아온다. 처음엔 장난스럽게 서로의 위를 덮치며 뒹굴기도 하고 서로를 졸졸 따라다니기도 하면서 함께 꼭 붙어 다닌다. 어미는 새끼들을 시종 엄하게 감시한다. 머지않아 새끼들은 수시로 서로에게 달려들고 입으로 서로의 꼬리를 잡아 당기고 서로의 귀를 무는 등 한층 과격하게 놀아 다루기가 몹시 어려워진다. 여름이 되면 어미의 젖 분비가 끝나고 소굴은 버려진다. 새끼들의 성장이 계속될수록 놀이는 더욱 과격해지고, 자기들끼리 서열을 정해 한두 마리가 우위를 차지한다. 부모는 가을까지 새끼들에게 먹이를 가져다준다. 새끼들은 그때까지 먹이 찾는 법, 사냥하는 법, 스스로 자립하는 법을 익힌다. 이때가 되면 새끼들은 스스로 집을 떠나고 부모도 서로 헤어져 여우 가족은 해체된다. 그리고 이들은 다음 해 1월에 다시 새 짝을 찾는다.

류드밀라는 정상적인 양육 과정을 모방하기 위해 실험에 참여하는 새끼들이 생후 2개월이 될 때까지 계속 어미의 우리에 넣어두었다. 새끼들은 야생에서처럼 생후 1개월까지 소굴 안에서 줄곧 한데 뭉쳐 있는데, 그러다 어느 날 과감하게 굴 밖으로 발을 내딛기 시작하면 이후부터 매일 잠깐씩 작업장 옆 마당에서 놀게 했다.

4월에 새끼가 출생하면 류드밀라는 며칠 안에 농장으로 와서 새끼들의 털 색깔, 크기, 체중을 포함해 각각의 세부 내용을 자세하게 기록했고, 언제 눈을 떴는지, 언제 귀가 들렸는지, 언제 처음 놀이를 시작했는지 등 성장 단계를 사소한 부분까지 메모했다. 6월에 레스노이를 방문할 땐 생후 2개월 된 새끼들이 얼마나 귀여운지 심장이 녹아버릴 것 같았다. 새끼들은 서로 장난치고 흙먼지 속을 뒹굴며 한껏 즐거워 보였다. 새끼들이 작은 눈을 동그랗게 뜨고 제 어미를 올려다볼 때면 절로 미소가 지어졌다. 류드밀라는 이 아기 여우들의 애교에 푹 빠졌고, 동물들이 성장하면서 행동에 얼마나 큰 변화를 보이는지 새삼 감탄했다.

류드밀라는 본격적으로 실험을 시작할 수 있을 만큼 꽤 진전이 이루어지고 있다고 생각했고, 여우들과 함께 하는 시간도 좋았다. 하지만 연구 때문에 잃은 것도 많았다. 오랫동안 딸의 곁을 떠나 있다는 사실이 계속해서 마음을 짓눌렀고, 이따금 연구소 안에서 하는 다른 연구 프로젝트를 찾아봐야 하는 건 아닐까 하는 생각도 들었다.

레스노이에서 두 번째 1월 출장을 마치고 돌아가던 때였다. 류드밀라는 세야텔이라는 마을의 작은 기차역에서 아카뎀고로도크로 향하는 버스를 기다리고 있었다. 기온은 영하 40도에 가까웠고 역은 거의 난방이 되지 않았다. 버스가 한참 후에야 도착할 거라는 방송을 들었을 때 류드밀라는 결심했다. 더 이상 어쩔 수 없다고, 내일 벨랴예프에게 사직서를 제출하고 가족들과 함께 이 지긋지긋한 시골을 떠나겠다고. 그러나 다음 날 아침 뜨거운 커피 한 잔을 마시고나자 이곳을 떠날 수 없다는 걸 깨달았다. 이 일을 무척 사랑하게 된 것이다.

1961년 1월, 두 번째 짝짓기 철이 지나 2세대 새끼 여우들이 태어나면서 실험용 여우의 수는 암컷 백 마리, 수컷 서른 마리가 되었다. 이 새로운 세대의 새끼들이 성장했을 때, 일부 여우들은 코힐라에서 데리고 온 아주 순한 두 마리 여우 라스카와 키사처럼 사람을 무척 편안하게 여겨, 류드밀라와 농장의 작업자들이 품에 안을 수 있을 정도였다. 하지만 이 여우들은 이례적인 경우였다. 나머지 새끼 여우들은 자란 후에도 포획된 은여우들의 전형적인 경우보다 약간 더 얌전한 정도에 그쳤고, 여전히 종종 두려움이나 공격성을 드러냈다. 간혹 물기도 해서 여우를 다룰 땐 여전히 장갑을 착용해야 했다.

하지만 류드밀라는 실험이 효과를 나타내리라는 확신이 점차 커지고 있었다. 새로운 세대로 이어질수록 점점 많은 수의 여우들이 더욱 얌전해졌을 뿐 아니라, 농장의 몇몇 작업자들이 얌전한 여우들을 대하는 태도도 달라졌기 때문이다. 류드밀라를 도와 여우를 돌보기 위해 레스노이에서 작업자 몇 명이 파견되었는데, 그들은 여우들에게 먹이를 주거나 우리를 청소하러 올 때마다 가장 얌전한 여우들을 쓰다듬으며 이들과 좀 더 오래 시간을 보내면서 확실한 유대를 쌓아갔다. 특히 페아라는 한 작업자는 얌전한 여우들을 무척 예뻐했다. 페아는 매우 가난했고 작업장 일로 근근이 먹고살았지만, 매일 자신이 먹을 아침 식사를 농장에 가지고 와 그 대부분을 좋아하는 여우들에게 주곤 했다. 그녀는 여우들이 충분히 성장해 무게가 약 4.5~9킬로그램은 거뜬히 나갈 때도 여우들을 쓰다듬고 안아 올리며 예뻐서 어쩔 줄 몰랐다.

어린 새끼 여우들은 워낙 순하고 사랑스러워 이런 애정을 받는 게 당연했다. 하지만 다 자란 여우들과 그처럼 끈끈한 유대를 형성하는 모습을 보고 류드밀라는 강한 인상을 받았다. 동물 애호가로서 류드밀라 역시 여우들에게 강한 매력을 느꼈고, 때로는 여우들을 측정하면서 쓰다듬고 안아 올린 적도 있었다. 하지만 보통은 머뭇거리기 일쑤였다. 류드밀라는 객관적이고 과학적인 관찰자의 자세를 유지해야 했고, 다른 사람들도 그러한 자세를 유지하도록 조치해야 했으며, 수년 동안 그래야 한다는 강박관념을 갖고 있었다. 그런데 페아 같은 임시직 작업자가 여우들과 이처럼 강하게 유대를 형성하는 모습이 연구에 중요한 부분이라는 확신이 들었다. 벨랴예프는 우리의 초기 조상들이 온순한 동물을 선택한 것이, 가축화 과정이 시작된 가장 초기 단계 가운데 하나일 거라고 추측했는데, 이제 그녀가 실시간으로 바로 그 작업을 수행하고 있었다. 굳이 상상하지 않더라도, 선천적으로 더

순한 늑대들이 우리의 초기 조상들과 접촉을 감행하여 유사한 반응을 끌어냈을 거라고 짐작할 수 있었다.

류드밀라는 레스노이의 두 번째 6월 방문을 마치고 다시 세포학·유전학 연구소로 돌아온 뒤, 벨랴예프와 함께 그동안 수집한 방대한 자료들을 바탕으로 마구 쏟아져 나오는 모든 결과들을 분석하기 시작했다. 그리고 일부 여우들에게 진행되고 있는 변화를 발견하고 기절할 만큼 놀랐다. 류드밀라는 암컷 여우의 생식기관을 육안으로 점검하고 질도말을 분석해 각각의 암컷이 발정기에 들어서는 시기를 철마다 꼼꼼히 기록했다. 그리고 그것을 바탕으로 여우들을 짝짓기시킬 수 있는 며칠간의 짧은 기회를 활용해왔다. 이 자료에 따르면 순한 여우들 가운데 일부는 은여우의 일반적인 경우보다 겨울에 며칠 더 일찍 짝짓기를 시작하고 있었다. 그뿐 아니라 이 여우들의 번식력이 조금 더 높았다 — 이 여우들이 낳는 새끼들의 크기가 평균적으로 약간 더 컸다. 온순함을 선택하는 것과 보다 잦은 번식 사이의 관계는, 왜 그런지 모르겠지만 타고난 온순함을 선택하는 것이 가축화와 관련된 모든 변화의 시작이라는 드미트리 이론의 핵심 주장 가운데 하나였다. 아주 오랜 세월 종 안에서 확고하게 정해져 온 짝짓기 주기의 경미한 변경조차 이 관계에 관한 그의 주장이 옳다는 강력한 표지 같았고, 아주 약간 더 순한 여우의 번식뿐 아니라 본격적인 가축화 과정이 이미 진행되고 있음을 뚜렷하게 보여주는 것 같았다.

03 엠버의 꼬리

1963년 4월 어느 날 아침, 레스노이에 4세대 새끼 여우들이 탄생한 직후, 류드밀라는 우리를 돌아보며 여우들을 관찰하고 있었다. 새끼 여우들은 최근에 눈을 떠 소굴을 떠났다. 새끼들은 세상을 탐색하는 아기 때 특히 귀여웠고, 태어난 지 3주쯤 되면 제법 활동적으로 되었다. 어미가 털을 다듬어줄 때, 배가 빵빵하도록 먹이를 먹고 만족할 때 외에는 다들 옹기종기 바싹 달라붙어 작게 열을 짓고, 신나게 짖고, 서로의 꼬리를 물면서 장난을 쳤다. 어린 새끼 여우들은 강아지와 새끼 고양이 못지않게 귀엽다. 유형성숙의 특징들 — 모든 어린 동물들에게 보이는 불균형적으로 큰 머리와 눈, 보송보송한 털과 작고 둥근 주둥이 — 때문에, 인간들 눈에는 이들이 도무지 거부할 수 없을 정도로 귀여워 보여 어떻게든 한번 품에 꼭 끌어안고 싶어 안달이다. 류드밀라도 아주 가끔은 그런 충동을 뿌리치지 못하고 작은 새끼 여우를 안아 올리곤 했다. 하지만 대개는 최선을 다해 꾹 참고 그저 관찰만 하려 애썼다.

류드밀라는 가장 얌전한 어미들에게서 태어난 대략 서른여섯 마리의 새끼 모두를 하루에도 수차례 찾아가, 각각의 새끼들이 얼마나 소심하거나 대담한지, 만지려고 손을 뻗으면 겁을 먹는지 얌전한 태도를 유지하는지 자세하게 반응을 관찰했고, 길이, 크기, 털 색깔, 해부학적 특징, 전반적인 건강 상태를 상세하게 기록했다. 그날도 새끼 여우의 우리를 향해 다가가고 있을 때, 엠버라는 작은 수컷 새끼 여우가 앙증맞은 꼬리를 열심히 흔드는 것이었다. 류드밀라는 기뻐서 어쩔 줄 몰랐다. 엠버는 마치 자신을 향해 꼬리를 흔드는 작은 강아지 같았다. 류드밀라는 생각했다. 여우들이 점점 개를 닮아가고 있는 게 분명하다고! 엠버는 함께 태어난 형제들 중에서 꼬리를 흔드는 유일한 새끼 여우였다. 마치 엠버가, 당신을 보니 너무 좋아요, 라고 자신을 향해 외치는 것 같았다.

인간을 보고 꼬리를 흔드는 것은 개의 특징적인 행동 가운데 하나로, 지금까지 이런 행동이 관찰된 동물은 개가 유일했다. 류드밀라가 실험한 다른 새끼들에게서는 이런 행동을 본 적이 없었다. 갇혀 있든 야생에 풀어져 있든 여우에게 이건 전례가 없는 행동이었다. 간혹 다 자란 여우들은 서로를 향해 꼬리를 흔들거나 벼룩이나 그밖에 해충을 쫓기 위해 꼬리를 흔들기도 하지만, 새끼 여우들이 자신을 향해 다가오는 인간을 보고 꼬리를 흔드는 모습은 한 번도 관찰된 적이 없었다.

류드밀라는 얼른 감정을 억눌렀다. 아직은 이런 행동을 과장해서 해석할 필요는 없다고 스스로를 다독였다. 엠버가 자신을 보고 꼬리를 흔들기 시작한 건 분명해 보이지만, 확실히 하기 위해 다음에 엠버와 그의 형제들을 살피러 올 때 엠버가 또다시 꼬리를 흔드는지 주의 깊게 관찰해 이 사실을 입증하기로 했다. 그렇지만 이 일은 흥분되지 않을 수 없었다. 여우가 꼬리를 흔든다는 건 명백히 개와 유사한 행동을 드러내는 첫 번째 신호일지도 몰랐다. 류드밀라는 그날 아침 작업장을 돌면서 다른 새끼 여우들도 자신을 향해 꼬리를 흔들어주길 바랐다. 하지만 다른 새끼 여우들 가운데 꼬리를 흔드는 여우는 한 마리도 없었다. 그 후로 몇 주 동안 계속해서 새끼 여우들을 관찰했지만 그날과 마찬가지로 꼬리를 흔드는 여우는 발견하지 못했다. 하지만 엠버는 계속해서 꼬리를 흔들었고, 류드밀라가 가까이 다가갈 때 꼬리를 흔들기 시작한다는 사실은 의심의 여지가 없었다. 엠버는 작업자들의 관심을 받을 때도 꼬리를 흔들었다.

엠버는 단지 이례적인 경우였을까? 아니면 벨랴예프와 류드밀라는 벌써 동물 행동의 유전적 기원에 관해 중요한 증거를 발견한 걸까? 이반 파블로프와 행동주의자의 연구 경향을 따랐던 많은 연구자들은 꼬리를 흔드는 행동을 포함해 인간을 향한 개의 행동들은 훈련의 결과라고 주장했다. 파블로프가 벨 소리만 들어도 침을 흘리도록 개들을 훈련해 입증했던 것처럼 말이다. 하지만 동물이 그런 식으로 새로운 행동을 익히려면 그 행동과 관련된 자극을 수차례 받아야 했다. 미국의 심리학자이며 파블로프의 추종자들 가운데 가장 영향력 있는 인물인 B. F. 스키너는 조작적 조건형성이라고 하는 다른 종류의 훈련을 보여주었다. 쥐들이 발로 지렛대를 밟을 때마다 그 보상으로 먹이를 주는 스키너의 유명한 실험에서와 같이, 이 훈련은 동물이 특정한 행동을 실행할 때마다 보상을 주는 것으로 이루어진다. 처음에 쥐들은 단지 우연히 지렛대를 밟지만 여러 차례 먹이가 나타난 후에는 의도적으로 지렛대를 밟기 시작했다. 이 방법은 개에서 시작해 바다표범, 돌고래, 코끼리에 이르기까지 모든 종류의 동물을 훈련하는 데 이용된다. 그러나 어떤 형태의 훈련도 엠버가 류드밀라를 향해 꼬리를 흔드는 것과는 관련이 없었다. 엠버는 순전히 자발적으로 꼬리를 흔들기 시작한 것이다. 이 작은 새끼 여우는 벨랴예프가 앞으로 일어나리라 예측했던 것처럼, 개와 유사한 새로운 선천적 특징을 다른 여우들보다 일찍 보여주었는지도 몰랐다. 하지만 동물 한 마리가 수행하는 새로운 행동은 그것이 아무리 반복된다 할지라도 그저 희한한 버릇에 불과할 수도 있었다. 그러므로 다음 세대에 태어날 엠버의 새끼나 다음 해 봄에 태어날 다른 새끼들 가운데 꼬리를 흔드는 여우가 나올지 확인하는 것은 여간 흥미로운 일이 아니었다.

류드밀라는 엠버의 세대에서 딱히 눈에 띄는 새로운 행동을 목격하지는 못했지만, 테스트 결과 더 많은 새끼 여우들이 앞선 세대의 여우들보다 현저히 얌전하다는 사실에 주목했다. 또한 더 온순한 암컷 여우들은 야생 암컷들의 정상적인 발정기보다 며칠 더 일찍 발정기에 들어섰는데, 이것은 실험이 계속해서 중요한 성과를 낳고 있다는 또 하나의 좋은 신호였다.

류드밀라는 이 소식을 곧바로 드미트리에게 알리고 싶었지만 세포학·유전학 연구소로 돌아올 때까지 기다려야 했다. 류드밀라는 레스노이에서 돌아오면 언제나 곧바로 드미트리와 회의를 했다. 이때 하는 회의는 두 사람이 각자의 연구 결과들을 심오하게 논의하고, 결과들이 그들에게 어떤 의미가 있는지 각자의 생각을 공유하는 드문 기회를 제공했기 때문에 류드밀라에게 매우 특별했다. 벨랴예프는 류드밀라와 함께 여우 실험에 더 많은 시간을 할애하고 정기적으로 여우들을 방문하길 바랐다. 하지만 그는 연구소 운영으로 너무 바빴기 때문에 지금까지 레스노이에 단 두 차례 그것도 살짝 다녀갈 수 있을 뿐이었다. 그렇기 때문에 류드밀라가 최근 소식을 들고 연구소에 돌아왔을 때 하는 회의는 그에게도 특별했다.

벨랴예프는 류드밀라를 자신의 사무실로 초대해 자신이 즐겨 마시는 차를 주문했다 — 그의 비서는 '매번 예외 없이' 특별히 블랜딩한 인도와 실론의 홍차에 각설탕 하나 반 개를 넣어 마신다고 말한다. 벨랴예프는 류드밀라가 레스노이에 있는 동안 그녀의 가족들이 무척 힘들 거라는 데 마음이 쓰여 제일 먼저 그녀의 남편과 딸, 어머니의 안부를 물었고, 그런 다음 **그녀가** 어떻게 지내는지 물었다. 벨랴예프는 신속하게 일을 해치우는 대단히 열정적이고 의욕이 넘치는 사람이었지만, 이런 식으로 자신을 위해 일하는 사람들의 생활을 살폈다. 장거리 출장이 류드밀라에게 얼마나 힘든 일인지, 특히 지금 한창 활기차게 아장아장 걸어 다니는 딸 마리나와 함께 하는 시간을 류드밀라가 얼마나 그리워하는지 잘 이해했다. 류드밀라는 이렇게 회상한다. "가끔 마음속으로 뭔가 이건 아닌 것 같다 싶을 때 드미트리가 제 마음을 알아채곤 했습니다. 그리고 제가 말을 꺼내서 다 마치기도 전에 무슨 말을 하고 싶어 하는지 이해했지요."

류드밀라는 이번 회의에 특히 흥미진진한 소식을 들고 오게 되어 무척 기뻤다. 그녀는 최근에 태어난 여우 가운데 일부가 이전 세대보다 더 얌전하고, 많은 수의 암컷들에게 좀 더 긴 번식기가 드러났다고 자세하게 보고했다. 그런 다음 엠버에 대해, 그리고 엠버가 꼬리를 흔든다는 사실에 대해 보고했다. 드미트리는 이것이 중요한 조짐일 수 있다는 데에 동의했다. 엠버는 사람을 향한 새로운 감정적 반응으로 꼬리를 흔드는 것으로 보이는데, 다른 새끼 여우들도 꼬리를 흔들기 시작한다면 이것은 가축화 과정의 큰 진전임을 증명하는 것일 수도 있었다. 그런 경우에 해당하는지 확인하려면 기다려봐야 하겠지만, 이미 기록으로 남긴 성과들만도 상당해서 벨랴예프는 전 세계 유전학계에 이 결과를 알릴 때가 됐다고 결정했다. 이를 위해 그는 1963년 네덜란드 헤이그에서 열리는 국제 유전학회에서 발표할 시간을 얻는 등 완벽한 기회를 가졌다. 정부는 리센코가 교활하게 권력을 잡은 지 몇십 년 만에 처음으로 소련 유전학자 대표단에게 이 학회의 참석을 허락했는데, 이는 리센코가 권력 투쟁에서 힘을 잃고 있다는 명백한 표시였다. 5년마다 한 번 개최하는 국제 유전학회는 전 세계 유전학회 가운데 가장 중요한, **절대** '놓쳐서는 안 될' 유전학 모임이었다.

러시아 유전학계는 지난 몇 해에 걸쳐 지속적으로 리센코에게 맞서 싸워왔고, 과학계 전반에서도 유전학계를 옹호했다. 1962년에는 소련에서 가장 존경받는 물리학자 세 사람이 합세해 리센코의 만행을 공개적으로 맹비난했다. 리센코는 이후로도 2년 동안 여전히 유전학 연구소 소장을 지냈지만, 1964년 러시아 과학아카데미 총회에서 물리학자 안드레이 사하로프로부터 혹독한 비난을 받은 뒤 결국 자리에서 물러났다. 안드레이 사하로프는 이날 연설에서 '다수의 성실한 과학자들에게 명예훼손, 체포, 심지어 죽음을 겪게 함으로써 … 소련의 생물학을 부끄러울 정도로 후퇴시킨' 데 책임이 있다고 리센코를 공격했다. 그 후 얼마 안 있어 정부도 그를 공개적으로 비난했고 더 이상 그의 연구를 인정하지 않았다. 벨랴예프의 아내는 이 일로 그가 몹시 흥분했다고 회상한다. 마침내 소련의 유전학은 잃어버린 시간을 만회할 수 있게 된 것이다.

헤이그 유전학회에 참석한 드미트리는 여우 실험을 이끄는 가설, 즉 가축화로 이어지는 온순함의 선택에 관해 소개하고, 예비 연구의 결과와 가장 최근의 모든 결과를 차근차근 보여주면서 실험이 시행된 과정을 정확하게 설명했다. 청중은 깊은 인상을 받았다. 누구도 이런 식의 가축화 실험에 대해 들어본 사람이 없었던 것이다. 대담한 실험이 아닐 수 없었다. 논의에 참석한 사람들 가운데에는 전 세계 주요 유전학자들 가운데 한 명으로 널리 주목받고 있는 UCLA의 마이클 러너도 있었다. 그는 나중에 벨랴예프에게 자신을 소개했고 두 사람은 실험에 대해 자세하게 논의했다. 러너는 연구의 범위와 독창성에 감탄했고, 두 사람은 서로의 연구 내용을 알리기 위해 서신을 왕래하기 시작했다. 드미트리가 이 회의에 참석한 주된 목적 가운데 하나는 서양의 유전학자들에게 실험에 관해 널리 알리는 것이었으며, 이 목적을 위해 러너만큼 적합한 인물은 없었다. 몇 년 뒤 러너는 동물의 품종개량에 관한 연구들 중 대표작인 자신의 교재에 이 실험 결과를 소개했다. 드미트리는 친구에게 "내 연구를 언급한 걸 보게 되어 매우 기쁘다"라고 편지에 썼다.[31]

그러나 소련의 과학자들이 소비에트 연방 외부에서 자신의 연구를 인정받기란 여전히 거의 불가능했다. 이제는 서양에서 실시하는 연구들을 공개적으로 알 수 있고, 선정된 사람들은 해외의 유수한 학회에 참가할 수도 있게 됐지만, 냉전이 극심해지자 소련 정부는 과학자들에게 소련 외부의 연구 저널에 논문을 제출하지 못하도록 금했다. 소련의 과학자들은 간혹 서양에서 온 방문자들 편으로 몰래 논문을 제출하기도 했지만 그들의 연구 내용이 서양에 알려지는 일은 거의 없었다.

벨랴예프는 이 같은 고립 상태에서 그의 연구팀이 느낀 좌절을 아주 민감하게 느낄 수 있었다. 최근 몇 년간 서양의 유전학은 커다란 발전을 이루어왔으니 말이다. 드미트리는 그의 연구팀이 서양에 연구 결과를 발표하는 데에는 큰 도움이 되어주지 못했지만, 적어도 최첨단 연구를 순조롭게 할 수 있도록 힘썼다. 그는 세포학·유전학 연구소를 일류 연구 센터로 만들기 위해 열정적으로 일했고, 두비닌이 벨랴예프를 자신의 오른팔로 선택했을 때 예상했듯이, 최고의 인재를 영입하는 방법을 아는 강한 지도자임을 입증했다. 여우 실험은 연구소에서 진행 중인 많은 중요한 프로젝트 가운데 하나일 뿐이었다. 수많은 종들의 염색체 자료를 수집하는 주요 프로젝트와 함께 기본적인 유전학 연구도 계속해서 진행하고 있었다. 세포의 기능 및 형성 과정도 주요 연구 과제의 하나였으며, 작물 육종도 여전히 연구 중이었다.

한편 드미트리는 연구소 직원과 학생들 사이에 동료애가 조성되길 바랐다. 그러나 연구소가 들어설 건물 공사가 수년 동안 지연되어 세포학·유전학 연구소의 직원, 과학자, 학생 342명이 다섯 개 건물 전체에 뿔뿔이 흩어져 있어 바람을 이루기가 어려웠다.[32] 1964년, 드미트리는 정치적 상황을 다루는 특유의 예리한 감각을 활용하여 마침내 연구팀 전원을 한 건물에 모아들일 수 있었다. 신축 건물의 공사가 진척되기 시작하자, 아카뎀고로도크에서 점차 영향력이 커지고 있는 컴퓨터 센터는 세포학·면역학 연구소보다는 자기들이야말로 멋진 새 건물을 차지해야 마땅하다며 열심히 로비를 벌였지만, 벨랴예프가 먼저 선수를 쳤다. 벨랴예프는 건물이 완공되기 전, 심지어 개관식이 열리기도 전에 직원들에게 새 건물에서 일을 시작할 준비를 하도록 일렀다. 직원들이 어찌나 신속하게 서둘렀던지 — 주말 이틀 만에 — 그들

의 입주는 컴퓨터 센터의 책임자들이 소식을 듣기도 전에 기정사실이 되어버렸다.[33]

　드미트리는 산적한 행정 업무를 마치고 마침내 과학자로 돌아올 수 있는 저녁이 되었을 때 이 기쁨을 한껏 만끽했다. 그는 연구자들이나 학생들이 연구에 대해 토론할 때 자신을 참여시켜달라고 자주 청하곤 했는데, 그날 저녁 비서에게 "좋았어, 바로 오늘 밤이야, 이제야 제대로 과학을 연구할 수 있겠군!"이라고 외치면서, 연구와 관련된 토론을 위해 자신의 사무실로 사람들을 불러오도록 지시했다. 그러려면 모두들 오랜 시간 연구소에 남아 일해야 했지만, 그는 즐겁게 토론을 이끌어 그들의 노고에 보답했다. 그들은 한껏 활기를 얻었고, 그의 비서 말에 따르면 사무실에서 함성소리와 웃음소리가 터져 나왔다고 한다. 벨랴예프는 어린 시절 형 니콜라이와 함께 참석한 '소리 지르는 모임'과 체트베리코프의 과학 그룹을 회상하면서 과학 토론이란 모름지기 이렇게 진행되어야 한다고 생각했다.

　연구소에서 걸어서 얼마 걸리지 않는 벨랴예프의 집에서도 이런 식의 토론들이 자주 열렸다. 그의 아내 스베틀라나는 아주 맛있는 식사를 준비했고, 그들은 밤 9시쯤 저녁을 먹으며 시사에 관해 열띤 토론을 했다. 드미트리는 평소 복장인 검은색 정장과 타이를 벗고 편안한 옷으로 갈아입고서 이따금 열띤 태도로 이야기를 하곤 했다. 그의 제자이며 훗날 동료가 된 파벨 보로딘은 이렇게 기억한다. "선생님은 훌륭한 이야기꾼이자 배우였습니다. 결코 그냥 이야기만 들려주시지 않았어요. 생생하게 흉내를 내면서 영웅의 역할을 하곤 했답니다." 저녁 식사를 마치고 나면 모두들 드미트리와 함께 위층에 있는 그의 서재로 향해, 학술지 논문에 수록된 과학 및 연구 내용에 대해 더 논의했다.

류드밀라는 이런 시간이 매우 좋았고, 여우 실험에서 도출된 흥미로운 결과의 의미에 대해 동료 연구원들과 열띤 토론을 벌이는 것이 무척 즐거웠다. 그들은 예상보다 빨리 나온 결과에 매료되었고, 그렇게 빨리 이런 결과를 낳게 한 원인이 무엇인지 서로 아이디어를 쏟아냈다. 그리고 머지않아 류드밀라는 새롭고도 놀라운 일련의 결과물을 얻어 동료들과 공유하게 될 터였다.

1964년에 류드밀라는 새로 태어난 새끼 여우들(5세대)에게서 크진 않지만 새로운 변화들을 목격했다. 그해 1월 엠버와 순한 암컷 여우를 짝짓기시키면서 그들 사이에서 낳은 새끼들 가운데 몇 마리라도 꼬리를 흔들어주길 바랐지만 결과는 그렇지 못했다. 그 해에 다른 암컷에게 태어난 새끼들도 꼬리를 흔들지 않았다. 하지만 점차 많은 수의 새끼 여우들이 눈에 띄게 얌전했다.

다음 세대 새끼 여우들은 전혀 다른 변화를 보여주었다. 1965년 4월, 류드밀라가 갓 태어난 6세대 새끼 여우들을 관찰하기 위해 레스노이로 향했을 때, 이 여우들이 개와 유사한 새롭고도 흥미로운 행동을 보인다는 사실을 발견했다. 류드밀라가 다가가자 이 새끼 여우들은 우리에 몸을 바싹대고는 그녀에게 코를 비비려 했고, 배를 문질러달라는 분명한 표시로 몸을 굴러 등을 대고 눕는 것이었다. 그뿐 아니라 류드밀라가 그들을 시험하기 위해 손을 뻗자 그녀의 손을 핥았고, 그들 곁에서 멀어지자 애처로운 소리를 내며 깽깽거렸다. 류드밀라가 계속 곁에 있길 바라는 것 같았다. 새끼 여우들은 작업자들과 함께 있을 때도 이런 식으로 행동했다. 엠버가 꼬리를 흔들 때와 마찬가지로,

자연에서든 갇힌 상태에서든 여우가 인간을 향해 이런 식으로 행동하는 걸 목격한 사람은 지금까지 아무도 없었다. 새끼들이 어미에게 먹이나 관심을 달라고 낑낑거리는 일은 있어도, 인간의 관심을 끌기 위해 낑낑거리는 소리를 낸다는 건 전혀 알려진 바가 없었다. 돌보는 사람의 손을 핥는다는 기록도 없었다. 그렇기 때문에 류드밀라는 이 새끼 여우들의 보채는 행동에 감동을 한 나머지 도저히 이들을 실망시킬 수가 없었고, 이제는 자기도 모르는 사이에 우리에서 한 발짝 다가가 여우들과 좀 더 많은 시간을 보낸 뒤에야 돌아가곤 했다. 이 새끼 여우들이 막 걸음을 떼기 시작한 아주 어린 시기부터 인간의 접촉을 갈구하고 있다는 것은 조금도 의심할 여지가 없는 것 같았다.[34]

드미트리와 류드밀라는 이렇게 새로운 행동을 보이는 소수의 여우들을 '엘리트'로 지정하기로 했다. 그들은 엄격한 분류 도표를 고안했다. 3등급은 실험자들로부터 달아나거나 인간에게 공격적인 모습을 보였고, 2등급은 실험자들이 다루는 대로 내버려두지만 감정적인 반응을 드러내지 않았으며, 1등급은 낑낑대며 꼬리를 흔들면서 다정한 모습을 보였다. 그리고 IE 등급인 엘리트들은 위의 두 가지 행동 외에 사람의 관심을 끌기 위해 칭얼거리는 모습을 뚜렷하게 보였다. 류드밀라가 관찰하기 위해 다가가면 이 엘리트 여우들은 코를 킁킁거리며 냄새를 맡고 혀로 류드밀라를 핥는 등 인간의 접촉을 갈망하는 모습을 분명하게 드러냈다.

다음 해에 엠버에게 다른 자식들이 생겼다. 류드밀라는 이번 새끼 여우들은 꼬리를 흔들길 기대했지만 이번에도 꼬리를 흔드는 새끼 여우는 한 마리도 없었다. 그런데 이듬해인 1966년에 엠버가 세 번째 자식들을 보았을 때 이들 가운데 몇 마리가 꼬리를 흔들었다. 엠버는 이례적인 동물이 아니라 선구적인 동물이었다. 이제 벨랴예프와 류드밀라는 꼬리를 흔드는 동작이 부모로부터 물려받은 것이라는 약간의 증거를 갖게 되었다.

7세대 새끼 여우들 가운데 몇 마리가 더 낑낑거리고, 핥고, 배를 어루만져 달라고 바닥에 구르는 동작을 보였지만, 엠버의 혈통 외에 꼬리를 흔드는 새끼 여우는 한 마리도 없었다. 변화는 다른 새끼들 사이에서 다른 방식으로 나타나고 있었다. 더 온순한 여우들 가운데 일부의 유전자 구성에서 무슨 일이 일어나고 있었고, 그로 인해 이들은 자발적으로 완전히 새로운 일련의 행동을 수행하고 있었다. 그리고 점차 많은 수의 새끼 여우들에게서 변화가 나타나고 있었다. 6세대 새끼 여우들 가운데 엘리트에 속하는 여우는 1.8%였다. 7세대에서는 약 10%가 엘리트였다. 8세대는 꼬리를 흔드는 것에 그치지 않았다. 순한 여우들 가운데 일부의 꼬리가 동그랗게 말렸는데, 이는 개와 유사한 또 하나의 두드러진 특징이었다.

동물들의 아주 이른 발달 시기에 그처럼 많고 다양한 행동 변화가 나타날 수 있다는 사실은 특히 주목할 만했다. 자연선택은 발달 형태를 안정시키고, 일단 한 가지 특성이 초기의 발달 형태에 고정적으로 속하게 되면 이 특성은 좀처럼 변하지 않는다. 짐작건대 성장 단계에서 이 부분이 생존 투쟁에 매우 중요하기 때문일 것이다. 모든 새끼 여우들이 비교적 정해진 시간 순서에 따라 눈을 뜨고 소굴 밖으로 나오는 것은 바로 이런 이유 때문이다. 하지만 가장 순한 새끼 여우들은 이런 규칙조차 깨뜨리고 있었다. 류드밀라가 세심하게 관찰한 결과, 온순한 새끼 여우들은 일반 새끼 여우들보다 이틀 먼저 소리에 반응하고 하루 일찍 눈을 떴다. 류드밀라는 이런 변화가 마치 이 작은 여우들이 하루라도 빨리 사람들과 상호작용하고 싶어 못 견디겠다는 표시인 것만 같았다.

류드밀라는 온순한 새끼 여우들의 새로운 행동을 계속해서 지켜보면서, 이들이 새로운 행동을 유지할 뿐 아니라 모든 여우들에게서 아주 오래전부터 드러나는 새끼들 특유의 행동도 유지하고 있다는 걸 발견했다. 거의 모든 동물의 새끼들과 마찬가지로 여우의 새끼들도 아주 어릴 땐 호기심 왕성하고 장난기 많고 비교적 무사태평하지만, 약 45일에 접어들면 야생에 있든 갇혀 있든 행동이 극적으로 변한다. 그때부터 야생의 새끼들은 더 자주 혼자서 주변을 탐험하기 시작하면서 훨씬 더 신중해지고 불안해한다. 류드밀라는 온순한 새끼들은 여우에게 전형적으로 나타나는 것보다 거의 두 배가 긴 약 3개월 동안 특유의 장난기와 호기심을 유지하다가 이후 더 두드러지게 얌전해지고 더욱 장난스러운 모습을 지속한다는 사실을 발견했다. 온순한 여우들은 마치 성장하라는 지시를 거부하는 것 같았다.

실험을 시작한 지 10년이 채 되기도 전에 기대 이상으로 큰 성과를 거두자, 드미트리는 지금이야말로 아카뎀고로도크에 여우 실험 농장을 만들어 실험 규모를 더욱 확대할 때라고 결정했다. 그들 소유의 실험 전용 농장이 생기면 더 많은 수의 여우들을 수용할 수 있을 테고, 류드밀라는 한 해에 단 네 차례가 아니라 지속해서 여우들을 관찰할 수 있을 것이었다. 벨랴예프는 연구 조교와 학생들을 연구소에 파견해 류드밀라의 연구를 도울 수 있을 테고, 세포학·유전학 연구소는 여우들에게 진행 중인 변화에 대해 더욱 광범위한 분석을 할 수 있을 터였다. 게다가 드미트리 자신은 마침내 정기적으로 여우들을 시찰할 수 있을 것이다. 연구소의 행정 업무가 산적해 있고 회의며 강의를 위해 수시로 출장을 다녀야 했기 때문에 지금도 여우들을 보려면 간신히 짬을 내서 몇 차례 잠깐 레스노이에 다녀오는 수밖에 없었다. 그런데 레스노이의 여우들로부터 강력한 성과들이 나오자, 벨랴예프는 이제 실험용 농장의 조성 및 유지에 필요한 막대한 자금을 할당받기 위한 명분이 생겼다. 더구나 이제는 그렇게 할 수 있는 행정상의 영향력도 갖추었다. 벨랴예프는 농장을 지을 땅을 알아보기 시작했다.

1967년 5월 어느 날, 드미트리는 7세대 여우들에 관한 자료를 열심히 살펴보다가 잔뜩 흥분한 목소리로 류드밀라를 자신의 사무실로 호출했다. 그러고는 어찌나 가슴이 쿵쾅거리던지 간밤에 잠을 한숨도 이루지 못했노라고 말했다. 마침내 여우들에게 변화를 일으킨 원인이 무엇인지 알게 된 것이다. 그는 류드밀라에게 연구소의 몇몇 연구원들을 불러 모아 자신의 사무실로 데리고 오게 했다. 모두 모이자 벨랴예프가 입을 열었다. "동료 여러분, 저는 이 가축화 실험에서 우리가 관찰하고 있는 것이 무엇인지 거의 이해한 것 같습니다."

벨랴예프는 그들이 여우들에게 발견한 대부분의 변화들은 특성들이 나타나고 사라지는 시기의 변화와 관련이 있음을 파악했다. 그들이 온순한 여우들에게서 목격하고 있는 많은 변화들은 일반 여우들보다 더 오래 유아기적 특성을 유지하는 것과 관련이 있었다. 낑낑거리며 보채는 행동은 대체로 다 성장하면 사라지는 새끼들 특유의 행동이었다. 얌전한 태도도 마찬가지였다. 여우의 새끼들은 처음 태어날 땐 평온하고 얌전하지만, 성장할수록 굉장히 예민해지는 것이 일반적이다. 시기의 변화는 또한 암컷의 생식체계 가운데 일부에도 일어나고 있었다. 여우들은 아주 일찍부터 짝짓기 할 준비를 갖추었으며, 이

기간은 상당히 오래 지속되었다.

호르몬은 동물의 발달 시기와 생식체계 시기를 조절하는 것과 관련이 있다고 알려졌다. 그뿐만 아니라 동물의 스트레스 수준, 즉 침착성을 조절하는 것으로도 알려졌다. 드미트리는 온순한 여우들의 호르몬 분비에 변화가 나타나고 있으며, 이 변화는 분명히 가축화 과정에서 중요한 부분이라고 확신했다. 이것이 사실이라면 가축화된 동물들이 야생의 사촌들보다 더 어려 보이는 이유가 무엇인지, 왜 이들은 정상적인 짝짓기 시기 외에도 번식이 가능하고 인간들 주변에서 그토록 얌전한지 설명할 수 있을 터였다.

지난 20세기 초는 호르몬의 발견으로 동물 생리학의 기초가 흔들린 시기였다. 당시 신경계의 기본 작용이 밝혀지기 시작했고, 뇌와 신경계는 동물의 행동을 조절하는 전달 기관으로 인식되었다. 그러더니 돌연 우리 신체도 화학적 메시지 전달 기관에 의해 통제되고, 신경이 아닌 혈류를 통해 작동하는 것으로 여겨졌다. 가장 먼저 발견된 호르몬은 소화력과 관계된 세크레틴이었다. 그리고 바로 얼마 후 부신^{adrenal glands}(에피네프린이라고도 한다.) 가운데 하나에서 만들어졌다고 해서 이름이 붙여진 아드레날린이 확인되었다. 이후로도 계속해서 더 많은 호르몬들이 발견되었다. 1914년 크리스마스에는 티록신 ― 갑상샘에서 분비되는 호르몬 ― 이 확인되었고, 1920년대와 30년대에는 테스토스테론, 에스트로겐, 프로게스테론이 확인되었으며, 생식 활동 조절에 이 호르몬들의 역할이 발견되었다. 시간이 흘러 이들 호르몬의 수치 변화가 정상적인 생식 주기를 크게 방해할 수 있다는 사실이 연구 결과 밝혀졌고, 결국 피임약 개발로 이어져 1957년에 시장에 출시되었다.

두 개의 부신피질 호르몬, 코르티손과 코르티솔은 1940년대 중반에 아드레날린과 함께 발견되었는데, 이 호르몬들 모두 스트레스 수준을 조절한다고 해서 스트레스 호르몬이라는 별명이 붙었다. 그리고 아드레날린과 코르티솔 수준은 '투쟁 도피 반응fight or flight response'의 핵심인 위험 감지 반응 때문에 빠르게 증가한다는 사실도 확인되었다. 1958년에는 다른 호르몬에서 분리된 멜라토닌이 발견되었다. 이 호르몬은 솔방울샘에서 분비되며, 피부 색소 침착에 영향을 줄 뿐 아니라 수면 패턴 및 생식 주기의 시기를 조절하는 핵심적인 역할을 했다.

한편 연구 결과, 하나의 호르몬이 유기체에 한 가지 영향만 미치는 경우는 극히 드물다는 사실도 밝혀졌다. 대부분의 호르몬은 다양한 형태학적 행동적 특징들로 이루어진 하나의 덩어리 전체에 영향을 미친다. 예를 들어, 테스토스테론은 고환의 성장뿐 아니라 공격적인 행동에, 그리고 근육, 골 질량, 체모, 기타 다양한 많은 특성들에 관여한다.

드미트리는 호르몬에 관한 자료들을 살펴보면서, 정확히 어떻게 해서 그런지는 확실하지 않지만 어쨌든 호르몬 분비가 유전자에 의해 통제되고 있다는 사실이 연구 결과에 의해 진작 밝혀졌음을 알게 되었다. 그는 온순한 여우에게서 관찰되는 변화의 대부분이 — 어쩌면 전부가 — 바로 호르몬 분비를 통제하는 유전자들 혹은 유전자들의 결합 때문일지 모른다는 생각이 들었다. 온순함을 위한 선택이 유전자들이 작동하는 방식에 변화를 촉발했던 것이다. 자연선택은 야생에서 여우와 여우의 행동을 형성하기 위한 호르몬 제조법을 안정시켰다. 그런데 이제 그와 류드밀라가 시행하고 있는 온순함을 위한 선택이 이 제조법을 **불안정하게** 만들고 있었다.

드미트리는 왜 이런 현상이 나타나는지 궁금했다. 동물의 행동과 생리의 안정은 특히 환경과 조화를 이루었다. 동물의 짝짓기 철은 어린 새끼의 생존을 위해 연중 먹이와 일조량이 가장 풍부한 시기와 일치하도록 선택되었다. 동물의 털 색깔은 자연환경 안에서 모습을 위장하도록 최적화되었다. 동물의 스트레스 호르몬 분비는 위험한 환경에 맞서 싸우거나 도망치도록 최적화되었다. 그렇다면 갑자기 전혀 다른 환경으로 옮겨간다면, 그래서 생존 조건이 달라진다면 어떻게 될까? 여우들이 바로 이런 경우였다. 여우들은 이제 인간들 주변에서 길들여지는 것이 최적의 환경이 되었다. 따라서 야생에서 자연선택의 결과로 주어졌던 안정된 행동 및 생리 기능은 더 이상 최적의 방식이 아니며, 새롭게 적응이 이루어져야 했다. 드미트리는 이와 같은 변화의 압력에서 동물 유전자의 활동 패턴 — 동물의 유전자가 신체 기능을 조절하는 방식 — 이 크게 바뀔 거라고 생각했다. 그렇게 되면 무수한 변화들이 홍수처럼 밀려들지 몰랐다. 그리고 이 변화들 가운데 핵심은 당연히 동물을 환경에 최적화시키기 위해 가장 필수적인 역할을 하는 호르몬 분비의 조절 능력, 시기, 변화가 될 터였다. 나중에 그는 이 제조법에 신경계의 변화도 추가하게 되었다. 그는 자신이 기술하는 이 새로운 과정을 **불안정 선택**destabilizing selection이라고 칭했다.[35]

류드밀라와 연구원들은 이 견해를 자세히 검토하기 위해 시간이 필요했다. 이 이론은 상당히 급진적이었다. 돌연변이 없이 유전자의 활동이 달라질 수 있다는 개념은 아직 보고된 바가 없었다. 드미트리는 동물들에게 나타나는 변화의 일부가 유전자의 돌연변이 때문이 아니라, 기존의 유전자가 새로운 방식으로 활성화되거나 불활성화되었기 때문일 수 있다고 추측함으로써 과학계보다 훨씬 앞서갔다. 지금까지는 정확한 이론 없이 그야말로 과학적 의미에서 맹목비행을 하며 실험을 해왔다. 하지만 이제는 이론을 갖추었다. 아직 증거는 없지만, 이 이론이 정확하다면 많은 것을 설명해줄 흥미로운 견해가 될 터였다. 드미트리는 잘 하면 조만간 여우 실험을 통해 이 견해를 시험할 수 있으리라 생각했다.

벨랴예프는 연구소에서 북동쪽으로 6킬로미터 정도 떨어진 곳에 소나무와 자작나무, 사시나무로 이루어진 아름다운 숲을 깎아 만든 좋은 터를 얻어 여우 농장 건설을 감독했다. 시설은 보잘 것 없었다. 나무로 만든 다섯 채의 작업장을 짓고 각 작업장에 50개의 커다란 우리를 들여놓았다. 작업자는 도르래 시스템을 이용해 먹이가 담긴 커다란 양동이를 작업장 위아래로 움직여 먹이를 주었다. 공터에는 9미터 너비의 담을 둘러, 작업장에 갇혀 있던 여우들이 매일 잠시 동안 그곳에서 뛰어놀 수 있었다. 곧 15미터 높이의 목재 관측 탑이 지어지면, 류드밀라는 관측 탑에 앉아 쌍안경으로 여우들을 관찰하면서, 여우들을 방해하지 않고도 그들이 어떻게 놀고 어떻게 상호작용하는지 기록할 수 있을 터였다. 아프거나 다친 여우들이 즉시 보살핌을 받을 수 있도록 동물병원도 마련했다.

1967년 늦은 가을, 류드밀라는 레스노이에 있는 50마리의 암컷 여우와 20마리의 수컷 여우를 새로운 실험 농장으로 이송할 채비를 했다. 총 140마리가 될 때까지 더 많은 온순한 여우가 레스노이에서 옮겨졌다. 이 가운데 5~10%는 엘리트 여우였다. 류드밀라는 소규모의 여우 작업자 팀을 고용하는 농장 관리인과 함께 일했다. 여우 작업자들은 여우들에게 하루 두 차례 먹이를 주었고 여우들을 마당에 내보내 놀게 했다. 류드밀라는 작업자들이 여우를 무서워하지 않을 뿐 아니라 여우와 함께 하는 시간을 좋아하고 여우를 세심하게 돌본다는 확신을 갖고 싶었기 때문에, 각별히 신중하게 작업자들을 고용했다. 그리고 작업자들이 열과 성을 다해 여우를 돌볼 뿐 아니라 그들 대부분이 여우의 매력에 푹 빠져 있다는 걸 발견했다.

대부분의 작업자들은 카인스카야 자임카라는 근처 마을 출신의 현지 여자들이다. 드미트리는 매일 그녀들을 통근시키기 위해 버스를 마련했다. 그는 원하는 만큼 자주는 아니지만 틈날 때마다 농장을 방문했는데, 그럴 때면 언제나 그들과 잠시라도 이야기를 나누려 했다. 또한 작업자들과 만나길 열망해, 그들에게 먼저 다가가 자신을 소개하고 그들과 악수를 했다. 한 여성 작업자는 거친 손이 창피해 손이 너무 더럽다고 둘러대며 악수를 못 하겠다고 했더니, 드미트리가 그녀의 두 손을 꼭 잡고 이렇게 말했다. "일하는 사람의 손은 전혀 더럽지 않습니다."[36] 그녀는 주요 과학 연구소 소장으로 명성이 높은 사람이 이토록 따뜻하게 자신을 대하는 모습에 감동하였다.

작업자들은 금세 여우들을 사랑하게 됐다. 그들은 자신의 직무 범위를 넘어서까지 매우 세심하게 여우들을 지켜보고 정성을 다해 돌보아, 하마터면 얼어 죽을 뻔한 많은 새끼 여우들의 생명을 구하기도 했다. 간혹 어미 여우들은 출산 직후 새끼들을 돌보지 않았는데, 그 바람에 새끼들이 꽤나 쌀쌀한 초봄 날씨에 무방비로 노출되곤 했다. 4월에도 기온은 영하를 훨씬 밑돌기 일쑤였다. 여자들은 두꺼운 털모자를 벗어 의지할 데 없는 작은 털 뭉치들을 털모자 안에 담아 조심스럽게 안고 흔들거나, 새끼들의 몸이 따뜻해져 꼼지락거리기 시작할 때까지 셔츠 속 품 안에 안아주곤 했다.

아주 가끔 누군가 농장을 방문하면 작업자들은 순한 여우들을 쓰다듬어 안아 올리며 여우들이 얼마나 얌전한지 보여주었다. 아주 순한 여우들은 완전히 다 자란 후에도 작업자들이 품에 안고 흔들거나 꼭 끌어안는 것을 허용해서, 그들이 시베리아의 혹독한 겨울 추위를 기분 좋게 견디게 해주었다. 작업자들이 안고 있으면 어떤 여우는 품 안에서 꼼지락거렸고 어떤 여우는 최면이라도 걸린 듯 내내 얌전하게 안겨 있었다.

작업자들이 매일 작업장을 돌면서 우리 안에 손을 넣으면 몇몇 여우들은 그들의 손을 핥곤 했다. 하지만 작업자들은 이런 행동을 부추기지는 않았다. 그러고 싶은 마음이야 굴뚝같았고 여우들은 관심을 달라고 소란스럽게 보챘지만, 모든 여우들을 최대한 객관적으로 대해야 한다는 엄격한 규칙을 지켜야 했다. 때때로 여자들이 헛간에 들어오면 얌전한 여우들은 낑낑대고 울면서 몹시 시끄럽게 굴어 여자들을 곤혹스럽게 만들었는데, 그 소리가 마치 '그 여우한테 신경 쓰지 마, 이리 와서 날 좀 예뻐해 줘!'라고 외치며 관심을 끌기 위해 경쟁하는 것 같았다.

이 온순한 여우들은 류드밀라와 그녀의 연구 조교들은 물론이고 작업자들과도 강한 유대감을 쌓고 있었다. 이 여우들은 심지어 사람들이 그들의 눈을 똑바로 보아도 괜찮았고, 그들 역시 사람들 눈을 정면으로 바라보는 것 같았다. 갯과 동물을 포함한 야생 동물의 경우, 집단의 다른 구성원을 똑바로 응시하는 것은 종종 공격으로 이어지는 도전적인 행동으로 간주한다. 그러므로 인간이 그런 행동을 하는 건 곧 공격을 유도하는 것이다. 그러나 많은 개들과 마찬가지로 가축화된 종들이 인간의 눈을 똑바로 응시하는 건 일반적인 현상이다.[37] 이제 이 길들인 여우들도 그렇게 하고 있었다.

작업자들은 여우를 쓰다듬고 싶은 마음을 간신히 참았으며, 대신 우리에 걸린 나무판에 적힌 이름을 부르며 여우들과 한참 동안 이야기를 나누기 시작했다. 어떤 작업자들은 먹이를 주는 시간에 작업장을 두루 돌아다니면서 혹은 놀이 시간에 여우들을 마당에 내보내면서 끊임없이 여우들과 이야기를 나누었다. 그들은 점점 더 여우들에게 정성을 쏟았고 여우들과 관계된 일에 헌신했다. 농장에서 첫 새끼를 받은 여자들은 류드밀라를 도와 새끼의 이름을 짓기 시작했다. 모든 새끼들을 위해 어미 이름의 첫 글자로 시작하는 예닐곱 개의 이름을 계속 생각해내야 하는 이 일은 만만찮은 노력이 필요했다. 그들은 새끼들이 먹이를 먹지 않거나, 감기에 걸린 것 같거나, 제 몸을 너무 자주 긁어대거나, 어쩐지 평소 상태와 다르다 싶으면 즉시 류드밀라에게 알려 그녀의 든든한 눈과 귀가 되어주었다. 많은 사람들이 아무런 불평 없이 교대 시각을 몇 시간이나 넘겨 일하기 일쑤였고, 최대한 많은 시간을 여우와 함께 보내고 싶어 했다.

류드밀라도 마찬가지였다. 류드밀라는 언제나 방대한 분량의 자료를 분석하고 그 결과를 기록해 보관했으며, 이를 위해 매일 아침 세포학·유전학 연구소로 향했다. 드미트리가 시간이 될 땐 여우들의 최근 상태와 그녀가 계획한 작업 내용을 함께 검토했다. 그런가 하면 하루 중 가장 좋아하는 시간을 보내기 위해 농장으로 향하기도 했다. 보통은 가장 먼저 수의사 사무실에 들러 여우들에게 문제가 없는지 확인했다. 그런 다음 이제는 차라리 보호자라고 여기는 작업자들의 안부를 살핀 뒤 여우 작업장을 두루 순찰하기 시작했다. 류드밀라가 작업장을 순찰하면 여우들은 항상 우리 앞에서 팔짝팔짝 뛰며 요란스럽게 그녀를 반겼다. 최근엔 그 가운데 대부분이 낑낑거리며 관심을 호소했고 그녀가 우리에서 우리로 지나갈 때면 그 길을 열심히 눈으로 좇았다. 류드밀라는 이제 여우들과 무척 가까워져서 근무 시간 외에도 특히 감정적으로 기운을 차려야 할 필요를 느낄 때면 자기도 모르게 농장으로 향하곤 했다. 그녀는 이렇게 회상한다. "저는 농장으로 가서 여우들과 대화를 하곤 했습니다."

류드밀라는 하루에 보통 서너 시간을 여우들에게 할애했다. 이 시간의 대부분은 여우들의 행동, 크기, 성장률, 전체적인 체형, 새끼들의 경우 처음 눈 뜬 날과 같은 중요한 사건 등 일반적인 관리 자료를 수집하는 것으로 채워졌다. 여우들이 자신과 조교들, 작업자들을 대하는 태도도 매일 기록했다. 그리고 어린 새끼 여우들이 서로에게 어떻게 행동했는지, 누가 사람 손을 핥았는지, 누가 꼬리를 흔들었는지도 기록했다. '공식적인' 행동 자료는 각각의 여우가 새끼일 때 한 번 그리고 성장을 마쳤을 때 한 번 기록하여 다음 세대를 낳을 여우를 결정하는 데 사용되었다. 반면, 여우의 행동에 관한 그날그날의 기록은 여우에게 일어나고 있는 변화들을 정밀하게 평가하고 보다 예민하게 인식하게 해준다는 점에서 류드밀라와 드미트리에게 매우 중요했다.

류드밀라는 농장에 있는 여분의 공간에 대조군 여우 집단도 함께 사육하기 시작했다. 그렇게 해서 그녀와 드미트리는 대조군 여우와 길들이기 위해 사육하는 여우의 행동 및 생리를 철저하게 비교할 수 있었다. 드미트리와 류드밀라는 여우들이 점점 온순해지는 현상은 스트레스 관련 호르몬과 어떤 식으로든 관계가 있을 거라고 확신했기 때문에, 이 스트레스 호르몬에 중점을 두면서 두 모집단의 호르몬 지수를 측정하는 것이 이 비교 연구의 관건이었다. 과거 레스노이에서는 여우의 혈액 표본을 채취하려면 류드밀라와 조교들이 혈액을 채취하는 동안 작업자들이 여우를 붙잡고 있어야 했기 때문에 혈액 표본 채취는 아주 가끔씩만 가능했다. 그러나 이제는 얼마든지 정기적으로 혈액을 채취할 수 있었다. 힘들고 시간도 많이 소모되는 이 표본 채취 작업은 곧 커다란 보상을 제공할 터였다.

실험 농장이 제공하는 또 하나의 보너스는 마침내 벨랴예프가 여우들과 아주 가까워질 수 있게 되었으며, 때로는 연구소를 슬그머니 빠져나와야 겨우 여우들을 볼 수 있는 날도 있었지만, 가능한 한 자주 농장을 방문할 수 있게 되었다는 점이었다. 특히 벨랴예프는 새끼 여우들이 마당에 나와 노는 모습을 관찰하면서 순한 새끼들과 대조군 새끼들의 뚜렷한 차이를 눈으로 직접 확인하는 걸 무척 좋아했다. 그가 농장에 오면 류드밀라는 새끼 여우들이 그의 손을 핥게 하거나 그에게 자기들 배를 쓰다듬어 달라고 바닥을 뒹구는 모습을 보여주기 위해, 언제나 가장 순한 새끼 몇 마리를 데리고 나왔다. 벨랴예프는 새끼 여우들이 개와 닮아가고 있다는 사실에 놀라워했고, 순한 새끼들에게 푹 빠진 나머지 집에서 직원들과 저녁 식사를 할 때 이야기를 실연해 보였던 것처럼, 사람들에게 새끼 여우에 대해 이야기할 때면 여우들 모습을 흉내 내곤 했다. 연구소의 한 연구원은 이렇게 말한다. "벨랴예프가 여우에 대해 이야기할 땐 태도며 말투가 확 바뀌면서 마치 길들인 여우들처럼 행동했는데, 길들인 여우하고 정말 비슷했습니다." 그는 여우들의 들뜬 반응을 흉내 내며 양 손목을 위로 동그랗게 말고 미소를 지으면서 두 눈을 최대한 크게 뜨곤 했다. 이런 모습을 통해 동물을 무척 사랑하는 그의 새로운 면모를 알 수 있었기 때문에 직원들은 그가 흉내 내는 모습을 굉장히 즐겁게 바라보았다.

간혹 소련 과학 아카데미의 상관들이나 정부 관리자들이 아카뎀고로도크를 방문하면 벨랴예프는 그들에게 여우를 보여주기 위해 농장으로 데리고 갔고, 그들 또한 예외 없이 길들인 여우들에게 반했다. 류드밀라는 그 같은 방문 가운데 하나를 특히 생생하게 기억한다. "작업자들이 모두 퇴근한 늦은 저녁이었을 거예요. 벨랴예프가 유명한 육군 장군인 루코프 장군을 여우 농장으로 모시고 왔어요. 저는 유명한 분을 모시고 올 테니 대기하라는 연락을 받았지요." 루코프 장군은 제2차 세계대전 중에 소련 전선에서 참상을 겪는 등 오랜 기간 군 복무를 한 탓에 군대식 태도가 몸에 밴 엄격한 사람이었다. 하지만 류드밀라가 엘리트 암컷 여우 한 마리가 수용된 우리 문을 열자마자 여우가 재빨리 류드밀라를 향해 뛰어들어 가만히 곁에 앉는 모습을 보더니, 장군의 근엄한 태도가 스르르 풀어졌다. 류드밀라는 이렇게 말한다. "루코프 장군은 깜짝 놀라더군요. 그러더니 이내 여우 곁에 쪼그리고 앉아 한참 동안 여우의 머리를 쓰다듬었습니다." 온순한 여우들이 사람들에게 정서적으로 강한 영향을 미친다는 사실은 부인할 수 없었다. 그리고 이 영향력에 관한 연구가 실험 **설계**의 중심 내용은 아니었지만, 그들은 이것이 중요한 **발견**이며 가축화가 처음 시작된 과정을 설명하는 데 도움이 될지 모른다는 걸 알아차렸다.

일부 길들인 여우들에게서 일찍부터 인간의 관심을 간절히 바라는 행동이 나타나는데, 이 현상은 늑대의 가축화 과정이 우선 더 온순해진 늑대들에 의해 시작되었으리라는 드미트리의 가정과 잘 맞았다. 드미트리는 어쩌면 이 실험이 이후로 가축화 과정이 확대된 이유에 대해 중요한 실마리를 제공했을 거라고 생각했다.

늑대의 가축화에 대한 오래된 생각 하나는, 아마도 인간들이 가장 어린 얼굴과 신체 특성을 지닌 유독 귀여운 새끼 늑대를 선택해 입양했으리라는 것이다. 하지만 접촉을 시도한 쪽이 인간이 아닌 늑대라면 어떨까? 물론 인간이 더 대담했을 테고, 더 온순한 늑대들이 먹이를 찾아 인간의 야영지 안으로 들어왔을지 모른다. 늑대가 야행성이라는 점을 고려한다면, 이들이 우리의 옛 조상들이 잠든 한밤중에 야영지 안으로 슬그머니 숨어들었을지도 모른다. 어쩌면 늑대들은 먹을 것을 찾아 사냥꾼들을 바싹 쫓아다니게 됐을 수도 있다. 인간의 존재를 비교적 편안하게 여긴 늑대들 — 당연히 어느 정도 순한 — 이 왜 그런 행동을 했을지는 쉽게 이해할 수 있다. 우리 인간은 야생보다 훨씬 믿음직스러운 먹이 공급원이었기 때문이다. 그런데 그 옛날 인간들은 왜 자기들 집안에 늑대를 받아들였을까? 점점 개를 닮아가는 과정에 있는 늑대들은 아마 사냥도 도왔을 테고, 위험이 다가오면 경고하는 보초병 역할도 했을 것이다. 하지만 이러한 역할을 특별히 잘 수행하기 이전에 틀림없이 과도기 단계가 있었을 것이다. 은여우의 가축화 과정이 실제로 늑대의 가축화 과정을 모방하는 것이라면, 이와 같은 사랑스러운 행동들, 즉 인간의 관심을 얻으려는 행동들이 늑대들의 초기 단계에도 나타났을 것이다. 그리고 아마도 이런 행동들이 더욱 우리 옛 조상들의 마음을 끌었을 것이다.[38]

그렇다면 무엇이 늑대에게 이러한 행동 변화를 일으켰을까? 류드밀라는 짝짓기를 위해 가장 순한 여우들을 적극적으로 선별하고 있었다. 초기 인간들 역시 마찬가지 방식으로 늑대들을 적극적으로 짝짓기시켰다고 믿어도 좋을까? 어쩌면 그들은 그럴 필요가 없었을 것이다. 자연선택은 그처럼 든든한 인간 기반의 먹이 공급원에 접근하는 늑대들을 편애했을 가능성이 높다. 인간에게 우호적인 늑대들은 인간 주변을 배회하는 마찬가지로 우호적인 다른 늑대들과 아주 가까이 생활하게 되었을 테고, 자기 짝으로 자기와 비슷하게 어느 정도 온순한 상대를 선택했을 것이다. 이것은 여우 실험이 적용하고 있는 방식으로, 온순함을 위해 근본적으로 새로운 선택 압력을 일으켰을지 모른다. 그리고 류드밀라와 벨랴예프가 여우들에게서 보고 있듯이, 온순함의 편에 선 이 새로운 선택 압력은 가장 온순한 여우들에게서 나타나는 이 같은 변화들을 촉발하기에 충분했을지 모른다. 과정은 류드밀라의 인위선택보다 훨씬 오래 걸렸을 테지만 — 사실상 늑대들은 스스로 짝짓기를 했을 테니까 — 본질적으로 동일한 힘이 작용했을 것이다.

드미트리와 류드밀라 역시 여우가 일찌감치 사랑스러운 행동을 보이는 현상에서 동물 표현의 진화와, 어쩌면 당시 뜨겁게 논쟁 중이던 동물 감정의 본성에 대해서까지 상당히 중요한 새로운 관점을 얻을지 모른다고 생각했다. 동물이 인간의 감정과 같은 무언가를 느끼는지, 감정을 표현하는 것처럼 보이는 동물의 행동이 실제로 그러한지, 오히려 단순히 반사적인 반응에 불과한 건 아닌지에 관한 논쟁은 수십 년 동안 격렬하게 이어졌다.

찰스 다윈은 동물의 감정에 심취해 이 주제에 대해 광범위한 연구를 실시했고, 그 내용을 자신의 대표적인 저서 《인간과 동물의 감정 표현》에 정리했다. 1872년에 출간된 이 책에는 동물의 표현을 묘사한 아름다운 삽화들이 수록되었는데, 다윈이 당시 잘 나가는 동물 삽화가 몇 명에게 고양이가 등을 동그랗게 구부리는 모습이랄지 애정을 표현하기 위해 꼬리를 세우는 모습, 그리고 개가 순종적이고 다정한 자세로 위를 올려다보는 모습 등을 그리도록 의뢰했다.

다윈은 많은 동물들이 풍부한 감정을 지니며 살고 있다고 생각했고, 동물의 감정은 물론이고 사고력 또한 인간의 그것들과 연속선상에 있다고 주장했다. 다윈은 《인간의 유래》에서 이 같이 썼다. "인간과 고등동물 사이에 마음의 차이가 크긴 하지만 그것은 정도의 차이이지 결코 종류의 차이가 아니다." 또한 동물들은 다른 동물을 향해 강한 공감과 강렬한 감정을 느낄 수 있다고 《인간과 동물의 감정 표현》전반에 걸쳐 주장했다. "다 자란 오랑우탄과 침팬지에게서 드러나는 낙담의 표정은 … 인간 어린이의 경우와 마찬가지로 분명하고 거의 애처롭기까지 하다."[39] 다윈은 인간의 많은 표정들 또한 본능적이라고 주장했다. 그리고 예를 들기 위해 슬픔, 놀람, 기쁨과 같은 특유의 표정을 드러내는 일련의 인상적인 사진들을 포함시켰다.

결국 다윈의 뒤를 따른 동물 행동 연구자들은 선천적으로 복합적인 무수한 행동들을 기록했으며, 여기에는 감정적인 행동에만 국한되지 않았다. 동물의 행동이 유전적으로 프로그램되어있는 것으로 보인다는 강력한 증거들이 점차 늘어나자, 동물의 많은 행동들이 자연선택 때문에 형성되었다는 견해가 지배적인 이론 체계가 되었다.

겁 없는 동물행동학자 세대들은 야생에서 동물을 관찰하는 레오니트 크루신스키와 그 외 행동학자들의 본을 따라 숲과 목초지, 개울, 산악 지방을 두루 다니며 연구를 수행했다. 그 밖에 동물학자들은 독창적인 신기술을 이용하여 야생의 동물과 갇혀 있는 동물 모두를 관찰하기 시작했다. 특히 콘라트 로렌츠, 카를 폰 프리슈, 니콜라스 틴베르헌 세 사람은 동물 행동의 이해를 앞당기기 위해 많은 노력을 기울여, 1973년 노벨 생리의학상을 공동 수상했다. 이들은 주로 1930년대, 40년대, 50년대에 연구를 수행해, 드미트리와 류드밀라는 이들의 흥미로운 결과를 익히 잘 알고 있었다.

자연선택이 동물의 행동을 형성하는 원동력이라는 주장은 설득력이 강했다. 로렌츠, 폰 프리슈, 틴베르헌이 관찰한 많은 행동들은 대체로 확실한 생존 이득을 부여했다. 그들이 관찰한 정교한 행동들 가운데 가장 놀라운 것은 폰 프리슈가 발견한 꿀벌의 퍼포먼스였다. 그는 꿀벌을 상대로 한 독창적인 실험들을 통해, 꿀벌들은 먹이 정찰을 마치고 집으로 돌아올 때 '8자' 춤을 추면서 서로에게 신호를 보내 꿀과 꽃가루의 공급원이 있는 위치를 알린다는 사실을 밝혀냈다.

틴베르헌은 짝짓기 시기를 맞는 큰가시고기에게서 놀랍도록 복잡하고도 정형화된 행동을 관찰했다. 그리고 수컷 큰가시고기가 항상 모래에 작은 구멍을 판다는 사실을 발견했다. 언제나 너비 2인치 깊이 2인치로 거의 정확하게 구멍을 판 다음, 바닷말에다 주변의 물을 약간 섞어 끈적끈적한 바닷말 뭉치를 만들어 이 구멍을 메운 뒤, 이 바닷말 뭉치 사이로 헤엄쳐 터널을 만든다. 전체 과정에서 가장 놀라운 모습은 아마 지금부터일 텐데, 평소 청록색인 수컷의 몸이 등은 흰색 배는 선홍색으로 변하는 것이다. 암컷을 제 짝으로 만들기 위한 유인 방법으로, 암컷이 다가오면 암컷을 터널로 안내한다. 그리고 이제 암컷이 터널 안으로 헤엄쳐 들어가 알을 낳고 떠나면 수컷이 들어가서 알을 수정시킨다.[40]

콘라트 로렌츠는 회색기러기 새끼들이 자신을 어미로 여긴다는 연구 결과로 논란을 일으켰다. 회색기러기 새끼들은 그에게 강한 애착을 느껴, 그가 새끼 기러기들을 마당에 데리고 나가 산책을 시키면 새끼들은 뒤뚱뒤뚱 그의 뒤를 따라왔다. 로렌츠는 야생에서 회색기러기 새끼들은 어미와 매우 강하고 친밀한 애착을 형성하고, 결코 길을 잃는 법이 없으며, 다른 어른 조류나 심지어 제 형제 외에 다른 새끼들과도 어울리지 않는다는 사실에 주목했다. 그는 이러한 애착 과정에 호기심을 갖고 한 가지 실험을 실시했는데, 갓 낳은 회색기러기 알을 두 그룹으로 나눈 다음, 한 그룹의 알은 엄마 기러기가 품어서 부화시켜 돌보고, 다른 그룹의 알은 인큐베이터에 놓고 부화되면 로렌츠가 돌보았다. 그가 돌본 알들은 일반적으로 새끼들이 어미에게 애착을 느끼듯 그에게 애착을 느꼈다.

로렌츠는 연구를 심화시켰고, 그 결과 이러한 애착이 한정된 기간 내에 형성된다는 사실을 발견했다. 그리고 새끼 기러기들은 이 기간에 눈에 띄는 것은 무엇이든, 심지어 고무공 같은 무생물조차 부모로 여겼다. 로렌츠는 애착은 본능적으로 형성되는 것이라고 결론 내렸고 이 과정을 각인이라고 불렀다. 동물의 초기 발달이 이루어지는 이처럼 중요한 시기 동안에는 유전적으로 정해진 행동들이 노출된 환경에 의해 극적으로 바뀔 수 있었다.[41]

이 연구와 관련하여 류드밀라와 드미트리의 여우 실험 결과에서 흥미로운 점은, 온순한 여우들의 새로운 행동이나 어린 시절이 지난 후에도 계속되는 행동 뒤에 숨은 원동력은 각인도 자연선택도 아니라는 사실이었다. 온순함을 위한 인위선택은 동인動因, 즉 행동을 촉발시키는 내적 원인이었다. 그 동인이 정확히 무엇인지는 모르겠지만, 그들은 벨랴예프의 불안정 선택 이론이 여우들에게 일어나고 있는 현상의 답을 제공하리라고 확신했다. 이를 증명하기 위해서는 상당량의 더 많은 증거를 수집해야 했다.

여우들은 기대를 저버리지 않을 것이었다.

04 꿈

여우들이 새 농장의 넓은 집으로 이사하게 되어 류드밀라는 무척 기뻤다. 이제 여우들을 훈련할 수 있고, 작업자들의 도움으로 여우를 작업장 뒷마당으로 데리고 나가 매일 30분씩 달리게 할 수도 있었다. 덕분에 전혀 새로운 범주를 관찰할 수 있게 되었다 ─ 이제 여우들이 노는 모습을 관찰할 수 있게 된 것이다.

주변이 너무 소란스럽지 않도록, 생후 2개월에서 4개월의 아직 어린 새끼 여우들을 한 번에 서너 마리씩 작게 그룹을 지어, 어른 여우 없이 새끼들끼리만 밖에 풀어놓았다. 잠을 자거나 먹이를 먹을 때를 제외하면 서로 쉴 새 없이 장난을 치며 뛰어노는 야생의 새끼 여우들과 마찬가지로, 농장의 새끼 여우들도 서로 뒤쫓고 덤벼들고, 서로의 꼬리와 귀를 깨물고, 뒹굴고 씨름하면서 싸움 놀이를 하고, 주변을 활기차게 뛰어 돌아다녔다. 동물행동학자들은 동물들 사이에서 야단법석을 피우며 장난치는 이런 식의 행동을 사회적 놀이라고 부른다.

새들이 나뭇가지나 반짝이는 유리 조각을 가지고 노는 것처럼 많은 동물들은 무생물을 가지고도 아주 잘 노는데 이를 사물 놀이^{object play}라고 한다. 세렝게티 평야의 새끼 치타는 뼈에서 유리병까지 모든 사물을 두드리고 가지고 다니고 깨물고 발로 찬다. 돌고래는 공기방울을 불면서 가지고 논다. 길들인 새끼 여우들도 장난이라면 빠질 수 없었다. 류드밀라는 새끼 여우들에게 공을 사주었는데, 새끼들은 주둥이로 공을 밀거나 공에 달려드는 등 공을 가지고 노는 걸 특히 좋아했다. 하지만 마당에 굴러다니는 돌멩이, 나뭇가지, 빈 깡통처럼 작은 발이나 입을 이용하여 놀 수 있는 것이라면 무엇을 가지고 놀든 재미있게 시간을 보낼 수 있었다. 몸집이 커지고 턱을 충분히 크게 벌릴 수 있을 만큼 자라면, 여우들은 소중한 포획물을 아무도 가까이하지 못하도록 입으로 공을 문 채 마당을 뛰어다니곤 했다. 다른 새끼 여우들과의 사회적 놀이와 사물 놀이가 결합된 이런 통합 방식 또한 어린 동물들에게 흔히 볼 수 있으며, 집단 내 다른 동물이 약탈이나 추적으로 낚아채지 못하도록 자신의 포획물을 단단히 붙잡는 기술을 익히는 데 도움이 되는 것으로 여겨진다.

어른 여우들도 놀이를 즐겼으며 이는 어느 정도 예상된 바였다. 야생에서 어미는 새끼들과 함께 노는데, 류드밀라는 언젠가 여우들이 전부 마당에 나와 있을 때 이 모습을 목격했다. 하지만 이따금 어른 여우들끼리 노는 모습도 목격되었는데, 야생에서는 기대할 수 없는 광경이었다. 엘리트 여우들 사이에서는 어른 여우들 간의 사회적 놀이가 드물었다. 하지만 이들은 공과 깡통을 가지고 자주 사물 놀이를 했고, 이것은 전혀 예상치 못한 모습이었다. 야생에서 어른 여우들은 먹이를 찾고 포식자를 피하는 데 거의 온종일을 매달려 있다. 야생에서는 어른 여우가 새로운 물건을 발견할 경우, 수상한 물체의 냄새를 맡거나 심지어 발로 건드려 보아 물건의 정체가 무엇인지, 먹을 수 있는 것인지 파악하려 애쓸 것이다. 그러나 이런 식의 탐색 행동은 동물 행동학자들이 사물 놀이로 분류하는 것과 크게 다르다. 사물 놀이는 동물이 어떤 사물에 익숙해지고 그것이 먹이가 아니라는 걸 알게 된 후에도 계속된다.

이처럼 길들인 어른 여우들이 사물 놀이에 열심이라는 건 더 오랜 기간 새끼 여우처럼 행동하고 있음을, 그리고 새끼와 어른 모두 사회적 놀이와 사물 놀이를 무척 좋아하는 개들과 더욱 닮아 있음을 보여주는 또 다른 방증이었다. 마당에 있는 여우들을 멀리서 바라보았다면, 허스키 중에서 좀 더 작은 품종이라고 짐작했을 것이다.

류드밀라와 연구소 조교들은 새끼 여우들이 노는 모습을 가까이에서 보기 위해 자주 마당에 나왔다. 하지만 그들은 결코 새끼 여우들과 상호작용을 시도하지 않았고, 새끼 여우들이 야단법석을 피우며 노는 걸 방해하지 않도록 조심했다. 그런데 순한 새끼 여우들 가운데 일부가 꼬리를 흔들면서 그들 곁으로 달려오거나, 그들의 주변을 뛰어다니거나, 그들의 다리 뒤로 숨거나, 그들의 신발을 물고는 수줍어하며 달아나는 등, 자기들이 먼저 류드밀라와 조교들을 놀이에 참여시키기 시작했다. 새끼 여우들은 자기들과 함께 하는 이 키 큰 존재들이 궁금하고 이들을 보면 신이 나는 것 같았다.

류드밀라는 여우들이 노는 모습을 관찰하는 것은 자신의 연구에 중요한 부분이 될 거라고 예상했었다. 동물들의 놀이 방식은 오래된 연구 주제였다. 조류학자들은 새들이 누가 봐도 신나는 표정으로 나뭇가지에 거꾸로 매달려 앞뒤로 대롱거리는 식의 여러 가지 놀이 종류를 목격했다. 침팬지들은 어린아이들의 잡기 놀이와 아주 유사한 방식으로 서로를 뒤쫓으며 노는 모습이 관찰되었다. 심지어 일부 곤충들의 놀이 모습도 목격되었다. 1929년, 유명한 개미 연구가인 아우구스트 포렐은 그의 저서 《개미의 사회와 인간의 사회》에서 다음과 같이 말했다. "배도 고프지 않고 아무런 걱정거리가 없는 맑고 고요한 날이면, 어떤 개미들은 서로에게 해가 되지 않는 모의 전투를 즐긴다. 그러나 한쪽이 겁을 먹기 시작하면 이런 놀이는 즉시 끝이 난다. 이 놀이는 개미들의 가장 재미있는 습관 가운데 하나다."[42] 오늘날 전문가들은 이런 가짜 전투들이 그들의 생활에서 중요한 사건들인 진짜 전투와 구애 경쟁을 준비시켜준다고 믿는다.

때로는 동물들의 놀이가 순수하게 즐기기 위해서라는 의견도 있다. 알래스카, 캐나다 북부, 러시아에서 서식하는 큰까마귀는 눈 덮인 가파른 지붕에서 미끄럼을 타는 것으로 알려져 있다. 바닥까지 다 내려오면 걷거나 날아서 다시 지붕으로 올라가 이 과정을 수차례 반복한다. 미국 메인주에서는 큰까마귀들이 작은 눈 더미 위를 구르며 내려오는 모습이 목격되었는데 간혹 발가락 사이에 나뭇가지가 끼기도 했다. 탄자니아의 마할레 국립공원에 사는 침팬지들 역시 뚜렷한 이유 없이 매우 유사한 행동을 한다. 비디오테이프에는 그들이 산을 걸어 내려오다가 멈추는 모습, 뒤로 걷는 모습, 가는 길에 나뭇잎을 한 움큼 잡아당기는 모습이 담겨 있다. 그뿐만 아니라 자주 걸음을 멈추고는 정말 즐거워하는 표정으로 공중제비를 넘어 말뚝을 통과하기도 한다.[43] 그들은 그저 이 놀이를 즐기는 것 같다.

그러나 많은 동물행동학자들의 주장처럼 놀이는 진지한 일이기도 하다. 그들의 주장에 따르면 놀이는 어린 동물이 어른이 되어 맞서게 될 무수한 도전에 대비하여, 여러 가지 사회적 신체적 심리적 기술을 개발하기 위해 필요하다. 최근에는 많은 사회적 놀이가 가령 사냥할 때나 포식자로부터 방어해야 할 때와 같이 동물 집단의 협력을 가능하게 한다고 여겨진다. 또한 새끼들에게 서열 순위를 가르치거나 싸움에서 이길 만한 상대인지 혹은 조심하는 것이 더 나은 상대인지 쉽게 가르치는 역할을 하는 것으로 여겨진다.

나이 많은 미어캣이 어린 미어캣에게 사냥하는 법을 가르칠 때처럼 부모들은 종종 놀이에 새끼들을 데리고 간다.[44] 청소년 캥거루들은 엄마의 주머니를 벗어나자마자 싸움 놀이를 시작하는데 엄마와 스파링하는 모습이 자주 목격된다. 이들의 정형화된 권투는 위험하지 않다. 나이 많은 상대가 새끼 캥거루와 놀이를 할 땐, 주먹을 힘껏 날리는 대신 낮은 자세로 서서 앞발을 서툴게 휘둘러 자신을 불리한 입장에 놓는다. 이런 식으로 새끼 캥거루에게 상처나 타박상을 입히지 않으면서 성장 후 필요할 때를 대비해 정교한 스파링 기술을 가르치는 것이다.

류드밀라가 새끼 여우들에게서 관찰한 모습과 마찬가지로, 자연에서 생활하는 새끼 큰까마귀는 마주치는 모든 사물들 — 나뭇잎, 나뭇가지, 조약돌, 병뚜껑, 조개껍데기, 유리 조각, 먹을 수 없는 베리류 등 — 을 조작하고 가지고 논다. 베른트 하인리히는 현장과 큰 조류장 모두에 새로운 사물을 두는 실험에서, 새끼 큰까마귀는 이런 식의 사물 놀이를 통해 나중에 어른이 되어 스스로 먹이를 찾으러 나갈 때 안전한 먹이가 무엇인지 알게 된다고 제시한다.[45]

야생의 여우와 마찬가지로 동물들은 대개 성장이 멈추면 놀이하는 빈도가 줄어든다. 길들인 여우들이 성장을 마친 후에도 계속해서 사물 놀이를 한다는 발견이 중요한 이유가 여기에 있다. 그 밖에 킹킹거리기, 손 핥기, 평소 얌전한 태도 등도 성년기까지 이어지는 어린 시절의 행동이었다. 류드밀라와 드미트리는 가장 순한 동물들을 선별해 선택 압력을 근본적으로 바꾸어버리면 모든 것이 흔들려 일대 변화가 일어나리라는 드미트리의 불안정 선택 이론에 더욱 강력한 증거를 갖게 되었다.

1969년에 태어난 10세대 새끼 여우들에게 더욱 눈에 띄는 신체적 변화가 드러났다. 그 가운데 한 가지는 아주 작고 온순한 암컷 새끼 여우에게서 나타났는데, 귀의 모양이 주목할 만했다.

야생 개체군에서, 대조군에서, 그리고 지금까지의 실험군에서도 새끼 여우의 귀는 생후 약 2주까지 아래로 늘어져 있다가 이후부터 위로 쫑긋 선다. 그런데 이 새끼 여우의 귀는 2주가 지난 뒤에도 쫑긋 서지 않았고 3주째에도 여전히 그대로였으며 4주, 5주가 지난 후에도 줄곧 바로 잡히지 않았다. 축 늘어진 귀 때문에 이 작은 새끼 여우는 강아지와 거의 흡사해 보였다. 이 여우에게 메치타^{Mechta}라는 이름을 지어주었는데, 번역하면 '꿈'이라는 뜻이다.

류드밀라는 드미트리가 메치타의 귀를 보면 기뻐할 거라는 걸 알았기에, 그가 직접 메치타의 귀를 발견하고 놀라길 바랐다. 하지만 그해 봄 드미트리는 몹시 바빠서 메치타가 출생한 지 3개월이 지날 때까지 농장을 방문하지 못했다. 다행히 메치타의 귀는 여전히 축 늘어져 있었다. 마침내 벨랴에프가 메치타를 보았을 때 그는 이렇게 외쳤다. "세상에, 이게 다 어떻게 된 일입니까!" 그는 모든 강연에서 메치타의 슬라이드를 보여주기 시작했고, 메치타는 소련의 동물 연구자들 사이에서 일약 스타가 되었다. 모스크바에서 열린 어느 학회에서 드미트리가 메치타의 슬라이드를 비추었을 때, 류드밀라의 학교 때 친구가 그녀에게 다가와 반 농담조로 이렇게 말했다. "너희 소장님, 지금 우리한테 강아지를 보여주면서 여우라고 속이는 거지!"[46]

10세대 여우들에게 보이기 시작한 또 하나의 새로운 특징은 수컷 새끼 여우에게 나타났다. 이 어린 동물에게는 새로운 종류의 얼룩 반점이 드러났다. 이전 세대에서는 일부 온순한 새끼들의 배와 꼬리, 앞발에 흰색과 갈색의 얼룩 반점이 나타났다면, 이 수컷 새끼에게는 이마 한가운데에 별 모양의 작고 하얀 얼룩 반점이 보였다.[47] 이것은 가축화된 동물들, 특히 개와 말, 소에게서 드러나는 또 하나의 공통된 특징이다. 류드밀라는 흐뭇하게 당시를 회상한다. "우리는 농담으로 이렇게 말하곤 했어요. [이제] 별이 켜졌으니 우리에게 성공이 찾아올 거라고 말이죠."

행동과 신체 모두에서 드러나는 아주 많은 가축화의 특징들이 이제 여우에게도 나타난 걸 보니 확실히 실험이 성공을 거두고 있는 것 같았다. 그러나 여우에게 나타나고 있는 변화에 대해 드미트리의 이론을 입증하려면, 이 과정이 유전자 변화 때문에 추진되고 있다는 증거를 찾아야 했다. 류드밀라와 드미트리는 이에 관해 전혀 의심하지 않았다. 많은 경우 새로운 특징들이 부모 세대에서 자식 세대로 전달되었기 때문이다. 그러나 유전학이라는 학문은 더 설득력 있는 증거를 요구한다. 따라서 드미트리와 류드밀라는 더 많은 증거가 필요했다.

당시 특성의 출현과 유전자와의 관련성을 밝히기 위한 선구적 방법은 혈통 분석으로서, 이는 수 대에 걸친 부모와 자녀 세대를 살펴보면서 특성을 비교하는 것이다. 행동과 형태에서 어느 정도 차이가 드러나는 것은 한 종의 개체 사이에서 늘 일어나는 일이다. 두 마리 여우의 모습이나 행동이 결코 똑같지 않다. 그들이 기록한 변화들이 실제로 유전자와 관련이 있다는 결론을 내리기 위해, 혈통 분석은 여러 해에 걸친 연구를 통해 유전적 특성의 특징적인 패턴을 확인하여 증명할 필요가 있었다.

이런 종류의 연구는 그레고어 멘델 수사가 처음 시도했다. 19세기 중반에 멘델 수사는 수 세대에 걸친 콩 색깔의 변화 패턴을 추적했다. 그 뒤를 이어 연구자들은 매우 다양한 특성을 고려할 수 있도록 혈통 분석 방법을 연마했다. 류드밀라는 전체 여우들의 가계도를 작성하고 각 여우의 행동 및 신체 특성을 꼼꼼하게 기록해 이 분석을 수행할 수 있었다. 꽤나 힘든 작업이었지만, 류드밀라는 참고 견뎠고 결과는 확실했다. 길들인 여우들의 새로운 특성에서 나타난 많은 변화들은 기본적으로 유전 분산의 결과였다.[48]

이를 뒷받침하는 유력한 증거를 수집하기 위한 또 한 가지 방법은 다른 종들을 대상으로 여우 실험과 동일한 결과를 반복하는 것이다. 1969년, 벨랴예프는 이러한 실험에 착수하기로 했고 그러기 위해 파벨 보로딘이라는 젊은이에게 도움을 구했다. 파벨은 인근 노보시비르스크 국립대학교에서 생물학을 전공하고 지난 해 졸업한 청년으로 드미트리의 아들 니콜라이와 친구였다. 어느 날 벨랴예프는 노보시비르스크 대학교를 방문하던 중에 파벨을 만나 졸업반 프로젝트로 무엇을 계획하고 있느냐고 물었다. "벨랴예프는 제 대답에 아무런 열의를 느끼지 못하는 것 같았습니다." 파벨이 회상한다. "이윽고 그가 말하더군요. '자네를 꾀어낼 생각은 없네 … 결정은 자네가 하게. 그렇지만 언제 한번 여우 농장에 와서 우리가 어떤 일을 하는지 보면 좋겠네' 라고 말이지요." 보로딘은 기대로 가슴이 벅찼고, 그곳에 도착하자마자 여우들이 얼마나 잘 길들여졌는지 — 그리고 얼마나 다정한지 — 보고 놀랐고 완전히 반해버렸다.

벨랴예프는 여우를 대상으로 진행했던 기본적인 절차를 파벨이 동일하게 밟길 바랐다. 그러기 위해 우선 야생 쥐를 상대로, 인간에게 온순하고 얌전한 유형의 쥐들뿐 아니라 공격적인 유형의 쥐들도 선별하고 사육해야 했다. 이 작업을 통해 세대가 지남에 따라 새끼들 간의 중요한 대조 연구가 가능할 터였다. 파벨은 세포학·유전학 연구소 실험실에 자신의 자리가 있었지만 쥐의 초기 모집단을 구성하기 위해 밖으로 나가 직접 쥐를 잡아야 했다. 파벨은 이렇게 말한다. "제가 맡은 동물의 주요 근거지는 돼지우리였습니다. 그곳에 엄청나게 많은 쥐들이 있었어요. 쥐는 워낙 영리한 동물이라 덫을 놓아 잡기가 쉽지 않았지만 어쨌든 전 성공했습니다." 그는 몇 주 동안 쥐덫을 놓은 뒤 수백 마리의 쥐를 실험실로 가지고 왔다.

파벨은 류드밀라가 여우를 대상으로 연구하기 위해 개발한 방식을 약간 수정했다. 그는 장갑 낀 손을 우리 안에 집어넣고 쥐가 호기심을 갖고 다가와 손 냄새를 맡는지, 만지거나 심지어 집어 올리도록 허용하는지 관찰했다. 어떤 쥐들은 그렇게 했다. 그러나 어떤 쥐들은 처음엔 무척 불안해하면서 그를 공격했다. 하지만 파벨은 인내심을 갖고 실험을 계속해나갔고, 마침내 5세대 이후부터 완전히 다른 유형의 쥐들이 나타나기 시작했다. 다시 말해, 한 유형의 쥐들은 점점 온순해져서 그가 집어 올리고 심지어 쓰다듬을 수 있을 정도인 반면, 나머지 유형의 쥐들은 무섭게 공격적이었다. 파벨은 이후 다른 연구로 넘어

갔지만 벨랴예프는 이 실험을 계속하기로 했다. 그는 이 실험이 더욱 확실한 증거를 제시할 거라 기대했고 그렇게 됐다.[49]

완벽한 유전적 결과를 낳는 또 하나 중요한 단계는 공격적인 유형의 여우도 함께 번식시키는 것이었다. 쥐를 대상으로 한 실험에서처럼, 온순한 여우를 대상으로 한 실험 방식과 반대로 인간을 향해 공격성을 보이는 여우를 선별하여 점점 공격적인 집단을 생산하고, 그럼으로써 세 가지 모집단 — 온순한 모집단, 대조군 모집단, 공격적인 모집단 — 사이에서 정밀한 비교를 할 계획이었다. 공격적인 유형을 번식시키는 작업은 1970년에 진행되었다.

엘리트 여우들은 즐겁게 연구할 수 있는 대상인 반면, 공격적인 여우들과의 상호작용은 작업자들이 썩 달가워하지 않았다. 가장 공격적인 여우들은 정말 위협적이었고, 류드밀라가 선별 테스트를 할 때마다 이빨을 드러내며 달려들었다. 여우의 이빨은 굉장히 날카로운 데다 여우가 한번 물면 정말 세게 문다. 류드밀라의 여우 실험을 돕는 대부분의 작업자와 과학자들은 이런 동물을 무서워했다. 그들 가운데 한 사람은 특히 충격적인 경험을 상기했다. "공격적인 암컷 여우 한 마리를 살피고 있었습니다. 여우는 제 눈을 똑바로 응시했지만 움직이지는 않았어요 … 여우의 두 눈동자는 제 일거수일투족을 따라오느라 여념이 없었습니다 … 그런데 제가 우리 앞쪽 가까이로 천천히 손바닥을 내밀자 … 즉시 반응을 보이더군요. 우리 앞쪽으로 달려들어 … 앞발을 철망에 대고 있는 겁니다 … 그 모습이 어찌나 무시무시하던지 … 커다랗게 벌린 입, 머리에 바싹 붙은 두 귀, 툭 튀어나온 눈에는 걷잡을 수 없는 분노가 이글이글 타오르고 … 여우의 눈동자를 바라보자 공포가 느껴졌습니다. 심장이 빠르게 뛰었고 피가 머리 위로

솟구치는 것 같았어요 … 철망이 없었다면 진즉에 제 얼굴이나 목에 이빨을 박았을 겁니다."⁵⁰

다행히 작업자 한 사람이 기꺼이 이 일을 맡았다. 스베틀라나 벨케르라는 이름의 자그마한 젊은 여성으로, 류드밀라의 말처럼 '겉으로 보기엔 연약한 젊은 여성'에 불과했다. "모두들 공격적인 여우와 일하기를 무서워했어요. [하지만] 스베틀라나는 그녀의 용기로 모두를 깜짝 놀라게 했습니다." 스베틀라나는 공격적인 여우들에게 실험이 어떻게 진행될지 그냥 있는 그대로 말하기로 했다. 류드밀라는 계속해서 말을 이었다. "공격적인 여우들을 … 다룰 때 스베틀라나는 여우들에게 이렇게 말했습니다. '너희들 내가 무섭구나. 나도 너희가 무서워. 하지만 왜 여우인 너희들이 인간인 나를 두려워하는 것보다 내가 너희를 더 무서워해야 할까?'" 그런 다음 자신의 일을 시작했다. "벨랴예프는 늘 그녀의 용기를 칭찬했습니다." 류드밀라가 말한다. "그리고 공격적인 여우들을 상대로 일하는 만큼 급여를 올려주어야 한다고 말하곤 했어요."

스베틀라나의 뒤를 잇는 다른 작업자들은 공격적인 여우를 다루기 위한 자기만의 특별한 방법을 갖고 있었다. 스베틀라나가 엄격한 규율 준수자의 접근법을 취했다면, 지금까지 이 심술궂은 여우들을 상대로 일하고 있는 나타샤는 이들의 성격은 결코 이들의 잘못이 아니라고 판단했다. 이 여우들도 온순한 여우들 못지않게 사랑받아야 했다. 나타샤는 과거에도 지금도 줄곧 그렇게 실천하고 있다. "저는 제 공격적인 여우들을 무척 사랑합니다." 나타샤가 말한다. "이 여우들은 제 아이들이에요. 저는 가축화된 여우들도 좋아하지만 공격적인 여우들을 정말 사랑합니다."⁵¹ 류드밀라는 나타샤의 이런 애정 표현을 들을 때마다 웃음을 지으며 이렇게 말할 뿐이다. "정말 보기 드문 사람이에요." 실험이 진전을 이루어 공격적인 여우들과 온순한 여우들이 중요한 대조를 보이면서 이 작업자들의 용기가 대단히 가치 있었음이 드러났다.

한편 류드밀라와 드미트리는 대조군 여우 모집단과 온순한 여우 모집단 사이의 중요한 대조 연구를 착수했다. 벨랴예프는 생식주기 조절, 체온, 신체적 특징에 수반되는 호르몬 분비의 유전자 관련 변화들은 가축화와 관련된 많은 특성들이 출현한 것에 원인이 있음을 이론화한 바 있었다. 그의 이론을 입증하기 위해 그들은 온순한 여우와 대조군 여우의 호르몬 수치를 측정해야 했으며, 이를 위해 류드밀라는 연구소에서 사용하는 정교한 장비로 이 분석을 하기 시작했다.

여우들은 보통 생후 2개월에서 4개월 사이에 불안감과 두려움이 커지기 시작하는데, 이 시기 이후에 온순한 새끼 여우들의 스트레스 호르몬 수치가 낮아지는지 확인하기 위해 호르몬 수치를 측정하는 작업부터 시작하기로 했다. 이 작업은 모든 새끼 여우들의 혈액 표본을 채취해야 하는 까다로운 절차가 요구되었으며, 이 절차는 적어도 5분 안에 최대한 신속하게 실시되어야 했다. 그렇지 않으면 이 일로 인한 스트레스 때문에 호르몬 수치가 상승해 결과가 왜곡될 가능성이 높기 때문이다.

호르몬 수치 측정은 류드밀라가 전혀 경험한 적 없는 기술적인 종류의 작업이었으므로, 류드밀라는 연구소 동료 가운데 이 작업에 전문인 이레나 오스키나에게 도움을 요청했다. 그런데 문제는 이레나가 여우를 상대로 혈액 채취를 해본 경험이 없다는 것이었다. 그래서 류드밀라는 새끼 여우들이 무척 편안하게 여기는 작업자들에게 도움을 구했다. 작업자들은 새끼 여우가 생후 2개월이 되기 전 아직 어미와 함께 우리에서 생활할 때부터 다 자란 어른이 될 때까지 여러 차례의 발달 단계마다 혈액 표본을 채취해야 했다. 작업자들은 이 일을 훌륭하게 해냈다. 그들은 어미를 놀라게 하지 않도록 애쓰면서 천천히 손을 뻗어 새끼를 붙잡았다. 이런 행동에 어미가 사납게 반응하지 않았다는 사실은 어른 여우가 얼마나 순해졌는지 보여주는 확실한 증거였다. 대조군 여우들의 경우 어미들은 새끼가 위험하다 싶으면 굉장히 사나워질 수 있기 때문에 작업자들은 그만큼 더 위험에 잘 대처해야 했다. 류드밀라는 그들에게 5센티미터 두께의 보호 장갑을 착용하도록 지시했고, 그들은 몇 차례 연습을 한 뒤 매우 효율적으로 작업을 수행했다.

이레나에게 샘플 분석 결과를 받은 류드밀라는 스트레스 호르몬 수치가 극명하게 차이나는 것을 확인하고 놀랐다. 예상대로 성장할수록 수치가 상승하는 것은 모든 여우들에게 공통적이었다. 하지만 엘리트 여우의 경우 스트레스 호르몬이 훨씬 나중에 발생했고, 급증하는 정도는 훨씬 덜하며, 성인기에는 대조군에 비해 보통 50% 이하에서 안정 수준을 보였다. 이것은 호르몬 분비 변화에 관한 드미트리의 불안정 선택 이론에 확실한 증거가 되어주었다.

벨랴예프가 이 같은 새로운 결과들을 발표하기 시작하자 전 세계 과학계는 점차 여우에 대해 관심을 갖게 되었다. 드미트리는 이번에도 소련 당국의 허가를 얻어 1968년 도쿄에서 개최하는 국제 유전학회에 참여할 수 있었다. 일본 주최 측은 그와 그의 연설에 깊이 매료되어 작별 선물로 다소 이국적인 애완용 수탉 몇 마리를 선물했고,

그는 살아있는 수탉들을 어찌어찌 비행기에 태워 노보시비르스크로 돌아왔다.

드미트리는 국제 학술지에 논문을 제출해도 좋다는 허가를 받아, 1969년에는 소련 외부에서 영어로 〈동물의 가축화^{Domestication in Animals}〉라는 제목의 첫 번째 논문을 발표하기도 했다. 그러나 이 시점까지만 해도 이 연구에 관한 과학적 관심은 주로 유전학계에 국한되었을 뿐 동물행동 연구자들에게는 크게 주목받지 못했다. 그러던 것이 벨랴예프가 1971년 9월 스코틀랜드 에든버러에서 개최하는 국제 동물행동학회에 초청받으면서 상황이 달라졌다. 이 학회는 초청받은 사람들로만 이루어진 행사로 세계 최고의 연구자들이 모여들었다. 드미트리는 러시아 과학자로는 최초로 이 행사에 초청되었다. 초청장은 학회의 주최자이자 영국의 주요 동물행동학자인 오브리 매닝이 직접 보냈다. 매닝은 그 해의 학회 행사를 더욱 국제적으로 만드는 것을 자신의 임무 가운데 하나로 여겼다. 그는 평소에 참석하던 유럽과 미국의 과학자들 외에 다른 나라 과학자들에게도 연락을 취해 이 모임을 이른바 '유엔 같은 분위기'로 만들길 바랐다.[52]

매닝은 여우 실험에 대해 익히 알고 있었고 이 연구를 대단히 흥미롭게 여겼다. 그는 대학원 시절 틴베르헌의 지도하에 연구를 수행했고, 유전과 행동과의 관계에 관한 연구를 전공했다. 그와 그의 아내인 유전학자 마거릿 바스톡은 1950년대 중반에 초파리를 이용한 획기적인 연구들을 실시했는데, 이는 특히 유전자를 동물 행동과 연결시킨 최초의 연구에 속했다. 매닝은 여우 실험에서 드러난 행동 변화의 유전적 원인에 관한 강력한 증거는 매우 중요한 내용이며, 동물행동 연구자들이 더 깊이 알아야 할 필요가 있다고 생각했다. 1971년 벨랴예프에게 편지로 연설을 부탁했을 때 매닝은 크게 기대하지 않았다. 매닝은 말한다. "당시는 그야말로 냉전이 절정에 이르던 시기였습니다. 네, 물론입니다, 적어도 냉전이 치열했던 때였어요. 그래서 소련과 접촉할 기회가 좀처럼 주어지지 않았습니다."[53] 그런데 벨랴예프가 적극적으로 "좋다"는 답을 하자, 매닝은 "처음으로 소련 출신의 동물행동학자를 모셔오게 되었다"라면서 무척 기뻐했다.

이 일은 드미트리와 류드밀라에게 큰 도약이 되었다. 류드밀라는 세계 최고의 학자들 모임에 자신들의 연구를 선보일 기회가 생겼다는 사실에 몹시 들떴다. 매닝은 드미트리에게 동료들과 함께 참석할 것을 부탁했고, 류드밀라를 비롯한 몇몇 연구소 연구자들은 학회에 참석하기로 예정되었다. 하지만 출발 예정일 직전에 정부는 드미트리에게만 여행을 허가하기로 결정했다. 어쨌든 류드밀라는 드미트리가 훌륭한 연설을 하리라는 것, 그리고 그들의 연구가 동물 행동에 관한 더 큰 논의로 발전하기 시작하리라는 것을 알았다.

학회 장소는 에든버러 대학교의 데이비드 타워였다. 벨랴예프, 매닝, 그 밖에 참석자들은 당시 가장 존경받는 동물행동학자들이[54] 각각 30분 동안 진행하는 강연을 매일 들었는데, 그 가운데에는 동물행동학의 공동창설자로서 20년 후 노벨상을 받은 틴베르헌도 포함되었다. 학회가 열리는 기간 동안 종종 논쟁이 벌어지기도 했다. 주로 생물학자로 훈련을 받고 유전학을 중심으로 현장에서 동물을 연구하는 유럽 측과, 주로 심리학자로 훈련을 받고 동물의 학습을 중심으로 실험실에서 동물을 연구하는 미국 측 사이에서 동물 행동에 관해 계속해서 작은 논쟁이 일었기 때문이다.[55] 미국 측의 일부 연구자들은 동물의 행동이 유전적으로 '프로그램'된다는 사실을 전면 부인하고, 오히려 훈련이나 학습의 결과라며 훈련에 관해 극단적인 주장을 펼쳤다. 그러나 현장에서 연구하는 동물행동학자들의 연구 가운데 상당수는 그렇지 않다는 걸 제시했다.

이 가운데 가장 중요한 의견을 생물학자인 E. O. 윌슨이 제시했다. 윌슨은 전 세계를 여행하며 여러 종류의 곤충 군체를 관찰했고, 학회가 열린 해 1월에 자신의 주요 저서인 《곤충의 사회The Insect Societies》를 출간했다. 이 책에는 곤충 군체의 의식적인 행사가 생생하게 묘사되어 있으며, 가위개미가 자기들의 버섯정원을 정성 들여 가꾸는 장면, 자기들이 모은 거름으로 식량원에 비료를 주는 장면, 제 몸집보다 몇 배나 큰 나뭇잎을 머리에 이고 행진하는 장면, 군대개미들이 전리품인 전갈의 몸뚱어리 일부를 가지고 집으로 향하는 장면, 말벌이 자기 집에 개미퇴치제 혼합물을 바르는 장면 등 매우 훌륭한 사진과 그림들이 수록되었다. 일부 개미 종의 군체들에서는 일개미가 살아 있는 꿀단지 역할을 해 유사시에 집단에게 즙을 제공한다는 내용도 있다. 일개미들이 내장에 즙과 단물을 저장했다가 가뭄이 심해질 때 개미집 안 바위에 거꾸로 매달리면, 다른 개미들이 몇 모금의 에너지 음료를 마시기 위해 이 살아있는 수도꼭지를 튼다. 그런가 하면 전투가 일어날 땐, 가령 세 마리의 개미가 다른 한 마리를 포획하면, 공격자 개미가 이 포획된 개미의 몸통을 반으로 찢는 등 개미들의 잔인한 전략을 생생하게 묘사하면서 평소 개미의 행동과 섬뜩할 정도로 다른 모습도 소개했다.

개미 같은 동물이 어떻게 그처럼 광범위한 동기를 갖고 그토록 결단력 있게 솜씨를 발휘할 수 있을까? 그런 행동들은 대부분 본능에 기초한 것이 분명했다.

반면 행동학자들은 동물의 학습에 대해 유력한 증거를 제시했다. 미국의 심리학자 에드워드 손다이크는 '퍼즐 상자'를 만들어 고양이와 개가 이 상자를 얼마나 빨리 빠져나올 수 있는지 테스트했다. 손다이크는 고양이와 개가 처음엔 상자를 빠져나오기 위해 온갖 방법을 동원하다가, 우연히 길을 발견하고 나면 이후로 경로를 순조롭게 반복해 지나가면서 점점 빨리 상자를 빠져나간다는 사실을 관찰했다. 그는 고양이와 개가 특정한 길로 빠져나가면 새에게 접근해 덮칠 수 있게 한다든지, 사람의 손을 핥게 하는 식으로 행동에 보상을 줌으로써 동물의 행동을 학습하게 할 수 있다는 걸 이 테스트가 증명해 보인다고 주장했다.

많은 동물 행동학자들은 동물의 복잡한 사회적 행동 대부분은 유전과 학습 모두와 관련이 있을 가능성이 높다고 생각하기 시작했다. 이것은 양자택일의 시나리오가 아니었다. 즉 유전적 소인 위에 학습이 켜켜이 쌓일 수 있고, 더욱이 학습 능력 자체에 근본적인 유전적 구성 요소가 수반될지도 모른다. 벨랴예프는 이 주장에 일리가 있다고 생각했다.

드미트리는 에든버러 학회에서 이 주제에 관해 거론된 모든 논의들을 흡수했다. 때때로 강연자들이 영어가 모국어가 아닌 참석자들을 위해 연구 내용을 다소 간략하게 소개했지만 이 시간을 마음껏 즐겼다. 마침내 '가축화 과정에서 행동의 유전적 재편성과 그 역할'이라는 제목의 강연을 듣기 위해 많은 사람들이 모여들었다. 제목이 사람들의 궁금증을 자아냈다. 행동의 유전적 재편성이라고? 이제 리센코도 추방됐겠다, 드디어 러시아 과학자들이 주목할 만한 연구 성과를 낸 걸까? 이 러시아 사람은 대체 누구지?

드미트리는 영어로 준비한 연설문을 읽었다. 매닝은 그가 사람들에게 깊은 인상을 주었다고 기억한다. 사람들은 그에게 무얼 기대해야 할지 잘 몰랐지만, 이토록 위엄 있고 자신감 넘치는 사람일 줄은 예상하지 못했다. 메치타와 그의 축 늘어진 귀에 대한 내용 역시 전혀 예상 밖이었다. 꼬박 십 년에 걸쳐 진행한 실험 결과는 믿기 어려울 만큼 훌륭했다.

매닝은 드미트리가 무척 마음에 들었다. 그날 밤 매닝은 드미트리에게 자신의 집에서 함께 식사를 하자고 청했고, 드미트리가 머물 아름다운 16세기 식 에든버러 기숙사에서 자신의 집까지 그를 안내했다. 벨랴예프의 영어 실력은 연설문을 읽기에는 충분히 훌륭했지만 식사 중에 빠른 속도로 대화를 주고받는 건 또 다른 문제여서 저녁 식사 모임에는 통역사를 합류시켰다. 드미트리는 사람들과 어울릴 기회를 바랐던 터라 다소 전통적인 러시아 선물을 준비해왔는데, 매닝과 그의 아내에게 아름다운 옻칠 그릇을 선물하자 매닝은 크게 감동했다. 냉전 기간 동안 전 세계 과학자들은 새로운 탐구의 길로 향하는 창의적인 아이디어를 교환하느라 여념이 없었던 반면, 러시아 과학자들은 지금처럼 동료 과학자들과의 자유롭고 편안한 사교적 교류에서 제외되어왔다. 매닝은 따뜻하고 똑똑하며 대단히 흥미로운 이 남자와 자리를 함께 하면서 이 사실을 부끄럽게 여겼다. 두 사람은 친구가 되었고, 드미트리는 헤이그 국제 유전학회에서 마이클 러너를 만난 후 지속적으로 서신을 주고받았던 것처럼 매닝과도 이후로 줄곧 연락을 유지했다. 매닝은 너무 늦기 전에 자기 눈으로 직접 경이로운 여우-개를 보기 위해 노보시비르스크로 여행하길 바랐다.

여우 실험 결과가 서양의 과학계에서 인정받고 있음을 보여주는 중요한 신호는 에든버러 학회가 끝난 직후에 찾아왔다. 브리태니커 백과사전의 임원들이 벨랴예프에게 편지를 보내온 것이다. 그들은 곧 출간될 15판을 위해 가축화에 관한 에세이를 기고해줄 수 있을지 문의했다. 《브리태니커 3》로도 알려진 이번 판은 대대적인 개정을 거쳐 1974년에 출간될 예정이었다. 드미트리는 감격했고 즉시 에세이를 쓰기 시작했다. 이 에세이는 아주 적절하게도 '개'에 관한 항목 바로 뒤에 이어졌다.[56]

1970년대에는 유전자와 동물 행동의 연관성에 관한 연구가 점차 속도를 더해갔고, 여우 실험은 새로운 연구의 물결에서 중심을 차지하게 되었다. 1970년에 이 주제에 관한 최초의 학술 저널 《행동유전학Behavior Genetics》이 창간되었고, 더불어 행동유전학 협회도 설립되었으며, 1972년에 러시아에서 태어나 미국으로 이민한, 드미트리가 무척 존경하는 유전학자, 테오도시우스 도브잔스키가 협회의 초대 회장으로 선출되었다. 러시아 유전학은 확실히 다시 회복되고 있었으며, 드미트리는 이를 위해 앞장선 대사들 가운데 한 사람으로 역할을 다하고 있었다. 1973년에 그는 다시 캘리포니아 버클리 대학교에서 열린 국제 유전학회에 참석 허가를 받았다.

버클리 학회는 벨랴예프가 지금까지 한 번도 경험해 본 적 없는, 과학과 문화가 한데 어우러진 모임이었다. 과학 분야에서는 '유전학과 기아'에서부터 '과학과 도덕의 딜레마', 그리고 드미트리의 연구와 더욱 관련 있는 '발달유전학'과 '행동유전학'에 이르기까지 전 분야의 세계 최고 권위자들이 참석하는 학술 토론회를 주요 프로그램으로 다루었다.[57] 유전학 연구에서 내로라하는 사람은 전부 이곳에 모여들었다. 벨랴예프는 당시 가장 유명한 유전학자들을 만나 그들과 함께 자신의 아이디어를 토론할 기회를 가졌다. 연구자들은 학회 일정 중에 시간이 나거나 그날의 일정을 마치면 자유롭고 신나는 도시의 밤거리를 즐겼다. 버클리는 온 나라를 뒤흔들었던 학생 운동의 중심지이자 자유 언론 운동의 진원지이며 표현의 자유를 활짝 펼친 도시였다. 히피들은 베트남 전쟁에서 핵 무장 경쟁에 이르기까지 모든 사안에 반대하는 시위 팸플릿을 나누어주었고, 노점상, 거리의 악사, 곡예사들은 사람들의 관심을 끌기 위해 그런 히피들과 경쟁했다. 드미트리는 이 도시의 모든 광경에 강한 매력을 느꼈고 완전히 반해버렸다. 다른 참석자들이 "미국 중산층 젊은이들은 선황색 옷을 입고 하리 크리슈나를 기념하기 위해 반복적인 비트에 맞추어 춤을 추더라"라고 묘사했다면, 그는 버클리 사람들에 대해 애정을 듬뿍 담아 이야기했다.[58]

드미트리는 함께 참석 허가를 얻은 소련 과학자 대표단과 한 가지 계획을 세워, 학회 기간에 국제 유전학회 조직 위원회와 접촉하기로 했다. 그는 연구소에서 행정적인 경험을 해온 덕분에 이 계획의 완벽한 리더가 될 수 있었다. 대표단은 1978년에 열릴 차기 국제 유전학회를 모스크바에서 개최할 것을 제안했고, 조직 위원회는 이 제안에 관심을 보였다. 그렇지 않아도 국제 유전학회를 더욱 국제적으로 만들기 위한 방법을 늘 모색하고 있던 차에, 모스크바 개최는 그 확실한 방법이 될 것이었다. 1970년대 초 리처드 닉슨 대통령이 도입한 미국과 동맹국들 그리고 소련 간의 긴장 완화 정책 또한 철의 장막 뒤에서 이러한 모임을 개최하는 데 일조했다. 모스크바에서 학회가 열린다면 소련의 많은 유전학자들은 과학자 집단뿐만 아니라 거의 알지 못했던 과학 논문들을 접할 수 있을 터였다. 위원회의 이상주의자들도 그러한 모임이 과학을 넘어서서 큰 파급력을 갖게 되길, 이런 식의 접근이

미약하게나마 냉전을 약화하길 희망했다. 위원회는 또한 모스크바에서 학회가 열리면 리센코주의의 해악은 과거의 일이 되었음을 전 세계에 알리는 계기가 되리라는 생각에도 크게 공감했다.[59]

이것은 야심찬 사업이었지만, 위원회는 1978년에 모스크바에서 학회를 개최하길 원한다면 승인하겠다고 벨랴예프와 대표단에게 말했다. 그리고 벨랴예프는 즉시 모스크바에서 개최하는 제14회 국제 유전학회 사무총장이라는 또 하나의 직함을 얻었다.

새 여우 실험 농장 덕분에 드미트리와 류드밀라는 불과 몇 년만에 대단히 많은 성과를 거두었다. 류드밀라는 매일 시시각각 자세하게 여우들을 관찰하면서 이미 여우들과 맺은 강한 유대감이 더욱 끈끈해지는 걸 느꼈다. 마음 깊은 곳에서 무언가가 달라졌다는 걸 알고 있었다. 여우들이 깊은 감정을 표현하기 시작하면서 류드밀라와 작업자들뿐만 아니라 농장을 방문하는 모든 사람들에게도 감정적 변화를 불러일으켰다는 사실은 간과할 수 없었다.

류드밀라는 과학자로서만이 아니라 인간적으로도 이 동물들이 점점 사랑스러워지고 있음을 느끼며 크게 놀랐다. 그리고 이 자체로 중요한 발견이며, 이 변화야말로 그토록 완벽하게 가축화되고, 그토록 끈끈하게 우리 인간과 유대감을 형성하며, 그토록 열정적으로 '그들의 주인'에게 충성을 다하는 개들의 특성이라는 걸 분명하게 깨달았다. 류드밀라는 생각했다. 연구의 속도를 달리하면 어떻게 될까? 점점 사랑스러워지는 이 동물의 매력을 거부하지 않고 이들의 감정적 표현이 어디까지 이어질지 탐구하는 데 몰두한다면 어떻게 될까?

이제 류드밀라는 자신과 자신의 팀이 신중하게 수집해온 과학적 데이터에 한계가 있음을 숙고했다. 그리고 이 데이터로는 많은 것을 알아낼 수 없다는 걸 깨달았다. 이 길들인 여우들의 사회적이고 감정적인 깊이가 어디까지 가능할지 정말 알고 싶다면, 이들 가운데 한 마리를 선택해 다양한 사회적 환경이 가능한 가정에서 가장 가까운 친구로 인간과 함께 생활할 기회를 마련해야 한다고 생각했다. 개들의 생활처럼 말이다. 여우가 정말 개처럼 될 수 있으려면, 개들이 표현하는 인간을 향한 특유의 충성심이 드러나야 할 것이다. 엘리트 여우들이 인간의 관심을 열렬히 좋아한다는 건 의심할 나위가 없지만, 현재로선 이 여우들은 사람을 따로 차별하지 않았다. 다시 말해, 이 여우들은 누굴 보든 똑같이 좋아했다. 실제로 여우가 그녀와 함께 생활한다면 어쩌면 이런 태도가 바뀔지도 몰랐다.

마침내 류드밀라는 벨랴예프에게 대담한 제안을 했다. 여우 농장의 모퉁이에서 조금 떨어진 곳에 작은 집이 있었다. 류드밀라는 이 집으로 이사해 엘리트 여우 한 마리와 생활하면서 얼마만큼 유대감을 발전시킬 수 있을지 확인하고 싶다고 말했다. 벨랴예프는 이 아이디어가 무척 마음에 들어 즉시 그녀에게 이 집을 써도 된다고 허락했다.

류드밀라는 함께 생활할 여우를 매우 신중하게 선택하고 싶었다. 그래서 자신과 함께 새집으로 이사할 여우를 출산할 실험용 '이브'로 특별히 다정한 암컷 엘리트 여우를 선택하기로 했다. 지금까지 많은 엘리트 여우들이 좋은 후보가 되었지만, 매우 독특한 실험인 만큼 성급하게 선택하고 싶지 않았다. 류드밀라는 자신의 노트와 데이터 차트를 꼼꼼히 살펴보며 엘리트 여우들의 스트레스 호르몬 지수와 행동에 관한 통합 정보를 평가하고, 그 가운데 가장 유력한 후보 몇 마리를 선택했다. 그런 다음 이 여우들의 우리에 가서 그들을 자세히 관찰하고 새롭게 평가했다. 여러 날 동안 평가가 이루어진 후 류드밀라는 마침내 자신의 여우를 결정했다.

이 여우의 이름은 쿠클라^{Kukla}이며 러시아어로 '작은 인형'이라는 의미다. 쿠클라는 1년에 두 차례 가임기를 갖는(그러나 임신은 하지 않은) 소수의 길들인 암컷 여우 가운데 한 마리로, 어딘가 유독 끌리는 데가 있었다. 류드밀라가 쿠클라의 우리에 다가가면 쿠클라는 갑자기 활발해져서 힘차게 꼬리를 흔들고, 그야말로 순수한 기쁨의 소리라고밖에 달리 표현할 수 없는 소리를 깩깩 질러대곤 했다. 한 가지 문제는 쿠클라가 다 자란 암컷 여우치고 몸집이 작다는 것이었다. 쿠클라는 한 배에서 태어난 형제들 중 왜소한 편이었는데, 류드밀라는 튼튼한 동물을 선택해야 하지 않을까 고민했다. 하지만 결국 직감을 따랐고 쿠클라가 선택되었다.

쿠클라의 짝은 쿠클라와 같은 세대의 길들인 여우로 이름은 토빅이었다. 쿠클라와 토빅은 무사히 짝짓기를 마치고 7주 뒤인 1973년 3월 19일에 네 마리의 건강한 새끼를 — 수컷 두 마리와 암컷 두 마리 — 낳았다. 새끼들이 완전히 눈을 뜨자마자 류드밀라는 그들을 보러 갔다. 류드밀라는 여러 명의 작업자들이 새끼를 둘러싸고 모여서 마치 자기 자식이나 손자를 대하듯 예뻐서 어쩔 줄 모르는 모습을 발견했다.

류드밀라는 털이 몽실몽실 부푼 작고 경이로운 새끼 여우에게 곧장 마음이 끌렸다. 작업자들은 이 여우의 이름을 푸신카라고 지었는데 번역하면 '작은 털 뭉치'라는 뜻이다. 류드밀라는 이후 며칠에 걸쳐 줄곧 푸신카를 관찰하면서 푸신카가 인간의 관심을 간절히 바란다는 걸 알았다. 푸신카는 이미 사람들과 강한 유대감을 형성하고 있었기에 류드밀라의 한집 식구로 제격인 것 같았다. 푸신카는 특별한 실험용 집에서 류드밀라와 함께 살게 될 터이므로, 작업자들은 이 경우에 한해 푸신카의 귀여움에 마음껏 항복해 푸신카와 얼마든지 즐겁게 놀아도 괜찮다는 걸 알았다.

이후 몇 주 동안 푸신카는 점차 건강해졌고 장난기도 더욱 심해졌다. 작업자들 가운데 이 작고 사랑스러운 새끼 여우를 유독 예뻐한 유리 키셀레프는 류드밀라에게 놀라운 요청을 했다. 류드밀라가 푸신카를 데리고 작은 집으로 이사해 함께 생활하는 장기간의 실험을 하기 전에 자신의 집에 잠시 데리고 있어도 좋겠냐는 것이었다. 류드밀라는 이 문제에 대해 생각해본 뒤 자신의 계획에 방해가 되지는 않을 거라고 판단했다. 아니, 사실 이 기회를 통해 푸신카가 누구든 친밀하게 지내는 사람과 특별한 유대감을 형성하는지 알 수 있을 것 같았다. 유리는 푸신카가 생후 1개월 되던 1973년 4월 21일부터 6월 15일까지 자신의 집에서 푸신카와 단둘이 생활했다. 푸신카는 아주 잘 적응했고 유리를 전혀 힘들게 하지 않았다. 유리는 심지어 푸신카를 목줄에 묶어 산책도 시켰다. 그뿐 아니라 푸신카를 목줄에 매지 않고 뒷마당에 풀어놓기도 했고, 휘파람을 불면 푸신카가 문 앞으로 달려왔다가 다시 안으로 들어가는 모습도 발견했다. 이런 명령에 대한 반응은 지금까지 여우들에게 전혀 발견한 적 없는 모습이었다 — 아니 오히려 정반대의 모습만을 보아왔다. 농장의 길들인 여우들은 놀이 시간 중이나 검사를 받는 동안 간혹 작업자들로부터 도망칠 때가 있었는데, 작업자들이 아무리 큰소리로 외쳐도 결코 푸신카처럼 반응하지 않았다. 여우들을 우리에 돌려보내려면 농장 주변을 한참을 뛰어다니며 쫓아가야 했고, 그 와중에 한두 마리는 농장을 벗어나 달아나기 일쑤였다. 이런 점에서 푸신카의 행동은 류드밀라가 선택을 잘 했고 곧 있을 실험에서 더욱 놀랄 일들이 기다리고 있음을 알려주는 좋은 암시였다.

이미 푸신카에 대해 아주 많은 모습들이 발견되었기에, 류드밀라는 푸신카를 실험 하우스로 옮기기 전까지 조금 더 기다리기로 했다. 푸신카가 유리와 함께 생활한 뒤에 농장의 여우 사회에 다시 흡수될 수 있을지 관찰하기 위해서였다. 푸신카가 다시 여우들과 함께 하는 생활에 적응할 수 있을까? 인간과 단둘이 생활한 경험 때문에 다른 여우들과 생활할 때 푸신카의 행동이 달라지지는 않을까? 인간 사회를 접한 야생 동물은 다시 자기 종과 함께 생활하게 될 때 종종 그 사회에 통합되는 데 어려움을 겪는다. 류드밀라는 푸신카가 이런 변화를 어떻게 처리할지, 다른 여우들은 푸신카에게 어떻게 반응할지 관찰할 좋은 기회라고 생각했다. 그리고 푸신카가 우리로 돌아온 뒤 다른 여우들과 아무런 문제 없이 정상적으로 상호작용하는 한편 그들과의 관계에서 한 가지 놀라운 변화를 보인다는 걸 확인했다. 놀이 시간에 여우들이 마당에서 놀고 있을 때였다. 새끼 여우들이 성장할수록 서로에게 종종 그렇듯이 다른 여우 한 마리가 푸신카를 공격적으로 대했다. 그러자 푸신카가 작업자들 다리 주위를 맴돌고 자신과 다른 여우들 사이에 작업자들을 잡아두면서 작업자들의 보호를 구하는 것이었다. 이런 모습 역시 처음 목격하는 또 다른 모습이었다. 그때까지 여우들은 순전히 자기들끼리만 상호작용을 해왔던 것이다.

푸신카와의 동거 실험을 계획했던 주된 이유가 푸신카가 더 많은 시간을 사람들과 함께 보냄으로써 얼마나 개하고 닮아가는지 확인하려는 것임을 고려할 때, 류드밀라는 유리가 그랬던 것처럼 작업자들이 푸신카를 목줄에 매고 산책을 데리고 나가는 것이 좋은 방법이라고 판단했다. 푸신카는 이 시간을 무척 좋아했다. 유리가 푸신카를 부르면 푸신카가 순순히 유리를 향해 다가왔다는 걸 알기에, 류드밀라는 작업자들에게 푸신카를 목줄 없이 풀어주어 그들이 먹이를 주거나 청소를 할 때 그들을 졸졸 따라다니게 했다.

이제 류드밀라는 푸신카를 위한 자신의 계획을 새롭게 수정하기로 했다. 얼마 후 푸신카가 한 살 무렵이 되어 짝짓기 시기가 다가오면, 류드밀라는 푸신카가 임신할 때까지 기다렸다가 실험 하우스로 이사하기로 했다. 그렇게 하면 푸신카가 적응을 잘 하는지 뿐만 아니라 푸신카가 낳은 새끼들이 다른 방식으로 사회화하는지도 관찰할 수 있을 터였다.

1974년 2월 14일, 푸신카는 줄스바라는 길들인 수컷과 짝짓기를 했고, 1974년 3월 28일에 드디어 류드밀라와 함께 작은 집으로 이사했다. 바야흐로 동물 행동 역사의 전례 없는 연구가 시작되었다.

05 행복한 가족

　류드밀라는 푸신카와의 동거 생활을 계획하면서, 작은 집에서 밤낮없이 많은 시간을 함께 보내기로 했다. 하지만 가족들과도 함께 지내야 했기 때문에, 오랫동안 자신의 조교이자 친구로 지낸 타마라에게 젊은 대학원생 한 명과 함께 집에 와서 며칠씩 밤낮으로 푸신카와 지내달라고 부탁했다. 이따금 타마라와 류드밀라 모두 집을 비워야 할 땐 십 대 청소년인 류드밀라의 딸 마리나와 연구소 조교들이 교대로 집에 오곤 했다. 그리고 누구든지 교대한 사람은 주간 및 야간에 푸신카가 한 모든 행동을 낱낱이 일지에 기록했다.

　실험 하우스에서 보내는 긴장되는 첫날, 푸신카는 몹시 불안해하며 아무 것도 먹으려 들지 않아 류드밀라를 낙담시켰다. 류드밀라는 푸신카가 유리와 함께 하는 생활에 무난하게 적응했으니 이 집으로 옮기는 과정이 한결 수월할 거라고 기대했다. 혹시 임신을 해서 예민해진 걸까? 하지만 적어도 류드밀라의 딸 마리나와 이삿날 함께 있었던 마리나의 친구 곁에서는 잠깐이나마 편안하게 잠을 잤다. 다음 날 푸신카는 조금 차분해졌다. 류드밀라의 기록에 따르면, 류드밀라가 잠시 밖에 나갔다 돌아오니 푸신카가 "마치 우리 집 개처럼 문 앞에서 우리를 마중했다." 하지만 푸신카는 행복하고 명랑한 상태에서 무기력한 상태로 걷잡을 수 없이 기분이 바뀌었고 여전히 아무 것도 먹으려 들지 않았다. 그날 푸신카가 먹은 음식은 약간의 생달걀이 전부였다. 류드밀라가 푸신카가 가장 좋아하는 간식인 닭 다리를 조금 떼어 건네자 푸신카는 자기 방구석에 그것을 숨겼다. 개 주인들이 흔히 보는 행동이었다. 푸신카는 자기 방에서는 조금도 시간을 보내려 하지 않았고 좀처럼 잠을 자려고도 하지 않았다.

셋째 날, 푸신카는 여전히 먹으려 하지도 않고 정상적으로 잠을 자려 하지도 않아 류드밀라는 점점 걱정이 커졌다. 푸신카는 여전히 자기 방에서는 시간을 보내지 않은 채 쉴 새 없이 집안을 서성거렸다. 그렇지만 류드밀라의 존재에서 위안을 찾는 것 같았고 차츰 류드밀라의 관심을 얻으려 했다. 류드밀라가 일을 하기 위해 그녀의 방 책상에 앉아 있을 때였다. 푸신카가 다가와 침대 옆 소파에 눕더니 마침내 잠시 휴식을 취하기 시작했다.

이렇게 아무 것도 먹지 않은 채 또 하루가 불안하게 지나고 넷째 날 밤, 마침내 류드밀라는 기뻐하며 안도할 수 있었다. 류드밀라가 자는 사이에 푸신카가 가만히 침대 위로 올라와 그녀 옆에 동그랗게 몸을 웅크리는 것이었다. 류드밀라가 깨어서 보니 푸신카는 그녀의 얼굴 가까이에 자신의 얼굴을 맞대고 몸을 웅크리며 누워 있었고, 류드밀라가 푸신카의 머리 밑에 한 팔을 대자 푸신카는 그 위에 두 앞발을 올려놓고서 마치 엄마 품에 안긴 아이처럼 안겼다. 드디어 마음이 편해진 모양이었다.

하지만 다음 날 다시 정서적으로 지나치게 긴장해 있는 푸신카의 모습을 발견하고 류드밀라는 크게 놀랐고, 일지에 '거의 신경쇠약에 가까운' 것으로 보인다고 기록했다. 이 집에 온 지 벌써 닷새가 되었지만 푸신카는 여전히 거의 아무 것도 먹지 않았다. 류드밀라는 너무 걱정이 되어 농장의 수의사를 불렀다. 수의사는 푸신카에게 포도당과 비타민을 주사했다. 혹시 수컷 짝이 함께 있으면 긴장이 좀 누그러지지 않을까 싶어 류드밀라는 줄스바를 집에 데리고 왔다. 줄스바는 푸신카를 보고 기뻐하는 것 같았지만 푸신카는 그렇지 않았다. 푸신카는 줄스바를 향해 소리를 질렀고 그를 쫓아다니면서 여러 차례 물었다. 류드밀라는 즉시 푸신카에게서 줄스바를 떼어놓았다.

푸신카의 행동에 관한 소식을 접하고 걱정이 된 드미트리는 푸신카를 살펴보기 위해 집을 방문했다. 범상치 않은 그의 존재가 푸신카를 진정시켰는지, 그날 푸신카는 평소 낮 휴식 시간 중 처음으로, 책상에서 일하고 있는 류드밀라 곁에 편안한 모습으로 다가와 그녀의 발치에 엎드렸다. 그리고 그날 밤 마침내 정상적으로 먹기 시작했다. 적응 과정이 예상보다 충격적이었지만 그날부터 푸신카는 그 집에서 행복하게 지냈고 정상적으로 먹고 자면서 류드밀라와 점차 강한 유대감을 형성했다.

류드밀라가 책상에서 일하고 있으면 푸신카는 류드밀라의 발치에 엎드려 있었다. 푸신카는 류드밀라가 놀아주고 농장 주변을 산책시켜주는 걸 무척 좋아했다. 푸신카가 가장 좋아하는 놀이는 류드밀라가 주머니에 숨겨놓은 간식을 찾아내는 놀이였다. 여느 강아지들과 마찬가지로 류드밀라의 손을 장난스럽게 무는 걸 정말 좋아했는데 결코 세게 물지는 않았지만 제법 아팠다. 또 류드밀라가 자기 배를 쓰다듬도록 등을 대고 누워 발을 들어 올리는 걸 재미있어 했다. 푸신카는 주로 자기 집에서 잠을 잤지만 가끔은 밤에 살그머니 침대 위로 올라와 류드밀라와 함께 자곤 했다.

푸신카는 오후의 휴식을 마치고 저녁이 되면 유독 장난이 심해졌고, 바닥에 공을 던지거나, 문질러 달라고 배를 보이거나, 입에 뼈다귀를 물고 류드밀라를 향해 달려가는 등, 같이 놀아달라고 류드밀라를 졸라댔다. 집 뒷마당에 데리고 나가면 때때로 공을 입에 물고 마당 한쪽으로 총총히 걸어가 경사지 위에 공을 내려놓은 다음 공이 굴러가면 쫓아가는 놀이를 수없이 반복하기도 했다. 마당에서 신나게 놀다가도 류드밀라가 부르면 언제나 깡충깡충 달려가 곧장 집으로 돌아왔는데 그 모습이 개하고 아주 흡사했다.

푸신카는 4월 6일에 출산했다. 타마라가 류드밀라를 대신해 집에서 새끼들을 받았다. 양수가 터지기 직전, 푸신카는 타마라에게 다가왔고 타마라가 푸신카를 쓰다듬자 바로 그 자리에서 첫 번째 새끼를 낳았다. 타마라는 갓 태어난 새끼를 깨끗이 닦아 푸신카의 집에 넣어주었다. 푸신카는 자기 집에서 다섯 마리를 더 출산했다. 류드밀라는 타마라의 전화를 받고 급히 집으로 왔는데, 놀랍게도 집에 도착하자 푸신카가 새끼 한 마리를 입에 물고 류드밀라에게 다가오더니 그녀의 발 앞에 가만히 새끼를 내려놓는 것이었다. 일반적으로 여우의 어미들은 자기 새끼를 지키느라 열심이고, 출산 직후에 작업자들이 다가가면 엘리트 암컷 여우들조차 공격적으로 되었다. 류드밀라는 모성이 발동해 푸신카를 꾸짖었다. "그러고도 네가 엄마니! 네 새끼가 감기라도 걸리면 어쩌려고!" 푸신카는 새끼를 입에 물고 다시 제 집에 데려다 놓았다. 푸신카가 새끼를 자기 보금자리에 데려다 놓자 류드밀라의 얼굴은 미소로 환해졌다. 갓 태어난 자기 새끼를 대하는 푸신카의 모습이 마냥 대견해 보였기 때문이다.

류드밀라는 어미에게 경의를 표하는 의미에서 푸신카의 모든 새끼들에게 P로 시작하는 이름을 지어주었다. 프렐레스트^{Prelest}(멋진), 페스나^{Pesna}(노래), 플락사^{Plaksa}(울보), 팔마^{Palma}(야자나무), 펜카^{Penka}(피부), 푸쇽^{Pushok}('작은 솜털'이라는 의미의 남성형, 엄마를 많이 닮아서) 마침내 눈을 뜬 푸신카의 새끼들은 인간의 애정을 유독 간절하게 원했다. 류드밀라가 일지에 쓴 내용에 따르면, 특히 어린 펜카는 곧바로 다정한 모습을 보였고, "사람을 보면 쾌활해졌으며", 류드밀라의 목소리를 들으면 "굉장히 흥분해서 꼬리를 마구 흔들었다." 2주 남짓 안에 모든 새끼들이 똑같이 류드밀라의 목소리에 반응했고, 류드밀라가 방에 들어오면 모두들 자기네 보금자리 밖으로 달려 나왔다.

류드밀라는 오랜 시간 가까이에서 새끼들을 관찰하면서 새끼들이 저마다 독특한 행동을 보인다는 사실에 주목했다. 프렐레스트는 형제들과 놀이를 할 때 공격적인 태도로 다른 형제들을 지배하려는 경향이 있었다. 플락사는 다른 형제들처럼 쓰다듬어주는 걸 좋아하지 않는 한편, 페스나는 철저히 금욕적이고, 종종 혼잣말이라도 하는 것처럼 중얼거리는 듯 으르렁대는 특이한 소리를 냈다. 팔마는 탁자 위로 껑충 뛰어올라가는 걸 좋아했고, 펜카는 공놀이를 유독 좋아했으며 류드밀라의 일지에는 '잠꾸러기'로 기록되었다. 푸쇽은 다른 새끼들보다 더 류드밀라와의 상호작용을 간절히 원했다.

류드밀라는 짧은 꼬리를 씰룩거리는 잠꾸러기 펜카에게 특히 관심이 갔다. 펜카는 형제들 가운데 가장 작아서 종종 괴롭힘을 당하곤 했다. 그래서인지 형제들에게서 떨어져 혼자 있으려는 경향을 보였고, 다른 형제들과 달리 주변에 사람이 있으면 불안해했다. 처음엔 류드밀라도 예외가 아니었는데, 류드밀라는 일지에 "펜카는 내가 완벽하게 믿을 만한 사람인지" 깊이 생각하는 것 같다고 기록했다. 하지만 펜카는 오래지 않아 류드밀라가 믿을 수 있는 사람이라고 분명하게 결론을 내렸고 이후로 태도가 완전히 달라졌다. 어떤 날은 류드밀라가 안아 올려 품 안에서 가만히 흔들어주어야만 잠이 들기도 했다.

류드밀라는 푸신카와 새끼들과 함께 종종 마당에서 놀았다. 류드밀라가 공을 던지면 여우들이 공을 밀고 뺏었고, 류드밀라가 마당을 달리면 여우들이 쫓아왔다. 펜카는 이런 쫓기 놀이를 유독 힘들어해서, 류드밀라가 몸을 구부리면 등 위에 폴짝 뛰어 올라타 여우들이 포옹하는 식으로 그녀를 꼭 끌어안았다. 류드밀라가 소파에 앉으면 펜카는 소파에 뛰어올라 류드밀라 곁에 앉아서 그녀의 머리카락과 귀에 코를 대고 킁킁거렸고, 코와 뺨, 입술, 귀를 살짝 물었다. 다른 새끼들에게는 볼 수 없는 모습이었다. 그런가 하면 다른 형제들의 발성과는 다른 소리를 냈는데, '구구' 하고 속삭이는 듯한 소리를 듣고 있노라면 류드밀라는 자신과 이야기하려는 시도가 분명하다는 인상을 받았다. 실제로 펜카는 종종 류드밀라에게 뭔가 말을 하고 싶어 하는 것 같았다. 류드밀라는 일지에 이렇게 기록했다. "펜카는 온종일 나를 따라다니며 이야기를 한다."

펜카는 류드밀라가 다른 새끼들에게 관심을 보이면 시샘을 냈고, 류드밀라와 함께 있을 때 다른 형제들이 그녀에게 다가오면 때때로 그들에게 화를 내기도 했다. 펜카는 워낙 몸집이 작아서 류드밀라와 함께 있을 때가 아니면 좀처럼 공격적인 모습을 보일 수가 없었다. 류드밀라가 자신을 다른 형제들로부터 보호해주기를 바랐다. 어느 날 펜카는 바닥에서 크래커 하나를 발견해 입에 물고서 바싹 쫓아오는 형제들을 뒤로하고 열심히 도망가다가, 소파의 류드밀라 옆자리에 뛰어올라 그녀의 등 뒤에 크래커를 숨겼다. 그러고는 형제들에 맞서 자신의 진지를 사수했다.

류드밀라는 성장하는 개들과 지낸 경험이 있었기 때문에 이런 식의 행동을 수없이 보아왔다. 하지만 여우에게 이런 모습은 처음이었다. 동물 행동을 교육받은 사람으로서, 류드밀라는 여우에게 감정과 느낌이 있다는 생각에 신중해야 한다는 걸 깊이 인식했다. 펜카가 과연 인간의 질투심과 비슷한 감정을 느끼는지 확실하게 말하기는 불가능할 것 같았다. 개 전문가들은 동물의 행동에 신중한 해석이 필요한 이런 수수께끼 같은 문제들에 정통하다. 페트리샤 맥코넬은 저서 《개의 사랑에 대하여For the Love of a Dog》에서 그녀가 기른 개들 가운데 튤립이라는 개에 대해 다음과 같이 이야기한다. 튤립은 오랜 세월 자신과 함께 놀았던 양 한 마리가 죽어 있는 걸 발견했다. "[튤립]은 해리엇의 몸에 코를 대고 킁킁거리고, 주변을 맴돌고, 다시 코를 대고 킁킁거리고, 연신 코로 몸을 찔러댔다. 잠시 후 튤립은 해리엇의 시체 옆에 엎드렸다. 튤립은 크고 흰 주둥이를 앞발 위에 올려놓고 한 차례 한숨을 쉬더니 ─ 인간이라면 소위 체념이라고 할 만한 느리고 긴 숨을 내쉬었다 ─ 도무지 움직이려 들지 않았다 … 튤립이 해리엇 곁에 얼마나 오래 엎드려 있었는지 기억나지 않지만, 튤립은 자발적으로는 해리엇 곁을 떠나려 하지 않았다 … 튤립은 해리엇이 죽었다는 사실을 누구보다 잘 알고 있는 듯 보였다 … 그런데 한 가지 문제가 있다. 튤립은 자신이 죽인 비둘기들에게도 그런 식으로 행동하고, 씹고 놀라고 지난주에 내가 준 옥수수에도 비슷한 방식으로 행동한다 … 개의 행동을 두고 무슨 감정이 있어서 그런 것으로 생각하는 건 위험하다. 우리는 이런 문제에 대해 너무 자주 오류를 범하기 때문이다. 개에게 감정이 없다는 말이 아니라, 단지 개들의 표정을 더 잘 읽어야 한다는 의미다."[60]

비슷한 맥락에서 알렉산드라 호로비츠는 개들이 현장에서 잘못을 들킬 때 드러내는 '죄지은 듯한 표정'을 연구하기 위해 한 가지 기발한 실험을 고안했다. 다윈은 개들의 죄지은 듯한 표정에 대해 눈을 "옆으로 돌려 흘끔 바라본다"고 묘사했고, 다른 과학자들은 "앞발을 마구 내밀면서 용서를 구하거나" "순종적인 태도로 슬금슬금 뒷걸음치거나" 혹은 종종 "두 다리 사이에 꼬리를 집어넣고 태극권 자세로 슬그머니 움직인다"고 묘사했다.[61]

호로비츠는 방 안에 아주 맛있는 음식을 놓고, 개 주인에게 이것을 먹어도 좋다거나 먹으면 안 된다고 그들의 개에게 말하게 했다. 그런 다음 주인은 음식이 있는 방에 개만 남겨두고 나왔다. 여기에서 함정은 주인이 돌아와 보니 음식이 없어졌을 때 어느 땐 개가 범인일 수도 있지만, 어느 땐 호로비츠가 주인 모르게 음식을 다른 곳에 두었다는 것이다. 주인이 음식이 사라졌다며 자기 개를 크게 꾸짖었을 때, 개들은 자신이 음식을 훔쳤든 그렇지 않든 상관없이 '죄 지은 듯한 표정'을 보이며 반응했다. 규칙을 어긴 데 대한 '죄책감' 때문이 아니었다. 개들은 단지 야단맞는 것이 싫은 것이다.[62]

그러므로 펜카가 류드밀라의 관심을 두고 질투를 느끼는지 그렇지 않은지는 확실하게 알 수 없었다. 다만 류드밀라가 알 수 있는 사실은 이 작은 새끼 여우가 자신과 특별한 유대감을 형성하고 있다는 것이었다. 새끼들은 성장할수록 그 유대감이 더 강해졌고, 류드밀라도 이들과의 유대감이 더욱 강해지는 걸 느꼈다. 푸신카는 새끼들끼리 다투면 전적으로 그들에게 판결을 맡겼는데, 그러자 펜카는 이 싸움에 개입해줄, 그래서 점점 자기를 거칠게 대하는 형제들로부터 자기를 구해줄 특별한 인간 친구가 필요했다.

푸신카는 좋은 엄마였다. 새끼들이 어릴 땐 그들을 주의 깊게 살피면서 자주 함께 놀아주었다. 특히 새끼들과 쫓기 놀이 하길 좋아해, 마당에서 류드밀라를 쫓아다니며 그녀의 옷을 잡아당기고 다리와 발을 물곤 했다. 하지만 푸신카가 아무리 주의를 기울여도 새끼들은 성장할수록 놀이가 거칠어져 각자 스스로를 지켜야 했고, 그럴수록 몸집이 작은 펜카는 자주 류드밀라의 보호가 필요했다. 특히 푸속이 펜카를 공격적으로 대했다. 류드밀라의 기록에 따르면 푸속은 종종 펜카를 향해 '전투적인 표정'을 지었고 그러고 나면 뒤이어 공격을 가하기 일쑤였다. 하지만 류드밀라가 펜카를 보호하기 위해 늘 그곳에 있을 수는 없었다. 그러던 어느 날 펜카가 잔인하게 공격을 당해 목의 털이 한 움큼 뜯겼다. 류드밀라는 수의사를 불렀고, 수의사는 펜카를 치료하기 위해 병원에 데리고 갔다.

펜카가 농장 사무실에서 적절한 간호를 받으며 몸을 회복하는 동안 류드밀라는 자주 펜카를 찾아갔다. 류드밀라가 도착하면 펜카는 눈에 띄게 기운을 차렸다. 그러나 류드밀라가 사무실을 나설 때면 펜카가 낑낑거렸는데, 류드밀라는 그 모습이 너무 마음 아파 힘들다고 일지에 기록했다. "오후 6시에 펜카를 찾아갔다 … 이름을 부르자 펜카가 다가왔다. 펜카는 아무런 불평 없이 조용히 나를 맞았다 … 펜카는 곧바로 내 손 위에 올라왔다." 이런 일이 날마다 계속되었다. "펜카는 슬픈 모습이었지만 점점 즐거워했다." 류드밀라는 펜카와 접촉한 상황만 일지에 기록했다. 류드밀라가 펜카와 함께 있을 때마다 이 작은 여우 친구는 "[내] 곁을 떠나려 하지 않았고 … 작은 강아지처럼 내 발 아래로 달려왔다. 그래도 괜찮다면 펜카의 옆구리를 꼭 끌어안고 녀석을 쓰다듬어줄 텐데." 류드밀라는 몹시 가슴 아팠다.

류드밀라는 펜카를 사랑하는 만큼 다른 새끼들도 무척 좋아했고, 그들 역시 분명히 류드밀라와 그녀의 딸 마리나를 좋아했다. 류드밀라는 일지에 이렇게 기록했다. "새끼들은 나와 마리나 주변에 바싹 몰려든다. 그들은 뭔가 '노래 같은 걸 부르면서' … 한 번에 서너 마리씩 우리 무릎 위에 올라온다." 류드밀라는 이 새로운 발성에 대해 자세하게 설명하기가 어려웠다. 이런 소리를 들어본 적이 없었다. 분명히 만족스럽다는 걸 표현하려는 소리 같았지만, 발성은 그녀의 전공이 아니었으므로 이번에도 판단을 멈추고 동물의 감정을 함부로 평가해서는 안 된다는 걸 상기했다. 그래서 당분간 일지에 소리를 기록하고 언젠가 떠올릴 수 있도록 마음에 새기곤 했다.

새끼 여우들은 못 말리게 짓궂을 때가 있는데, 가령 일부러 류드밀라와 부딪쳐놓고는 "꼬리를 씰룩이면서 바닥에 누워 숨을 헐떡이곤 했다." 새끼들은 아무런 걱정 없이 생활하고 있었다. 류드밀라는 집에 들어가 방 안의 새끼 여우들을 보고 이렇게 기록했다. "그들은 아무런 걱정도 두려움도 없이 아주 재미있는 자세로 잠을 자고 있었다."

푸신카와 류드밀라와의 유대감도 더욱 깊어졌다. 새끼들이 자라서 이제는 돌봐야 할 시간이 줄어들자, 푸신카는 다시 류드밀라에게 관심을 돌리며 줄곧 그녀와 함께 하길 바랐다. 류드밀라가 뒷마당 저쪽으로 건너가면 푸신카는 그녀에게 다가가 옆에 서서 같이 놀자고, 자기를 쓰다듬어 달라고 졸랐고, 그녀의 발치에 엎드려 그녀를 올려다보며 자기 목을 긁어달라고 재촉했다. 류드밀라가 연구소에서 일을 마치고 퇴근해 집에 오거나 한동안 가족들과 시간을 보내고 돌아오면 푸신카는 신나게 꼬리를 흔들며 문 앞에서 그녀를 반겼다.

푸신카가 보여준 개와 유사한 또 다른 행동은 집에 오는 다른 낯선 사람들을 인간 일반으로 대하는 것이 아니라, 각각의 개인으로 대한다는 것이었다. 푸신카는 대체로 사람들에게 무척 다정한 편이었지만, 간혹 개들이 특정한 사람을 향해 적대적으로 짖었다가 방금 만난 다른 사람에게는 금세 다정하게 대하는 것처럼, 푸신카 역시 어떤 방문자에게는 다른 방문자보다 유독 경계심을 드러냈다. 그런가 하면 류드밀라가 닭다리 같은 특별한 음식을 주면 여전히 집 주변에 숨겼다가, 어느 날 청소부가 집에 오면 황급히 제 집에서 뛰어나와 온 방을 구석구석 허둥지둥 돌아다니며 숨겨놓은 맛난 음식을 눈 깜짝할 사이에 먹어치웠다. 청소부가 자신의 소중한 음식을 가지고 갈까봐 경계하는 것 같았다. 한편 연구소의 남자 연구자인 아나톨리가 집에 왔을 땐 마치 그에게서 새끼들을 보호하려는 듯 새끼들을 모두 방 밖으로 내보내기도 했다. 류드밀라가 급히 처리할 일이 있을 땐 야생쥐 가축화 실험실을 담당한 파벨 보로딘이 종종 집에 들렀고 가끔은 밤을 새우기도 했는데, 그럴 때면 푸신카는 보로딘 앞에서 바닥에 누워 그를 바라보면서 자기 배를 문지르게 했다. 푸신카는 자기와 자기 새끼들과 함께 실제로 한집에서 생활하는 사람들은 — 류드밀라뿐 아니라 집에서 밤낮을 보내는 다른 연구자들도 — 특별한 범주에 있다고 이해하게 된 것 같았다.

그러나 개와 주인 사이가 그렇듯 푸신카가 가장 강하게 유대감을 느끼는 대상은 류드밀라였다. 푸신카는 점차 류드밀라를 보호하게 됐고 류드밀라의 관심을 두고 질투하는 것처럼 행동했다. 어느 날 류드밀라가 라다라는 이름의 새로 길들인 암컷 여우를 집에 데리고 와 잠시 함께 지냈는데, 푸신카는 라다를 공격하면서 집 밖 뒷마당으로 내쫓았다. 류드밀라에게 화난 것처럼 행동하기도 했다. 류드밀라는 이렇게 기록했다. "푸신카가 더 이상 나를 신뢰하지 않을 것 같다는 생각이 들었다. 이제 내가 쓰다듬지도 못하게 하겠지." 그러나 상황은 금세 호전되었다. 류드밀라는 이렇게 썼다. "라다를 집에서 내보내자 우리의 상호관계는 정상으로 돌아왔다."

둘 사이의 강한 유대감은 의심할 나위가 없었지만, 류드밀라는 어느 날 밤 푸신카가 보여준 충성심에 크게 놀랐다.

7월 15일(1974년)의 일이었다. 류드밀라는 작은 집 바깥에 놓인 벤치에 앉아 잠시 휴식을 취하고 있었고, 푸신카는 종종 그렇듯 그녀의 발치에 앉아 있었다. 그때 집을 둘러싼 근처 울타리를 향해 다가오는 발자국 소리에 푸신카가 벌떡 일어섰다. 류드밀라는 농장의 야간 경비원이 순찰을 돌고 있겠거니 생각하고 개의치 않았다. 하지만 푸신카의 생각은 달랐다. 류드밀라는 푸신카가 사람을 향해 공격적으로 반응하는 모습을 본 적이 없었다. 그런데 그때 푸신카는 확실하게 위험을 감지한 모양이었다. 푸신카는 침입자로 여기는 사람을 향해 어스름한 땅거미 속으로 냅다 달렸고, 류드밀라는 곧이어 들리는 소리에 어안이 벙벙했다. 푸신카가 연거푸 짖어대고 있는 것이었다. 공격적인 여우들이 자기 우리를 향해 다가오는 사람을 향해 짧게 위협적인 소리를 내는 일은 간혹 있었다. 그런데 지금 이 소리는 그런 소리하고 달랐다. 아무도 푸신카를 향해 다가오지 않았는데도 푸신카는 누군가를 추적해서 짖어댔고 그 모습이 흡사 경비견 같았다. 류드밀라는 언뜻 생각했다. 개는 인간을 보호하기 위해 짖지만 여우는 그럴리 없을 거라고.

류드밀라는 서둘러 울타리로 다가가 푸신카를 겁먹게 만든 대상이 사실은 평범한 야간 경비원이었음을 확인했다. 그리고 류드밀라가 경비원과 이야기를 나누기 시작하자 푸신카는 아무 문제없다는 걸 확인하고 더 이상 짖지 않았다.

지금까지도 류드밀라는 그 해 7월 저녁, 자신의 여우 친구가 짖는 소리를 들었을 때 북받쳐 오르던 감정을 어떻게 표현하면 좋을지 적당한 말을 찾지 못하고 있다. 류드밀라는 자부심으로 가슴이 벅찼다. 푸신카도 스스로를 무척 자랑스럽게 여기는 것 같았다.

류드밀라는 의문이 생겼다. 개들의 행동과 유사한 행동을 보이는 엘리트 여우들의 경우 인간 혹은 인간 집단과 생활하면 특정한 사람에게 충성심이 일어나게 되는 걸까. 푸신카가 류드밀라를 향한 깊은 친밀함과 그녀를 보호하려는 행동을 보였음은 의심할 여지가 없었다.

류드밀라와 농장의 모든 작업자들은 이제 농장 모퉁이 집을 '푸신카의 집'이라고 부르기 시작했다. 류드밀라는 이 집에서 잠시도 지루할 새 없이 시간을 보냈다. 푸신카의 새끼 여우들은 날이 갈수록 장난이 심해져 류드밀라와 지칠 줄 모르고 놀이를 하기 시작했다. 류드밀라는 이렇게 기록했다. "그들 가운데 한 마리가 내 무릎 위에 올라오면 두 번째가 첫 번째를 밀어내고, 그러고 나면 세 번째가 두 번째를 밀어내는 식이다." 류드밀라가 소파에 앉아 있으면 새끼 여우들은 그녀 옆으로 기어 올라와 그녀의 머리카락에 코를 대고 킁킁 냄새를 맡고 혀로 그녀의 귀를 핥았다. 류드밀라가 그들을 위해 고안한 사냥 놀이도 무척 좋아했다. 류드밀라가 바닥에 옷이나 목욕 가운을 펼치고 그 아래에 손을 넣어 쥐처럼 움직이면 새끼 여우들은 자리에서 벌떡 일어나 열심히 그것을 덮쳤다.

이제 새끼 여우들의 형제간 경쟁도 시작되어, 류드밀라는 두 번째 엄마로서 때때로 모두를 진정시켜야 했다. 류드밀라는 이렇게 기록했다. "[그리고] 내가 여우 우리에 도착했을 때 푸슉은 그곳에서 펜카를 쫓고 있었다. 펜카는 쫓기는 것에 넌더리가 났는지 나에게 자기를 안게 했고, 내가 집안에 데려다 주자 무척 행복해했다."

생후 9개월이 되자 푸신카의 아이들은 더 이상 새끼 여우가 아니었다. 그들이 짝짓기 연령에 가까워지자 류드밀라와 연구팀은 모종의 결정을 내려야 했다. 이제 더 이상 이 작은 실험 하우스에 푸신카와 푸신카의 자식들에 손자들까지 전부 데리고 있을 수가 없었다. 그래서 푸신카나 그 자식들이 매해 낳은 새끼들 가운데 소수만 선별해 이 집에서 생활하고 나머지는 농장의 엘리트 여우들과 함께 생활하도록 했다. 그들은 푸신카에게 경의를 표하기 위해 새로 태어난 여우들 가운데 선별된 여우들에게는 계속 'P'자로 시작하는 이름을 지어주었고, 얼마 안 있어 푸로슈카, 파미르, 파슈카, 피바, 푸샤, 프로호르, 폴리우스, 푸르가, 폴칸, 피온이 포함되었다. 이 여우들은 자라면서 저마다 몇 가지 독특한 특징을 드러냈다. 프로슈카는 특히 코를 킁킁대며 류드밀라의 머리카락 냄새를 맡길 좋아했다. 폴칸은 류드밀라가 가는 곳이면 어디든지 하루 종일 졸졸 따라다녔다. 일지에 기록된 바에 따르면 프로슈카가 '좋아하는 일'은 류드밀라의 신발을 씹는 것이었다.

파미르는 유독 '수다스러워' 혼잣말로 수다 떠는 소리를 냈고, 피라뜨는 다른 여우들보다 독립심을 보였다.

류드밀라는 여우들과 함께 집에 있는 시간이 즐거웠지만, 거의 매일 밤 이 집에서 여우들과 함께 잘 수는 없다고 판단했다. 그래서 저녁에는 가족들과 함께 시간을 보내기 위해 자신의 집으로 향하기 시작했다. 여우들은 류드밀라가 가는 걸 보고 싶지 않아 문 앞까지 그녀를 따라오곤 해서, 류드밀라는 처음엔 여우들을 두고 오는 것에 죄책감을 느꼈다. 하지만 긍정적인 측면도 있었다. 류드밀라가 매일 아침 집으로 다가갈 때면 여우들은 간절한 모습으로 창문 밖을 내다보았고 잔뜩 흥분하며 문 앞에서 류드밀라를 반겼다.

1977년 초, 푸신카의 집이 심하게 파손되어 드미트리는 관련 실험을 계속하기 위해 새 집을 지을 자금을 확보했다. 그와 류드밀라는 이 기회를 이용하여 앞으로의 연구 방법에 중요한 변화를 꾀하기로 결정했다. 농장 실험이 여우들에게 어떤 변화를 일으키는지에 관한 자료들이 워낙 방대해서 전부 분석하려면 상당히 많은 시간이 필요했기 때문에, 류드밀라는 매일 푸신카와 푸신카의 새끼들을 관찰하는 데 들이는 시간을 줄이기로 했다. 그리고 새 집은 여우들을 위한 공간과 류드밀라의 연구 공간으로 분리하고, 류드밀라가 차분하게 일할 수 있도록 류드밀라의 방에는 여우의 출입을 금지할 계획이었다. 그렇지만 매일 적어도 두 시간은 여우들 공간과 마당에서 여우들과 함께 시간을 보낼 터였다.

푸신카와 푸신카의 딸 가운데 두 마리, 그리고 푸신카의 손자 가운데 두 마리가 새 집으로 옮겨 왔는데 그들은 이런 식의 배치가 마음에 들지 않는 것 같았다. 그들은 류드밀라에게 자유롭게 접근할 수 없다는 걸 눈치 챈 것 같았고, 류드밀라도 곁에 여우들이 없어 아쉬워했다. 특히 푸신카는 류드밀라와 매일 오랜 시간 떨어져 있는 걸 무척 힘들어했고, 류드밀라가 여우들을 보러 집에 오면 자꾸만 류드밀라의 방에 몰래 들어가려고 했다. 가끔 류드밀라의 손에서 용케 빠져나와 성공할 때도 있었는데, 류드밀라가 여우 방으로 돌려보내면 크게 소리를 지르며 불쾌함을 표현하곤 했다. 류드밀라는 푸신카가 예전 집에서의 생활을 기억하는 것 같다고 기록했다. "마당에 있을 때 푸신카는 사람들 곁에서 행복하게 생활했던 옛날 집을 바라보곤 했다."

류드밀라는 푸신카가 불만스러워하는 모습을 보기가 괴로워 이따금 규칙을 어기기도 했다. "[오늘] 푸신카는 유독 애처롭고 다정했다." 류드밀라는 일지에 이렇게 기록했다. "푸신카는 내 발에 머리를 얹고 한참 동안 발치에 엎드린 채 슬픔과 애정이 가득 담긴 눈빛으로 나를 올려다보았다." 그날 류드밀라는 푸신카와 한참 동안 시간을 보내며 사람들만 출입할 수 있는 공간을 살펴보게 했다. 친구가 그처럼 울적해하는 모습을 보고 싶은 사람이 누가 있겠는가.

류드밀라와 그녀의 서재에서 연구를 돕는 조교들과 함께 하는 시간이 줄어들어서인지, 여우들은 인간들과 보내는 시간에 더욱 방어적이 되었다. 여우들은 집안의 자기들 구역에 누가 들어오면 그들에게 달려들어 서로 관심을 받기 위해 경쟁했다. 평소에는 자기들끼리 아주 잘 놀았고 대체로 즐겁게 시간을 보냈다. 하지만 류드밀라나 집에서 가장 많은 시간을 보내는 조교 타마라가 쉬려고 앉아 있다가 여우들 가운데 한 마리를 쓰다듬거나 어떤 식으로든 특별히 관심을 주면, 다른 여우가 여기에 합류하려고 끼어들려 했고 그러면 공격적으로 으르렁거리는 소리로 위협을 받곤 쫓겨났다.

집에서 생활하는 여우들은 류드밀라와 '그들이' 자주 접하는 사람들을 보호하려는 태도가 더욱 확고해졌다. 1977년 7월 어느 날, 지금까지 집에 온 적 없는 연구소의 연구자와 학생이 여우들을 보기 위해 처음으로 집에 들렀다. 그런데 그들이 집에 들어서자 푸신카가 몹시 사나운 태도를 보이는 것이었다. 지난번 경비원을 쫓으며 짖어댔을 때를 제외하고 이렇게 공격적인 반응은 처음이었다. 그날 이후로 그런 식으로 짖은 적이 없었다. 지금도 그때처럼 짖지는 않았지만 매우 공격적으로 으르렁거리고 있었는데, 엘리트 여우들에게 흔히 볼 수 없는 행동이었다. 푸신카는 이 집과 관련된 사람과 그렇지 않은 낯선 사람을 분명히 구분하고 있었고, 몇 가지 새로운 행동을 익히고 있는 게 분명해 보였다.

벨랴예프가 1971년 에든버러 학회에서 매료되었던 주제, 선천적 행동 대[對] 학습된 행동의 상대적 중요성에 관한 논쟁은 몇 년이 지난 후에도 잦아들 줄 몰랐다. 푸신카에 대한 류드밀라의 연구 결과는 이 주제에 관해 이쪽이냐 저쪽이냐를 놓고 강경한 태도를 취하는 건 완전히 잘못된 판단이라는 견해에 유력한 증거를 제시했다.

이 주제에 대해 특히 열띤 논란을 일으킨 건 제인 구달의 연구에 대해서였다. 구달은 아프리카 동부 해안에 위치한 탄자니아 곰베의 침팬지 보호구역에서 놀라운 관찰을 한 영장류 학자로서, 1960년에 고생물학자 루이스 리키의 제안으로 처음 침팬지들을 관찰하기 시작했다. 리키와 그의 아내 마리는 탄자니아 올두바이 협곡에서 인류 최초의 조상인 원생인류의 두개골 화석을 발견해 주목을 받았다. 루이스는 영장류의 행동을 관찰하면 초기 인류 조상들의 생활을 밝히는 데 도움이 되리라 생각했다. 침팬지 사회의 성격과 그들의 행동 가운데 얼마나 많은 부분이 인간을 닮았는지에 관한 구달의 보고서는 처음부터 대중의 마음을 사로잡았다. 그러나 몇몇 동물 행동 연구 집단에 속한 일부 사람들은 구달이 관찰한 행동들이 암시하는 바에 관한 구달의 주장 대부분을 완강히 반대했다. 구달은 그녀의 저서 《인간의 그늘에서》에서 긴밀하게 조직된 침팬지 사회의 성격을 매력적으로 묘사했다. "나는 어떤 집단에 이제 막 도착한 암컷 침팬지가 몸집이 큰 수컷 침팬지를 향해 서둘러 다가가 그에게 손을 내미는 모습을 보았다. 수컷 침팬지는 제법 당당하게 손을 뻗어 암컷 침팬지의 손을 움켜쥐고 자신을 향해 잡아당긴 다음 그녀의 손에 입을 맞추었다. 어른 수컷 침팬지 두 마리가 서로 포옹을 하며 인사하는 모습도 보았다." 어린 침팬지들은 "나무 꼭대기 사이를 헤치며 서로를 쫓아다니거나, 이 가지에서부터 저 아래 탄력 있는 가지까지 한 마리씩 차례로 반복해서 뛰어오르는 거친 놀이"[63]를 함으로써 매일 자기들끼리의 동지애를 만끽하는 것 같았다.

구달은 침팬지 집단에 속한 각자가 뚜렷한 개성을 드러냈고, 엄마와 자식의 유대가 가장 강한 동시에 직계 가족뿐 아니라 더 큰 집단과도 끈끈한 사회적 유대감이 형성되어 있다고 주장했다. 침팬지들은 자기 집단에 속한 구성원에게 진심으로 마음을 쓰는 것 같았다. 이들은 서로 음식을 나누었고 필요할 땐 찾아와 서로를 도왔다. 계속해서 침팬지를 관찰하던 구달은 그러나 1970년대 중반, 극단적으로 치닫는 그들의 폭력을 목격하고 경악을 금치 못했다. 우세한 암컷 침팬지들이 집단 내 다른 암컷들의 자식을 죽였고, 수컷들은 집단 살해를 자행했으며, 어느 땐 심지어 자기들이 죽인 집단 구성원을 먹는 것으로 난동이 끝나기도 했다. 이처럼 전략적인 방식으로 자기 동족을 죽이는 모습은 인간만의 유일무이한 특징으로 간주되어 왔었다. 하지만 그렇지 않았고, 그것은 구달에게 실망을 안겨주었다. 오랜 세월이 지난 뒤 구달은 이렇게 썼다. "처음 곰베에서 관찰을 시작했을 때, 나는 침팬지들이 우리보다 근사할 거라고 생각했다. 하지만 시간이 흐를수록 그렇지 않다는 것이 밝혀졌다. 그들은 우리처럼 끔찍할 수 있는 존재다."[64]

구달을 비롯한 많은 학자들은 침팬지들의 행동이 외견상 인간과 유사한 것으로 보아 침팬지들은 영장류학자들이 생각한 것 이상으로 더 고차원적인 사고력과 더 인간과 유사한 감정을 지닐지 모른다고 짐작했다. 그리고 이 짐작은 동물의 마음의 본성에 대해 그리고 일부 동물들의 사고 및 학습이 얼마나 정교할 수 있는지에 대해 새로운 억측을 부채질했다. 연구는 인간이 여전히 우리의 영장류 조상들과 얼마나 많이 닮아있는지에 대해서도 새로운 생각을 일으켰다. 그러나 일부 동물행동학자들은 침팬지의 마음에 관한 구달의 추측이 너무 멀리 갔다고 생각했다. 그들은 구달이 실제로 침팬지에게 없는 인간의 특징들을 투사함으로써 침팬지를 의인화했다고 주장했다. 구달이 그레이비어드, 골리앗, 험프리처럼 침팬지들에게 이름을 지어준 사실은 이 문제를 더욱 악화시켰다. 특히 침팬지가 도구를 제작할 줄 알 정도로 매우 똑똑하다는 구달의 주장에 대해서는 반대가 심했다. 관찰 초기에 구달은 침팬지들이 가느다란 나뭇가지에서 껍질을 벗기고 그것을 흰개미의 흙무덤 안에 집어넣은 다음 다시 꺼내 바글바글한 진수성찬을 후루룩 마시는 모습을 지켜보았다. 이것은 인간 외에 다른 영장류는 불가능하다고 간주되어 온 능력으로, 구달은 이 모습을 침팬지들이 도구를 사용한다는 분명한 증거로 보았다. 하지만 일부 동물 인지 전문가들은 그렇다고 확신하지 못했다. 그들은 이 행동을 인간 식의 문제해결 내지 추론방식 같은 걸 보여주는 증거로 간주할 수 없 다고 주장했다.

류드밀라가 여우들을 관찰하면서 알게 된 내용은 도구를 사용하느 냐 아니냐 하는 문제에 비하면 아무 것도 아니었지만, 드미트리와 류 드밀라는 이 내용이 가축화 과정을 이해하는 데 중요하다고 생각했 다. 그들은 동물의 인지나 동물의 감정에 대한 전문가가 아니었다. 또 한 여우가 꼬리를 흔들거나, 낑낑 거리거나, 손을 핥거나, 몸을 굴려 바닥에 등을 대고 누울 때, 인간의 행복이나 애정과 유사한 어떤 감정 을 느끼는지 분석할 수 있는 지식도 여우의 인지 능력을 연구하기 위 한 지식도 갖추지 않았다. 그들은 동물의 감정에 대해 명확한 통찰력 을 얻는다는 건 불가능할 거라고 믿었는데, 오늘날 많은 전문가들도 동물의 감정에 관해 여전히 그렇게 주장한다.

하지만 그들은 류드밀라와의 동거 생활이 푸신카와 그 가족들의 가축화된 행동을 강화했음을 의심하지 않았다. 이 여우들 모두가 개 와 상당히 비슷해졌다. 류드밀라는 푸신카에게 추론 능력의 가장 기 초적인 형태라고 여겨지는 몇 가지 흔적들을 관찰한 것 같았다.

그 가운데 특히 기억에 남는 예가 있는데 푸신카가 까마귀에게 약 은꾀를 부린 경우가 그랬다. 류드밀라도 이 꾀에 속아 넘어갔다. 어느 날 류드밀라는 농장에서 여우들과 시간을 보낸 뒤 집으로 돌아가는 길에 푸신카가 집 뒷마당 풀밭에 꼼짝 않고 누워있는 모습을 보았다. 푸신카는 숨을 쉬지 않는 것 같았다. 덜컥 겁이 난 류드밀라는 황급히 푸신카에게 달려갔지만 푸신카는 여전히 조금도 움직임이 없었고, 류드밀라가 바싹 다가갔는데도 숨 쉬는 기미조차 보이지 않았다. 류드밀라는 수의사에게 연락하기 위해 급히 몸을 돌렸다. 그런데 막 몸을 돌리려는 순간, 까마귀 한 마리가 푸신카 근처로 날아 내려오고 있다는 걸 알아차렸다. 푸신카는 곧바로 활기를 되찾더니 까마귀를 와락 붙잡는 것이었다. 류드밀라는 속으로 생각했다. 푸신카에게 어떤 종류의 단순한 이성적 사고 능력이 없다면 이처럼 영리한 계획을 어떻게 설명할 수 있을까? 푸신카의 연기는 까마귀가 자기를 죽었다고 생각하리라는 걸 알고 있으며, 어떤 까마귀는 먹이로 죽은 동물을 좋아한다는 것을 기본적으로 이해하고 있다는 걸 뜻했다. 그렇다면 푸신카는 아주 훌륭하게 덫을 놓은 것이었다.

여우들이 일종의 추론을 한다고 생각할 만한 가장 놀라운 예는 아마도 마리나와 관련된 일이 아닐까 싶다. 새 실험용 집 연구를 돕기 위해 파견되어 온 조교 마리나(류드밀라의 딸 마리나와 동명이인이다.)는 매일 집안 소파에 앉아 담배를 피웠다. 집에는 재클린이라는 별명을 가진 여우가 있었는데 유독 마리나를 잘 따랐고 둘이 서로 감정이 잘 통했다. 그날도 마리나는 담배를 피우기 위해 소파에 앉았는데, 탁자 위에 늘 있던 재떨이가 보이지 않았다. 마리나는 다른 사람들에게 재떨이가 어디에 있는지 아느냐고 물었고 모두들 재떨이를 찾기 시작했다. 그때 문득 방안 벽장 뒤편에서 무슨 소리가 들리더니 재클린이 나타나 잃어버린 재떨이를 앞으로 미는 것이었다.

어쩌면 순전히 우연의 일치였을지 모르지만, 재클린은 그야말로 우연히 재떨이를 발견했고 그것을 장난감처럼 가지고 놀고 있었다. 하지만 마리나가 무엇을 찾고 있는지 분명히 이해한 것 같았다. 어쩌면 마리나가 담배 피우는 모습을 수없이 목격했기 때문에 담배와 재떨이를 연관 지었는지도 모른다. 류드밀라는 재클린의 생각을 들여다볼 방법이 없으므로 이 예감을 밀고 나갈 수는 없었다. 몇 년 뒤 동물 인지를 전공한 연구자가 여우에 대해 연구하기 위해 아카뎀고로도크에 찾아왔다. 그는 여우들이 사람을 관찰함으로써 추론을 끌어내는 능력이 얼마나 뛰어난지 입증하는 아주 흥미로운 실험을 할 예정이었다.

류드밀라와 드미트리는 선천적인 특성과 학습된 특성이 길들인 여우들에게 다른 방식들로도 영향을 미치는지 더 깊이 조사할 준비를 마쳤다. 그들은 계속해서 최신 연구 기법을 사용했으며, 류드밀라가 푸신카의 집에서 지내는 동안 엘리트 여우들에게 관찰되는 행동들이 얼마만큼 유전자에 기반을 둔 것인지를 더욱 깊이 연구할 수 있는지 알아보기로 했다.

그들은 여우들을 위해 일정한 조건을 유지하려 애썼지만, 거의 감지할 수 없는 미묘한 차이가 실험에 영향을 미칠 수 있었다. 예를 들어, 가장 온순한 어미 여우들과 공격적인 어미 여우들이 새끼를 대하는 방식이 서로 다르다면 어떻게 될까? 혹시 새끼들은 어미가 그들을 대한 방식을 통해 인간을 순종적이거나 공격적으로 대하도록 어느 정도 **학습되지** 않았을까?

온순한 여우와 공격적인 여우 **사이에서** 드러나는 행동의 차이가 유전적 차이 때문임을 확실하게 입증할 방법이 한 가지 있었다. 드미트리와 류드밀라는 흔히들 '교차 양육'이라고 하는 방법을 시도해야 했다. 그러려면 온순한 어미 여우에서 발달 중인 배아를 추출해 공격적인 암컷 여우의 자궁에 이식해야 한다. 그런 다음 공격적인 대리모에게 출산 후 새끼를 기르게 한다. 공격적인 대리모 밑에서 성장하는 데도 새끼들이 온순한 모습을 보인다면, 이 온순함이 기본적으로 학습이 아닌 유전에 의한 것임을 확인하게 될 것이다. 또한 완벽을 기하는 차원에서, 동일한 결과를 얻을지 확인하기 위해 공격적인 어미의 새끼들을 온순한 어미들에게 이식하는 동일한 실험도 실시할 것이다.

이론상 교차 양육은 간단했다. 연구자들은 본성 대 양육의 역할을 조사하기 위해 수년 동안 이 방법을 이용해왔다. 그러나 실제로 적용하기는 이론처럼 쉽지 않았다. 배아의 추출 과정은 기술적으로 어려웠고 종마다 성과의 차이도 컸다. 더구나 여우의 배아 이식을 시도한 사람은 아무도 없었다. 류드밀라와 드미트리가 해온 많은 일들을 시도한 사람 또한 아무도 없어, 류드밀라는 이 정교한 절차를 혼자 힘으로 배우기로 결심했다. 류드밀라는 다른 종들에게 행했던 이식 실험에 관해 가능한 모든 자료를 읽었고, 직원으로 고용된 수의사들과 상의했다. 생명이 달린 일이었으므로 서두르지 않고 최대한 모든 내용을 배웠다.

먼저 대략 8일 된 작고 연약한 배아를 암컷 여우의 자궁에서 추출해 다른 임신한 암컷 여우의 자궁에 이식할 예정이었다. 온순한 어미에서 추출한 배아는 공격적인 어미의 자궁에, 공격적인 어미에서 추출한 배아는 온순한 어미의 자궁에 이식될 것이다. 그리고 7주 뒤에 새끼들이 태어나면 온순한 어미의 새끼들이 공격적이 되었는지, 공격적인 어미의 새끼들이 온순해졌는지 확인하기 위해 새끼들의 행동을 자세히 관찰할 것이다. 하지만 한배에서 난 새끼들 가운데 어느 것이 어미의 유전적 자식이고 어느 것이 이식된 자식인지 어떻게 알 수 있을까? 이 정보 없이는 실험은 아무런 소용이 없었다. 류드밀라는 여우들이 자기만의 독특한 색깔 구분 시스템을 지니고 있다는 걸 알았다. 가죽 색깔은 유전적 특성이므로 수컷과 암컷을 신중하게 선별해서 자식의 가죽 색깔을 예측할 수 있다면, 그리고 공격적인 어미의 새끼들이 온순한 어미의 새끼들과 색깔이 다르다면, 누가 암컷의 유전적 자식이고 누가 이식된 자식인지 구분할 수 있을 것이었다.

류드밀라는 믿음직한 조교 타마라를 옆에 두고 이식 수술을 실시했다. 수술에는 임신 1주일 정도 된 온순한 암컷 여우와 공격적인 암컷 여우, 이렇게 두 마리의 암컷 여우가 필요했다. 먼저 여우를 가볍게 마취시키고 암컷의 복부를 작게 절개한 다음 자궁의 위치를 확인했다. 자궁 왼쪽과 오른쪽의 '뿔'에 각각 배아가 착상되어 있었다. 이제 한쪽 자궁뿔에서 배아를 추출하고 다른 쪽 자궁뿔에 있는 배아는 그대로 두었다. 두 번째 암컷에게도 같은 절차를 반복했다. 그런 다음 피펫 끝에 들어 있는 소량의 영양 수액 안에 한 어미에게서 추출한 배아를 넣어 다른 어미에게 이식했다. 류드밀라는 수술이 성공적으로 이루어진 것에 자부심을 느끼며 당시 상황을 이야기한다. "[실내 온도는 섭씨 17도에서 20도였고,] 배아는 자궁 밖에 5~6분 이상 두지 않았습니다." 암컷 여우들은 이제 수술을 마치고 다른 방으로 옮겨 회복할 시간을 가졌다.

연구실 사람들 모두 걱정스럽게 결과를 기다렸다. 수술이 아무리 잘 끝나도 이식된 배아가 생존하지 못할 수도 있었다. 기다린 보람이 있었다. 여우들이 새로운 발달 단계를 맞을 때마다 대개 그랬던 것처럼, 첫배 출산을 가장 먼저 발견한 사람은 작업자들이었다. 그들은 즉시 연구소에 소식을 전했다. 류드밀라는 이렇게 기록했다. "마치 기적 같았다. 모든 직원들이 와인을 들고 여우 우리 주변에 모여 파티를 즐졌다."

　류드밀라와 타마라는 새끼들이 보금자리를 떠나 인간과 상호작용을 시작하자마자 곧바로 그들의 행동을 기록하기 시작했다. 어느 날 류드밀라는 공격적인 암컷 여우가 자신의 유전적 자식과 위탁된 자식 주변을 누비고 다니는 모습을 지켜보았다. 류드밀라는 이렇게 말한다. "공격적인 어미 여우가 온순한 자식과 공격적인 자식을 둘 다 기르다니 … 정말 흥미로웠습니다. 위탁된 온순한 자식들은 겨우 걸음을 떼는 정도인데도 사람이 와 있으면 벌써 우리 문 앞까지 냉큼 달려와 꼬리를 흔들었지요." 마음을 빼앗긴 건 류드밀라만이 아니었다. 어미 여우들도 다른 이유로 마음을 빼앗겼다. 류드밀라는 다음과 같이 이야기한다. "공격적인 어미 여우들은 온순한 새끼들이 그런 못마땅한 행동을 하면 야단을 쳤습니다. 새끼들을 향해 으르렁거렸고 목을 붙잡고 집안으로 내동댕이쳤지요." 공격적인 어미 여우의 유전적 자식들은 사람에게 호기심을 보이지 않았다. 어미 여우처럼 그들도 사람을 싫어했다. "반면에 공격적인 새끼 여우들은 자신의 품위를 유지했습니다." 류드밀라가 말한다. "그들은 어미 여우와 마찬가지로 공격적으로 으르렁거리면서 자기 집으로 달려갔습니다." 이런 패턴은 계속해서 반복되었다. 새끼들은 자신의 대리모가 아닌 유전적 친모처럼 행동했다. 더 이상 의심의 여지가 없었다. 인간을 향한 기본적인 온순함과 공격성은 어느 정도 유전적 특성이었다.

　푸신카와의 동거 실험은 길들인 여우들이 행동의 일부를 학습한다는 사실도 보여주었다. 여우들은 인간과 함께 생활하면서 추가적인 행동 방식을 익히게 되었는데, 그 가운데 일부는 가축화된 개 사촌들도 공유하는 것이었다. 유전자가 중요한 역할을 한 건 분명한 사실이었지만 길들인 여우들은 단순히 유전자만으로 움직이는 자동인형이 아니었다. 이들은 사람들과 함께 생활하는 과정을 통해, 사람을 개별적으로 알아보는 법을 배웠고, 특히 사람들과 강한 유대감을 형성했으며, 심지어 사람을 지켜주기도 했다. 이런 학습된 행동은 개하고 상당히 닮았으며, 그 사실은 개로 탈바꿈 중이던 늑대들 역시 인간들과 함께 생활함으로써 이런 행동을 학습했을 수 있다는 흥미로운 가정을 암시했다. 드미트리와 류드밀라는 유전적 계통과 생활환경이 **결합되어** 동물의 행동을 유발한다는 최고의 증거를, 그것도 대단히 혁신적인 방법으로 제공했다.

드미트리가 류드밀라에게 여우의 가축화 계획을 처음 설명했을 때, 류드밀라는 앙투안 드 생텍쥐페리의 명작 《어린 왕자》에 등장하는 여우의 감동적인 말을 떠올렸다. 여우는 왕자에게 말한다. "넌 네가 길들인 것을 영원히 책임져야 해." 류드밀라는 드미트리와 자신의 조교들이 그랬고 연구실의 모든 직원들 또한 어느 정도 그랬던 것처럼 그러한 책임감을 깊이 느끼고 있었다. 그들이 농장과 그곳의 소중한 거주자들을 지키기 위해 야간 경비원을 고용한 것도 부분적으로 그런 이유에서였다. 이 책임감과 함께 사랑도 다가왔다. 푸신카와 푸신카의 자식들과 집에서 함께 생활하면서 류드밀라와 조교들은 개와 고양이의 주인들이 자기네 애완동물을 사랑하는 것과 조금도 다를 바 없이 그 친구들을 진심으로 사랑하게 됐다. 그 사실을 부인해봐야 소용없다는 걸 류드밀라는 마음 깊이 알고 있었다. 그들이 느끼는 깊은 사랑은 인간과 동물 사이의 유대가 그토록 강해질 수 있음을 보여주는 데에도 중요했다.

불가피하게도 사랑이 깊을수록 그만큼 슬픔과 상실감도 크다.

1977년 10월 28일 아침, 류드밀라와 타마라가 실험용 집에 다다랐을 때, 평소 창문 밖을 내다보던 여우들이 보이지 않았다. 현관문 가까이 도착했지만 흥분하며 시끄럽게 짖어대던 소리도 들리지 않았다. 아무래도 이상했다. 여우들은 **언제나** 그들을 맞이했다. 두 사람은 걱정스런 마음으로 문을 열었다. 그들을 향해 반갑다고 달려들었을 여우들이 한 마리도 보이지 않았다. 안으로 들어갔다. 집안이 텅 비어 있었다. 다음 순간, 바닥이며 벽이며 온 방안에 낭자한 핏자국이 눈에 들어왔다. 그들은 갱들이 모피를 얻기 위해 한밤중에 집에 침입해 여우들을 살해했다는 사실을 알고 몸서리쳤다.

류드밀라와 타마라는 충격을 받았다. 잠시 멍하니 침묵이 흐른 뒤 두 사람은 울음을 터뜨렸다. 그때 문득 어디선가 낑낑대는 소리가 들렸다. 너무나 기쁘게도 푸신카의 손자들 가운데 가장 소심한 어린 프로슈카가 얼른 방안으로 뛰어 들어오고 있었다. 류드밀라는 당시 일을 이렇게 기억한다. "프로슈카는 어딘가에 숨어 있다가 우리 목소리를 듣고 나왔어요. 그러고는 잠시도 우리 곁을 떠나지 않았습니다." 여우들 가운데 가장 조용한 외톨이가 영리하게도 그리고 운 좋게도 살아남은 것이다.

프로슈카가 평소 모습을 회복해 실험용 집에서 계속 행복하게 생활하도록 하려면 각별한 관심이 필요했다. 그래서 여우 몇 마리를 더 집에 들였고 오래지 않아 새끼들을 낳았다. 그 가운데 한 마리에게는 푸신카 2세라는 이름을 지어주었다. 이후 몇 년 동안 여우들은 더 이상 사고 없이 줄곧 집에서 생활했다. 그렇지만 류드밀라는 그곳에서 보내는 시간을 점점 줄여갔다. 그 시간이 너무나 고통스러웠다.

갱들이 어떻게 살해를 저지를 수 있었는지는 아직까지도 수수께끼로 남아 있다. 집은 높은 담으로 둘러싸여 있고 늘 잠겨 있는 문들은 함부로 조작할 수 없게 되어 있었다. 여우 농장을 순찰한 두 명의 야간 경비원은 특이한 사항이 전혀 없었다고 보고했다. 경찰이 찾아왔다. 그들은 수사 내용에 대해 함구했지만 — 당시는 1977년 구 소련 시대였다 — 류드밀라와 드미트리와 이야기를 나누었고 직원들을 심문했다. 아무도 직원들이 관여되었다고 생각하지 않았지만, 그들이 무언가를 보았거나 소리를 들었을지 몰랐다. 하지만 직원들은 아무것도 보지도 듣지도 못했다. 살인자들은 모두가 잠든 깊은 밤에 순식간에 왔다간 게 틀림없었다.

류드밀라는 당시 상황을 이렇게 이야기한다. "거의 40년이 지났지만 지금도 섬뜩합니다. 이 비극의 한 가지 원인은 우리 여우들이 사람을 믿었고, 그들을 사랑하고 귀여워하는 사람들뿐 아니라 총으로 쏠 수 있는 사람도 있다는 걸 몰랐기 때문입니다."

류드밀라는 동거 실험을 계속할 수 있도록 기꺼이 더욱 많은 책임을 맡고 있는 사람들이 고마웠다. 집에서 보내는 시간이 무척 고통스러워진 류드밀라는 이제 그녀의 특별한 여우들과 함께, 결과를 더욱 확실하게 만들어줄 일련의 새로운 연구를 착수하기 시작했다.

06 정교한 상호작용

교차 양육에 관한 유전학 실험은 류드밀라와 푸신카 사이의 깊은 유대가 빠르게 발전하면서 이루어졌다. 이는 인간과 개 사이의 관계가 급속도로 가속화된 현상과 유사한 측면이 있었다. 성년기에 주로 홀로 생활하려는 본능적 성향을 지닌 동물이 그처럼 강한 애착을, 그것도 종이 전혀 다른 동물과 형성할 정도로, 온순함을 위한 인위선택이 동물 행동에 엄청난 변화를 가져왔다는 사실은 주목할 만하다. 늑대의 경우 이 변화가 얼마나 빨리 전개되었는지 알 수는 없다. 하지만 유전학적 증거와 고고학적 증거들은 우리가 다른 동물들과 발전시킨 유대감보다 훨씬 깊은 유대감이 우리와 늑대 사이에서, 아니 적어도 수천 년, 수만 년 전 늑대를 닮은 원형의 개와의 관계에서 형성되었음을 보여준다. 개와 인간이 그토록 오랜 세월 동안 아주 깊은 관계를 맺어왔기 때문에 우리 두 종이 공동진화했다고 주장하는 전문가들도 있다. 다시 말해 우리가 함께 생활하기 위해 유전적으로 적응이 이루어졌다는 것이다. 개들과 함께 하는 생활이 우리의 DNA에 각인되고 인간과 함께 하는 생활이 개들의 DNA에 각인된 것 같다.

인간과 개의 유대가 언제부터 얼마나 빠른 속도로 발전했는지 알 수 있는 유력한 증거는 전 세계 도처에서 무수히 발견되고 있는 고대의 개 매장지다. 선사시대 조상들 중 많은 이들이 마치 자기 가족을 매장하듯 개를 무덤에 매장했고, 때로는 개 주인과 같은 무덤에 매장하기도 했다. 실제로 그들이 이런 식으로 개를 매장하기 시작한 건 약 1만 4천 년에서 1만 5천 년 전부터, 다시 말해 일반적으로 개들이 처음으로 완전히 가축화되었다고 간주되는 시기부터다.

지금까지 발견된 가장 초기의 개 매장지는 1만 4,100년에서 1만 4,600년 사이의 것으로 오베르카셀이라는 독일의 한 마을에 있다. 무덤에는 암컷 개의 유해 일부가 주인으로 짐작되는 50세 남자와 20세 여자의 유골과 함께 묻혀 있었다. 개와 주인과의 관계가 친밀했음을 보다 분명하게 짐작케 하는 매장지는 1만 2천 년 전으로 거슬러 올라가며 조던 밸리에 위치한다. 커다란 석판이 세워진 무덤 하나가 어느 집 입구에서 발견되었는데, 매장 의식에 따라 사람의 유골이 잠자는 자세로 오른쪽으로 웅그리고 누워 있고 쭉 뻗은 왼쪽 팔은 마치 포옹하는 것처럼 강아지 유골 위에 올려져 있었다. 그런가하면 시베리아 바이칼 호숫가의 한 터에서는 7천 년에서 8천 년 전의 것으로 추정되는 수많은 개 무덤이 발견되어, 한 마을의 생활에서 개가 얼마나 중요한 존재인지 보여주었다. 개의 곁에 귀중품을 두기도 하고, 대부분의 개들 옆에 사슴뿔로 조각한 숟가락과 칼이 놓여 있었으며, 어떤 개는 그 지역 사람들이 착용하던 사슴 이빨 목걸이가 목에 둘러져 있는 등,

이 마을의 개들이 얼마나 정성껏 매장되었는지 한눈에 알 수 있었다. 어떤 무덤에서는 남자가 양쪽에 개 한 마리씩을 눕힌 상태로 묻혀 있었다.

이 무덤들은 이러한 초기 사회에 개들이 짐을 나르는 짐승이나 경비견, 사냥 파트너와 같이 매우 유용한 존재였음이 분명한 한편, 개와 인간의 관계가 순수하게 실용적인 용도를 넘어서서 크게 발전했음을 보여준다. 또한 많은 전문가들은 이러한 매장지들은 개들이 사후에도 인간과 똑같이 정중하게 대우받아야 할 영적 존재로 간주되었음을 나타낸다고 생각한다.[65] 이를 뒷받침하는 좋은 증거는 바이칼 호수의 매장지에서 확인할 수 있다. 이곳에 묻힌 개들 곁에 귀중품이 놓여 있다는 사실만으로도 증거가 될 수 있지만, 이 지역에서 생활했던 사람들은 생존을 위해 주로 호수의 물고기와 바다표범에 의지하는 수렵인이었던 만큼 사냥을 위해 딱히 개의 도움이 필요하지 않았으리라는 사실로도 중요성을 짐작할 수 있다.

우리 조상들은 왜 그토록 개를 좋아했을까, 그리고 왜 그토록 존중했을까? 한 가지 이유는 개들이 수천 년 동안 길들여진 유일한 야생 동물이라는 데 있을지 모른다. 아마도 그 자체로 개들이 어딘가 특별한 데가 있다고 믿을 이유가 되었을 것이다. 보수적인 사람들은 개가 1만 4천 년에서 1만 5천 년 전에 가축화되어, 양과 고양이가 대략 1만 500년 전쯤 가축으로 전환될 때까지 약 5천 년 동안 길들여졌고, 이후 비교적 빠르게 가축화에 성공한 염소가 약 1만 년 전에, 그리고 돼지와 소가 약 9천 년 전에 가축이 되었다고 추정한다.[66]

최근의 수많은 고고학적 발견들은 개와 인간이 함께 생활한 기간이 과거에 평가된 기간 보다 수천 년 이상 오래 되었음을 시사한다.

최근에 발견한 몇 가지 흥미로운 유전학 연구 결과에 따르면, 개와 인간은 오랜 동거 기간을 거치면서 점차 서로의 행복을 도와주는 관계가 되어왔다. 고고학적 발견, 하면 가장 먼저 떠오르는 것은 아마도 프랑스 쇼베 동굴 바닥의 발자국 화석일 것이다. 약 2만 6천 년 전에 사자, 검은 표범, 곰 등의 사나운 포식자들이 그려진 정교한 벽화로 유명한 이 동굴에는 바닥에 열 살로 추정되는 한 소년이 지나간 발자국이 찍혔는데, 그 옆으로 줄곧 커다란 갯과 동물의 발자국이 따라다녔다. 발자국 모양으로 보아 이 동물은 늑대보다 개에 더 가까웠다.[67] 소년과 그 옆을 총총 걸음으로 충실하게 따라가는 원시 형태의 개라니, 상상만으로도 황홀하다. 게다가 동굴 벽을 따라 늘어선 무시무시한 포식자들 그림을 보고 있노라면 왜 늑대-개와의 동행이 환영받았을지 짐작하고도 남겠다. 벨기에의 또 다른 동굴에서 약 3만 1,700년 전으로 추정되는 개와 유사한 두개골이 발견되었으며, 이는 개 혹은 개와 유사한 개의 조상들이 일찍부터 우리 인간의 삶과 함께 했음을 시사한다.[68]

우리 인간이 수십억 년을 살아오면서 수렵채집인에서 농부로, 도시인으로 발전하며 환경과 생활방식에서 무수한 변화를 거치는 동안 개들도 그 여정을 우리와 함께 했고, 그리하여 인간과 개의 게놈은 서로에게 그리고 환경에 복잡하고 유사한 방식으로 적응해왔다. 예를 들어, 인간 게놈 내 유전적 적응에 의해 우리 조상들은 스스로 기른 밀, 보리, 쌀 같은 탄수화물이 많이 함유된 음식을 먹기 시작했는데, 개 게놈에도 유사한 유전적 적응이 나타나 개들도 이런 음식을 먹을 수 있게 되었다. 아마도 처음엔 우리 조상들의 논밭이나 비축 식량에서 먹을 만한 걸 뒤지다가 나중엔 아예 음식으로 먹기 시작했을 것이다. 반면에 고기를 주로 섭취하는 늑대들은 이런 곡류를 식량으로 삼는 복잡한 유전적 절차를 갖지 않는다.[69]

개와 인간이 서로의 생활에 적응했다는 명백한 사실은 서로에게 많은 긍정적 영향을 미치는 것으로도 증명된다. 개와 함께 생활하면 혈압이 낮아지고, 심장병 발병률이 줄어들며, 병원에 가는 횟수도 적어진다. 전반적인 사교성이 증가하는 한편, 우울증을 극복하는 데에도 도움이 되는 등, 우리에게 신체적 정신적으로 많은 유익한 영향을 미친다는 사실이 여러 연구에 의해 밝혀지고 있다. 신경전달물질 옥시토신에 관한 최근 연구는 개와 개 주인 모두가 이미 알고 있는 사실을 ― 우리와 우리 개는 함께 있는 걸 정말 좋아한다는 걸 ― 확인시켜준다. 긍정적 피드백이 반복되면서 양쪽 모두 이 사실을 알게 되고, 이런 식으로 상호간에 좋은 기분이 점점 강화된다.

옥시토신이 인간의 어머니와 자식 간 유대에(인간 외 동물의 모자간 유대에도) 필수 요소라는 연구 결과는 이미 40여 년 전에 나왔다.[70] 보다 최근의 연구는 인간의 어머니와 갓 태어난 아기가 서로를 응시할 때 어머니의 옥시토신 수치가 올라가고 아기의 옥시토신 시스템이 본격적으로 작동을 시작한다는 사실을 발견했다. 이로 인해 아기는 엄마를 더 자주 바라보게 되고 그러면 엄마의 옥시토신 수치가 다시 증가한다.[71] 2014년에 이 연구 결과가 발표되었을 때 우리는 이미 개와 주인의 상호작용에서 옥시토신이 중요한 역할을 한다는 사실을 알고 있었다. 우리가 개를 쓰다듬을 때 우리와 개들 모두 옥시토신 수치가 증가한다[72]. 지금은 더 많은 사실들이 밝혀지고 있다. 2015년의 한 연구 결과, 인간의 상호 응시의 결과로서 모자간 옥시토신 수치가 선순환되는데, 이 현상이 개와 주인 사이에도 똑같이 적용된다는 사실이 밝혀졌다. 이 연구에 따르면 개와 주인이 단지 서로를 바라보기만 해도 양쪽 모두 옥시토신 수치가 증가한다. 이로 인해 주인은 개를 더 자주 쓰다듬게 되고, 개를 쓰다듬으면서 옥시토신 수치가 더 증가하는 식의 화학적 애착이 일어나는 것이다. 한 술 더 떠서 개의 코에 옥시토신을 뿌려도 개에게 이 같은 애착이 일어나 주인을 더 오래 응시하게 된다. 그러나 실험에서 개를 늑대로 대체하는 경우 이런 현상이 일어나지 않는데, 아마 이 결과를 확인하기 위해 연구자들 쪽에서 굳은 용기가 필요했을 것이다.[73]

이처럼 개와 인간이 서로에게 생물학적으로 영향을 미치는 이유는 우리 몸에서 호르몬과 신경화학물질 분비를 통제하는 유전자들이 변하기 때문이다. 이 사실은 온순함을 위한 인위선택이 신체 기능을 조절하는 화학물질 분비에 무수한 변화를 촉발하리라는 드미트리 벨랴예프의 이론을 더욱 강력하게 지지한다. 드미트리가 처음 이 이론을 정립했을 땐 옥시토신 같은 신경화학물질에 대한 이해가 충분하지 않았기 때문에, 초기 이론에서는 호르몬 분비의 변화가 강조되었다. 1970년대 연구에서 신경화학물질이 동물의 행동 조절에 매우 강력한 역할을 한다는 사실이 밝혀지기 시작했고, 특히 동물의 행복이나 우울감에 영향을 미친다는 사실이 명확해지면서, 드미트리는 불안정 선택에 의해 유발된 변화에도 이 물질이 필수적이었을지 모른다고 인식했다. 최근에는 우리 뇌와 몸 전체를 흐르는 이런 화학물질의 수치 변화에 동물이 얼마나 민감하게 반응하는지 급속하게 밝혀져, 온순한 여우들의 행동이 왜 그렇게 단 시간에 달라졌는지, 류드밀라와 푸신카가 왜 그토록 강한 유대를 발전시켰는지 설명하는 데 도움이 되었다.

여우 실험을 시행한 지 첫 십 년 동안은 온순한 여우들의 생리가 얼마나 변화되고 있는지 자세히 조사할 수 없었다. 이후 온순한 여우들의 스트레스 호르몬 수치가 현저히 낮다는 발견들이 확실한 출발이 되어주었다. 그러나 이러한 화학물질의 수치를 밝히기까지 수많은 작업들의 측정과 조작이 이루어져야 했다. 이후 1970년대에 이 분야에 큰 진전이 이루어지면서 류드밀라와 드미트리는 더 많은 중요한 사실들을 발견할 수 있었다.

최근에 발견한 중요한 연구 결과 가운데 하나는 신경화학물질 세로토닌serotonin에 관한 것이었다. 1930년대에 발견된 세로토닌은 처음엔 근육을 탄탄하게 하는 데 도움이 되는 근육수축 물질로 알려져 이름도 'toning serum(근육을 탄탄하게 하는 혈청)'의 단축형인 세로토닌이라고 지어졌다.[74] 그러다가 1970년대 초, 뇌의 세로토닌 수치가 높을수록 기분이 좋아지고 불안이 줄어든다는 사실이 밝혀졌고, 류드밀라와 푸신카가 집으로 이사한 해인 1974년에는 세로토닌을 기반으로 한 최초의 항우울제, 프로작이 혜성처럼 등장했다. 세로토닌의 효과에 관한 새로운 이해 덕분에, 벨랴예프는 길들인 여우들이 매우 행복해 보이는 이유는 부분적으로 더 높은 수치의 신경화학물질을 분비하기 때문일지 모른다고 생각했다. 류드밀라는 길들인 여우와 대조군 여우의 혈액 내 세로토닌 수치를 테스트한 결과, 말할 것도 없이 길들인 여우의 세로토닌 수치가 현저히 높다는 사실을 발견했다. 길들인 여우들은 더 행복하게 보인 것만이 아니라 실제로 더 행복했으며, 적어도 호르몬이 그걸 말해주었다. 늑대와 비교하여 개의 경우도 마찬가지인데, 개의 세로토닌 수치가 늑대보다 훨씬 높다.[75]

류드밀라와 드미트리가 여우들에게서 살펴보게 될 또 하나의 유력한 후보는 호르몬 멜라토닌이었다. 멜라토닌은 많은 종들의 교배 시기와 생식 시기를 조정하는 것으로 알려졌다. 그들은 엘리트 여우들이 더 일찍 발정기에 접어들고, 간혹 1년에 여러 차례 발정기에 들어서는 것은 분명히 멜라토닌과 관련이 있다고 추측했다. 야생에서는 대부분의 동물들이 낮이 길어지기 시작할 때 짝짓기를 시작하는데, 노출된 빛의 양에 따라 멜라토닌 생성이 달라지기 때문에 멜라토닌은 동물의 짝짓기 시기와 관련이 있는 것으로 여겨졌다. 멜라토닌 수치는 아침저녁으로 그리고 계절별로 오르내린다. 낮에는 수치가 내려갔다가 밤이 되면 올라간다. 겨울에서 봄으로 바뀌어 낮이 다시 길어지기 시작하면 동물의 신체 내 멜라토닌 수치가 변하는데, 이는 많은 종들이 짝짓기를 하기 위한 하나의 도화선으로 여겨졌다.

이러한 멜라토닌 생성의 변화를 다스리는 통제 메커니즘은 작은 송과선이다. 송과선은 뇌 안쪽 깊숙한 곳에 숨어 있는 빛 수용체이기 때문에 '제3의 눈'이라고 불렸으며, 뇌의 정 가운데 가까이에 위치하기 때문에 생명기능을 유지하는 데 필수적이라고 여겨졌다. 17세기에 르네 데카르트는 심지어 이곳이 생각이 일어나는 '영혼의 자리'일 거라고 추측하기도 했다.[76] 그러나 빛을 감지하는 것 외에 송과선의 정확한 역할은 수수께끼로 남아 있었다. 마침내 과학자들은 송과선이 다른 여러 가지 호르몬 외에 멜라토닌도 생성한다는 사실을 발견했다. 또한 연구자들은 멜라토닌의 수치 변화는 짝짓기와 생식 과정에 반드시 필요한 성 호르몬 생성 및 본격적인 생성 유도와 관련이 있음을 발견했다.

드미트리와 류드밀라는 여우들이 노출되는 빛의 양의 변화가 짝짓기 준비 시기에 영향을 미치는지 조사하기로 했다. 류드밀라와 조교들은 가을 몇 개월 동안 엘리트 여우 집단과 대조군 여우 집단 모두 하루에 빛에 노출되는 시간을 연중 이 시기에 빛에 노출되는 평균 시간보다 2.5배 늘렸다. 처음엔 멜라토닌 수치를 측정하는 장비가 없었다. 이 측정은 아주 최근에야 계발되었고 절차가 매우 까다로워 정교한 전문 기술이 요구되었다. 그러나 류드밀라에게는 성 호르몬 수치를 측정하는 한결 덜 복잡한 기술이 있었다. 류드밀라와 그녀의 팀은 분석 결과 엘리트 여우와 대조군 여우 모두 빛에 노출되는 시간이 길어질수록 성 호르몬 수치가 현저하게 증가했지만 영향력은 엘리트 여우들에게 **훨씬** 두드러졌음을 발견했다. 더욱이 이 현상은 암컷과 수컷 모두에 해당했는데, 지금까지 류드밀라가 보아온 수컷의 성적 활동에 처음으로 나타난 의미심장한 변화였다. 실제로 일부 길들인 여우들의 수치가 매우 높아서 류드밀라가 이 여우들을 조사했을 때 이 가운데 일부는 이미 짝짓기 할 준비가 되어 있었으며, 이번엔 암컷뿐 아니라 일부 수컷도 마찬가지임을 발견했다. 이제 류드밀라는 엘리트 여우들이 1년에 여러 차례 임신이 가능한지 시험할 수 있었다. 이는 다른 종들에서 가축화로 야기된 근본적인 변화 가운데 하나로, 여우 연구에서 처음 행해지는 새롭고 중요한 시험이었다. 류드밀라는 짝짓기를 위해 신중하게 짝을 선별했지만 암컷 가운데 한 마리도 임신이 되지 않았다. 성 호르몬 증가 외에 생식 과정 조절에 더 많은 것이 관련되어 있는 것이 분명했다.

그럼에도 이것은 주요한 결과였다. 이것은 특별히 더 많은 빛에 노출되는 일 없이 이미 더 일찍 발정기에 접어든 길들인 암컷 여우들은 나머지 여우들과 동일한 양의 빛을 받아도 다른 수치의 멜라토닌을 생성한다는 걸 암시했다. 그렇지만 여우의 몸에서 멜라토닌 수치를 측정하지 않고는 여우가 멜라토닌을 더 많이 생성하는지 더 적게 생성하는지 판단할 수가 없었다. 분명히 어려운 문제였다. 아무래도 이 분야에 전문적인 지식을 갖춘 사람을 찾아야 했다. 연구소 연구원인 라리사 콜레스니코바는 송과선의 작용에 관한 전공자였지만 멜라토닌을 측정하는 정교한 방법에 대해서는 전혀 아는 바가 없었다.

드미트리는 라리사에게 여우 팀에 합류해 이 연구를 수행하고 그러기 위해 교육을 받을 용의가 있는지 물었다. 또한 그러려면 해외에 가서 교육을 이수해야 하는데 그러기까지 수개월이 걸릴 거라고 덧붙였다. 라리사는 이 도전에 흥미가 생겼고 중요한 발견을 할 수 있는 기회에 매료되었다. 훌륭하고 매력적인 드미트리 벨랴예프와 가까이에서 일할 수 있다는 사실도 마음에 들었다. 라리사는 이렇게 회상한다. "네, 드미트리와 함께 일한다는 사실에 마음이 끌렸습니다 … 대단히 근사한 제안이라 불안감 같은 건 느끼지 못했어요."[77] 라리사는 여우 실험에 합류하기로 결정했다. 하지만 그녀를 해외로 보내는 문제는 그렇게 간단치 않았다. 이제 드미트리는 라리사를 위해 여행 허가를 받고 교육비를 지불할 자금을 마련해야 했다. 러시아 과학자들은 냉전 때문에 고립과 자금 부족에 시달려야 했지만, 그럼에도 불구하고 드미트리는 이 연구의 선두에 서기로 결심했다. 주요 기관의 책임자로서 그에게는 이 연구를 진행시킬 힘이 있었다. 드미트리는 멜라토닌 수치 측정에 관해 최첨단 연구를 진행 중인 샌안토니오 대학교 의료센터에 라리사를 파견했다.

그러나 기술을 익히는 건 멜라토닌 수치 측정을 위한 분투의 일부에 불과했다. 라리사는 정상적인 번식기인 1월 말 직전, 다시 말해 멜라토닌 생성에서 중요한 변화들이 발생하는 시기에 낮이고 한밤중이고 여우의 혈액 샘플을 채취해야 했다. 낮에 샘플을 채취하는 건 딱히 힘들진 않았지만 시베리아의 겨울밤은 대체로 살을 엘 듯 추웠다. 기온이 섭씨 영하 40도까지 떨어지는 것이 예사였다. 라리사는 그녀가 기억하듯 달빛에 반짝여 '푸르스름한 라일락, 그 보랏빛 음영'을 만들어내는 눈 덮인 벌판과, '저 멀리, 아주 멀리 떨어진 곳까지' 가슴 떨릴 만큼 아름답게 펼쳐지는 별들이 함께 하는 밤의 아름다움에 집중해야 한다고 속으로 수없이 되뇌었다.[78] 하지만 또 다른 문제가 있었다. 이 일은 라리사 혼자서는 불가능했고 작업자들의 도움이 필요했다. 작업자들은 전에도 스트레스 호르몬 수치를 측정하는 등 이런 종류의 연구를 도운 적이 있었지만, 그땐 낮에만 작업이 이루어졌었다.

　대부분의 작업자들은 보살필 가정이 있는 여성들이었다. 라리사는 작업자들에게 2주 동안 가정과 가족을 두고 밤 11시부터 새벽 2시까지 몇 시간 동안 농장에 나와 달라고 요청했다. 라리사는 당시 상황을 흐뭇하게 회상한다. "제가 기억하기로 아이를 재워야 한다, 다음 날 먹을 음식을 만들어 놓아야 한다는 식으로 핑계를 대는 사람이 한 사람도 없었습니다 … 그들의 모토는 이랬지요. '과학을 위해서라면 합시다.'"

　뼛속까지 시린 추운 겨울 밤, 연구소 승합차 운전자인 친절한 동료 발레리는 밤 11시를 몇 분 남겨둔 시간에 아카템고로도크에 있는 라리사의 아파트에서 그녀를 태운 다음, 카인스카야 자임카라는 작은 마을로 향해 작업자들을 태웠다. 라리사는 작업자들 모두가 창가에 서서 밖을 내다보며 승합차가 서길 기다리고 있었다고 기억한다. 그들은 시간이 빠듯하다는 걸 잘 알았고 자신들 때문에 일이 지연되는 걸 원치 않았다.

발레리는 여우 농장에 늘어선 작업장 옆에 잠시 차를 멈춘 다음 라리사와 작업자들이 작업을 하는 동안 주차장에 차를 세우고 엔진을 가동시킨 채 눈을 붙였다. 라리사와 작업자들은 그날 낮에 류드밀라가 작성한 샘플을 채취할 여우들 명단을 찬찬히 읽어 내려갔다. 그러면서 최대한 신속하게 작업을 마치기 위해 그날 밤의 이동 경로를 계획했다. 폭설이 내리면 작업장으로 향하는 길과 실험실로 넘어가는 길까지 삽으로 눈을 치워야 했다. 샘플을 추출하기 위해 여우들을 실험실로 옮겨야 했기 때문이다. 그런 날 밤은 달빛도 거의 비치지 않아 칠흑같이 어두워서 몇몇 여자들은 류드밀라가 지급한 손전등을 들어야 했다. 그들은 작업장 안으로 들어가 여우 우리에 걸린 이름표에 손전등을 비추고 서둘러 해당하는 여우를 찾았다. 그런 다음 제법 따뜻한 여우를 품에 꼭 끌어안고는 마치 무슨 비밀군사작전이라도 펼치는 것처럼 작업장에서 실험실로 실험실에서 다시 작업장으로 재빨리 이동했다. 그렇게 해서 마침내 샘플 채취를 마치고 나면 모두들 다시 승합차로 달려갔다. 라리사는 이렇게 회상한다. "발레리는 우리를 위해 문을 열어주면서 냉동인간이 된 것 아니냐고 웃으며 묻곤 했습니다."

혈액 샘플 분석을 마친 뒤 라리사는 류드밀라와 드미트리를 만나 특이한 현상을 발견했다고 보고했다. 길들인 여우의 혈액 안에 돌고 있는 멜라토닌 양은 대조군 여우의 그것과 차이가 없었다. 그러나 송과선의 멜라토닌 수치에서 차이를 보였는데, 길들인 동물에게 이 수치가 현저하게 높았다.[79] 라리사는 이 결과가 너무 이상하다고 말했다. 예상대로 길들인 여우들은 훨씬 많은 멜라토닌을 생성하고 있었지만, 그것이 송과선 안에서 일종의 결정형으로 축적되어 '빠져나가지 못하는' 바람에 혈류로 향할 수 없었다. 엘리트 여우들의 송과선 크기가 대조군 여우들의 송과선 크기의 반 정도로 훨씬 작다는 사실도 밝혀졌다. 하지만 이런 모든 현상의 정확한 원인이 무엇인지는 아무도 알지 못했다.

길들인 여우들의 경우 호르몬 생성을 책임지는 기관인 내분비계에서 뚜렷하게 인상적인 변화가 일어나고 있었다. 그러나 복잡한 기관의 작용을 이해하는 데 한계가 있었기 때문에 무슨 일이 왜 일어나고 있는지 정확히 밝히기는 불가능했다. 내분비계는 상당히 복잡한 기관이라 오늘날에도 이 결과를 해석하기는 여전히 쉽지 않다. 다만 말할 수 있는 것은 길들인 여우와 대조군 여우에게 나타나는 영향이 극명하게 차이 나는 것으로 보아, 벨랴예프가 수년 전에 예측한 것처럼 단순히 온순함을 위한 여우의 인위선택이 이들의 생식계에 깊고 복잡한 변화로 이어졌다는 것이다.

드미트리는 류드밀라와 함께 호르몬과 세로토닌 수치에 관한 연구를 계속 진행하는 한편 1978년 8월 모스크바에서 열릴 국제 유전 학회를 열심히 준비하고 있었다. 학회의 사무총장으로서 모든 준비의 책임을 맡은 드미트리는 이 행사가 전 세계는 물론 소련 최고의 최신 연구들을 소개할 뿐 아니라 러시아의 훌륭한 문화를 알리는 축제가 되길 바랐다. 학회에는 64개 나라의 연구자들이 — 총 3,462명의 유전학자들이 — 참석할 예정이었고 이 가운데 소련에 와본 경험이 있는 사람은 거의 없었다. 이 행사는 소련의 유전학자들에게 성대한 사교계 데뷔 파티였고, 리셴코의 억압 하에서도 끄떡없이 최고 수준의 연구를 진행하고 있다는 걸 전 세계에 보여줄 기회였다. 드미트리는 참석자들이 이번 모스크바 여행을 결코 잊지 않길, 주로 냉전으로 인한 근래의 갈등을 다룬 뉴스로 소련에 대한 인상을 접했다면 그것과 전혀 다른 인상을 갖고 돌아가길 바랐다.

국제간 긴장 완화^{détente}는 이 서양 유전학을 향한 전례 없는 문호 개방의 토대가 되었다. 국제유전학회가 개최되기 전 해인 1977년에는 소련 당국이 서양과의 새로운 협력을 진지하게 받아들이고 있다는 또 하나의 표시로, 소련 과학아카데미와 미국 국립과학원이 협력하여 소련 연구 프로그램의 우수성 평가를 실시했다. 그들은 노스캐롤라이나 주립대학교 수석 유전학자, 존 스칸달리우스를 평가자로 임명해 소련의 주요 유전학 연구소들을 방문해 평가하도록 했다. 노보시비르스크의 세포학·유전학 연구소도 이 평가 대상에 속했으며, 드미트리는 그의 방문을 러시아에 대해 최대한 좋은 인상을 심어주기 위한 예행연습 기회로 삼을 수 있었다.

소련 당국은 스칸달리우스를 위해 고위직 관리들이 방문할 때 이용하는 아카뎀고로도크의 최고급 호텔을 예약했고, 거의 매일 풍성한 캐비아와 보드카로 축배를 들며 맛있는 음식과 술을 대접했다. 드미트리와 그의 아내 스베틀라나는 드미트리의 이야기와 활발한 토론이 이루어지는 특유의 저녁 식사 자리에 여러 차례 그를 초대했다. 스칸달리우스는 연구소의 연구자들이 서양의 최근 과학적 발견뿐 아니라 문화와 정치에 대한 지식에도 몹시 목말라하는 모습에 깊은 인상을 받았다.

벨랴예프는 스칸달리우스를 자랑스럽게 여우 농장에 초대했다. 스칸달리우스는 드미트리가 우리에서 길들인 여우 한 마리를 조심스럽게 꺼내더니 "쓰다듬고 이야기를 나누는 등 어린 아이처럼 다루었다"

고 기억한다. 스칸달리우스는 처음엔 드미트리를 다소 근엄한 사람으로 보았지만 좀 더 많은 시간을 함께 보내면서 그의 따뜻한 면을 알게 되었는데, 그럼에도 불구하고 드미트리가 돌연 여우들에게 애정을 듬뿍 담아 다정하게 대하는 모습을 보았을 땐 깜짝 놀라지 않을 수 없었다. 한편 그는 여우 농장을 방문하면서 드미트리가 과학을 개선하기 위해 연구에 지나친 간섭을 삼가고 자신의 연구자들을 염려하는 모습에도 감동을 받았다. 어느 날 두 사람이 어느 모임을 마치고 나오는 길이었는데, 모임에서 약이 올라있던 드미트리가 스칸달리우스에게 이렇게 말했다. "그 인간, 잘난 척이 참 심하더군요." 스칸달리우스는 이렇게 기억한다. "우리가 과학을 이야기할 때 드미트리는 아주 열변을 토했지만, 동시에 그들이 서양에 비해 많이 뒤처져 있다는 사실에 상당히 의기소침했습니다."[80] 드미트리는 연구소에서 일하는 많은 젊은 과학자들이 아직 발표되지 않은 논문 원고를 스칸달리우스에게 주어, 자신들을 대신해서 유럽과 미국의 유전학 저널에 제출해달라고 부탁했다는 사실을 알았다. 이것은 여전히 공식적인 규칙에 위배되는 행위였지만, 드미트리는 스칸달리우스에게 나라 밖으로 유출되는 동안 검색 당할 일은 걱정할 필요 없으니 괜찮다고만 말할 뿐이었다.

벨랴예프와 연구소가 스칸달리우스의 보고서에서 높은 점수를 받게 되자, 드미트리는 국제 유전학회가 성공적으로 개최될 좋은 조짐이라고 확신했다.

드미트리는 현재 소련 과학계에서 자신이 지닌 위상을 드러내며, 소련의 권력과 전설의 중심지인 크렘린에서 국제 유전학회를 공식적으로 개최하겠다는 승인을 받았다. 인상적인 탑들이 높이 솟아 있는 크렘린 벽 안에는 상원 건물과 이반 대제의 종탑, 황제의 대포, 병기

공장, 무기고(보고^{寶庫}), 숨 막힐 듯 아름다운 황금 탑들로 장식된 대단히 정교하게 지은 교회들이 자리 잡고 있었다. 개회 첫날 저녁 연설은 동굴처럼 소리가 울리는 6천 석 규모의 크렘린궁 주공연장에서 이루어졌다.

국제 유전학회 회장인 79세의 식물학자 니콜라이 치친이 먼저 단상에 올라, 곧바로 "소련 국민, 과학자, 유전학자, 자연선택론자 … 들을 대표해" 환영의 인사로 연설을 시작했고, 세계 주요 유전학자들에게 소련이 과학계로 돌아왔다고 분명하게 선포했다. 그는 '자연선택론자'라는 용어를 사용함으로써 리센코와 그의 부인주의denialism가 완전히 사장되었으며, 그레고어 멘델의 유전학과 찰스 다윈의 자연선택 이론이 다시 소련 유전학의 원동력이 되었다는 확실한 메시지를 전했다. 드미트리 벨랴예프는 더할 나위 없이 기뻤다. 이 선언은 이 대규모 행사를 추진하기로 서명한 주된 목적들 가운데 하나였다. 그날 밤 회장은 또 자연선택에 관한 다윈의 이론이 최근 벨랴예프 교수의 매우 설득력 있는 새 이론인 불안정 선택에 의해 더욱 강화되었음을 특별히 언급했다.[81] 드미트리는 모임의 시작이 순조롭다고 생각했다.

개회 연설이 끝나고 참석자들은 모두 크렘린궁의 화려한 연회장으로 향했다. 그날 참석자 가운데 한 사람은 "샴페인과 블랙 캐비아가 끝도 없이 나왔다"고 회상한다.[82] 다른 날 밤엔 드미트리와 스베틀라나가 세계에서 가장 큰 호텔로 기네스북에 오른 로시야 호텔의 고급 스위트룸에서 심야 칵테일 파티를 열었다. 3,200개의 객실을 갖춘 이 호텔의 가장 훌륭한 장점은 크렘린을 내려다볼 수 있다는 것이며 호텔 관할 경찰서도 갖추어져 있었다. 존 스칸달리오스는 이 행사들 가운데 하나에 잊지 않고 참석했다. 외국 여행에 동행한 그의 아내 페넬

로페는 이곳에서 드러난 국제적인 동료애, 캐비아, 철갑상어, 설탕에 절인 레몬 조각과 함께 나온 고급 코냑, 우정과 유전학을 위한 수차례의 축배를 즐겁게 기억한다.

드미트리는 학회 사무총장으로서 저녁 기조연설 가운데 하나를 하기로 예정되었고, 당연히 여우 실험에 대해 논의하기로 했다. 드미트리는 최근의 연구결과를 모두 소개한 뒤 여우들이 활동하는 모습이 담긴 짧은 영화를 상영했다. 이 영화를 위해 전문 영화 제작진이 고용되어 농장을 방문했다. 류드밀라와 그녀의 조교들은 제작진을 여우 농장에 안내해 길들인 여우들이 사람들의 관심에 얼마나 기쁘게 반응하는지, 반면에 공격적인 여우들이 얼마나 사나운지 보여주었다. 그런 다음 푸신카의 집에도 데리고 가 그곳에서 생활하는 새끼 여우들을 소개했고, 여우들이 마당에서 놀다가도 이름을 부르면 곧장 집안으로 뛰어 들어가는 모습을 보여주었다.

강연장의 불이 꺼지자 소들이 풀을 뜯고, 말이 뛰어다니며, 강아지들이 풀밭 위를 즐겁게 뛰놀고 구르는 보관 화면과 함께 내레이터가 영어로 또렷하게 설명을 시작했다. "가축화된 동물은 약 1만 5천 년 동안 인간에 의해 사육되어왔습니다." 곧이어 목줄 없이 행복하게 시골길을 뛰어가는 짙은 회색의 작은 여우 한 마리와 그 곁에 흰색 실험복을 입은 여자 — 연구소 연구원 — 가 화면에 등장했다. 여우는 동그랗게 말린 꼬리를 흔들면서 길가의 풀에 코를 대고 냄새를 맡았고, 자꾸만 여자를 흘끔 쳐다보면서 — 개하고 똑같이 닮은 모습으로 — 여자가 잘 따라오고 있는지 확인했다. 이어서 카메라는 농장 주변을 비추며 새끼 여우들이 연구자의 손가락을 장난스럽게 깨무는 모습, 류드밀라와 조교 타마라가 안녕 하고 인사하며 우리로 다가오자

다 자란 여우들이 흥분하며 꼬리를 흔드는 모습, 푸신카의 집에서 생활하는 여우 가족이 류드밀라를 따라 문 밖을 나와 뒷마당으로 달려가서 그녀의 주위에 모여들며 서로 관심을 얻으려고 경쟁하는 모습을 담았다. 불이 다시 켜지자 강연장은 이 놀라운 동물에 대해 소곤대는 목소리로 웅성거렸다.

드미트리는 실험을 실시한 지 25년이 지났으며, 농장에는 500마리의 가축화된 어른 암컷 여우와 150마리의 어른 수컷 여우, 그리고 2천 마리의 새끼 여우들이 있으며, 이 가운데 대부분이 가축화 특성을 드러낸다고 전했다. 그러고는 불안정 선택에 관한 자신의 이론과 가축화는 "당연히 인간에게도 적용될 수 있다"고 알리면서 논의를 마쳤다. 드미트리가 이 주제에 관해 더 이상 설명을 하지 않자, 강연장을 빠져 나온 사람들은 그의 제안이 무엇을 의미하느냐를 놓고 추측이 난무한 논의를 이어갔다.

인간의 진화가 개, 염소, 양, 소, 돼지의 가축화 과정과 기본적으로 동일한 과정을 밟았을지 모른다는 의견은 아무래도 도발적이었다. 우리 인간이 정말 본질적으로 가축화된 유인원이란 말인가? 모스크바 학회가 열리기 불과 몇 년 전, 인간의 유전자 분석에 대해 상당히 놀라운 내용이 발표되었는데, 우리가 우리와 가장 가까운 친척이라고 여기는 침팬지와 굉장히 밀접한 관련이 있다는 사실이 입증되었다는 것이다. 실제로 이 연구는 우리와 침팬지가 너무나 밀접하게 관련되어, 유전자만으로는 인지 능력은 말할 것도 없고 생리학적 측면의 본질적인 차이도 설명할 수 없다고 제시했다.

1975년에 메리 클레어 킹과 A. C. 윌슨은 과학잡지 《사이언스》에 개제한 내용에서 "지금까지 조사한 바에 따르면 인간과 침팬지의 폴리펩티드 시퀀스가 평균 99퍼센트 이상 동일하다"라고 발표했다. 그리고 이것은 두 종의 차이가 자연선택의 영향으로 새로 만들어진 일련의 돌연변이 때문이 아니라, 주로 유전자의 활동 조절 변화 때문이라는 가설을 제기했다.[83] 이 주장은 드미트리의 불안정 선택 이론과 아주 잘 맞아떨어졌다. 드미트리는 가축화와 관련된 인상적인 변화의 원인은 자연선택에 유리한 새로운 돌연변이가 유전자가 축적되었기 때문이 아니라 — 물론 이러한 돌연변이들도 분명히 나름의 역할을 한다고 믿지만 — 기존 유전자 발현의 변화로 다른 결과가 야기되는 것이 주된 원인이라고 주장해왔다. 이로써 유전자는 활동을 개시 및 중단하거나 어떻게든 바꿀 수 있어 동일한 유전자라 할지라도 축 늘어진 귀, 동그랗게 말린 꼬리, 새로운 털 색깔의 출현과 같은 다른 결과를 낳을 수 있다는 벨랴예프의 핵심적인 통찰이 사실로 확인되었다.

유전자 암호를 호르몬 같은 생물학적 생성물로 해독하는 아주 복잡한 과정의 내용들이 알려지면서 유전자라는 용어가 통용되기 시작했다. 배열 기법이 향상되고 세포의 정교한 작용에 대해 더 많은 이해가 이루어지자, 연구자들은 유전자 발현이 컴퓨터처럼 고정된 방식으로 각 세포의 유전자 암호를 '읽는' 문제가 아니라는 걸 밝혀냈다. 암호는 변경될 수 있고 생성은 중단되거나 늘어날 수 있었다. 세포 생물학자들은 유전자가 암호화하고, 리보솜이라는 세포 내 소기관이 이것을 번역하여 단백질, 호르몬, 효소, 기타 화학물질이 생성되면, 이 물질들은 어떤 화학적 결과물이든 많거나 적게 생산하는 데 개입할 수 있다고 판단했다. 유전자 발현은 기본적으로 세포들에 의해 유전자가 단백질, 호르몬, 효소, 기타 화학물질을 많거나 적게 생성하는 과정으로 이해되었다. 그리고 유전자 발현의 작은 변화들은 동물의 생리와 생명 작용에 큰 영향을 미칠 수 있었다. 드미트리와 류드밀라는 유전자 발현의 일부 혹은 일련의 변화들이, 길들인 여우들의 송과선에서 훨씬 많은 멜라토닌이 생성되고 있는 이유와, 비록 이들의 혈관계 내에서는 멜라토닌이 만들어지지 않았지만 생식 행동에 극적인 영향을 미치는 것으로 여겨지는 이유를 설명한다고 확신했다.

이어지는 연구는 유전자 발현이 환경 요인을 포함한 수많은 원인들에 의해 다양한 방식으로 방해 받을 수 있음을 밝혔다. 멜라토닌 생성 조절에서 빛의 영향은 많은 예 가운데 하나에 불과하다.

유전자가 활성화되는 시기 또한 변경될 수 있다. 예를 들어, 스스로 아무런 생성물을 만들어내지 못하는 소량의 '비암호화 DNA'가 유전자 발현에 어설프게 손을 댐으로써 특정한 유전자들을 발달 과정에서 더 이르거나 늦게 활성화시킬 수 있다. 이런 활성화 시기의 변화는 아마도 1970년대에 점점 더 많은 여우들에게 나타나기 시작한 신체 변화 가운데 하나를 설명할 수 있을 것이다. 1969년에 수컷 새끼 여우 한 마리의 머리 위에 별 모양의 흰색 반점이 나타난 것을 시작으로 새로운 세대마다 머리에 이런 반점이 나타나는 여우가 점점 많아졌다. 발생학의 발전 덕택에, 세포학과 면역학 연구소에 소속된 이 분야 연구자들은 이 별 모양의 반점이 어떻게 출현하게 되었는지 설명할 수 있게 되었다. 드미트리와 류드밀라는 반점에 포함된 털을 분석한 결과, 이 반점들이 고작 세 개에서 다섯 개의 흰색 털로 이루어졌음을 발견했다. 계속해서 그들은 여우의 혈통을 분석했는데, 별 모양 반점이 나타나는 유전 패턴으로 보아 이것이 새로운 유전자 돌연변이 때문이 아님을 알 수 있었다. 별 모양의 반점 수가 굉장히 빠른 속도로 증가하는 현상이 그것을 말해주었다. 발생학자들은 그밖에 여러 연구들을 진행하면서 이 현상이 여우 배아 발달의 한 가지 양상 가운데 시기 변화와 관련이 있다는 걸 알아냈다.

이 무렵 발생학자들은 배아가 발달할 때 세포가 신체의 여러 부분으로 이동하는 것을 추적하기 위한 방법들을 고안해냈다. 어떤 세포는 척추 맨 위까지 이동하여 뇌세포가 되고, 어떤 세포는 폐 세포가 되며, 어떤 세포는 심장 세포가 되는 식이었다. 연구소의 발생학자들은 몇 가닥의 흰색 털이 별 모양 반점을 형성하는 이유는 털의 착색을 담당하는 세포들이 이동해서 피부 세포가 되도록 지시를 받는 시기 때문임을 알아냈다. 이 세포들은 보통 28일에서 31일의 발달 기간에 이동하는 반면, 이마에 별 모양의 반점이 있는 여우의 경우 이동이 이틀 정도 지연되었다. 이 지연된 이동이 털 색깔 생성에 오류를 초래해 이 세포가 포함된 털은 흰색이 된 것이다.

드미트리와 류드밀라는 세포의 이동 시기는 유전자에 의해 생성된 화학물질에 지배를 받는 것이 분명하며, 이 유전자의 발현은 온순함을 선택함으로써 유발된 불안정화의 영향을 받았던 것으로 짐작된다고 결론을 내렸다. 유전자 작용이 매우 정교한 활동임을 보여주는 단적인 예다.

이후로 많은 연구들이 유전자 발현이 대단히 복잡한 과정임을 증명했다. 유전자 발현이 조절되는 과정은 매우 복잡하고 예측하기 어려워, 질병과 싸우거나 신체의 치유력을 위해 이 과정을 통제하는 방법을 배우는 것은 앞으로 수년 이상 탐구해야 할 숙제다.

이제 드미트리와 류드밀라는 일반적인 짝짓기 기간인 1월 전에 일부 길들인 여우들의 짝짓기를 다시 시도하기로 결정하면서, 이 정교한 작업들이 당황스러울 정도로 복잡하다는 안타까운 사실을 알게 되었다. 지난번 류드밀라는 엘리트 암컷 여우 외에 일부 수컷 여우들도 성적으로 왕성해 겨울 짝짓기 시기뿐 아니라 가을에도 짝짓기할 준비가 된 것을 발견했다. 이 일을 위해 특별히 빛에 노출시키는 조작 과정은 거치지 않았다. 온순함을 위한 지속적인 선별 작업을 거친 후 암컷 여우들에게 변화가 나타났다. 그해 가을, 류드밀라와 드미트리는 이 여우들을 한데 모아놓으면 이 가운데 일부가 짝짓기를 할지, 길들인 암컷 여우들이 임신이 될지 확인하기로 했다. 일부는 유산했지만 대부분 임신했고 소수는 무사히 출산했다. 이것은 또 하나의 커다란 실험 성과였다. 여우들이 가축화되도록 길러진다면, 가축화된 거의 모든 동물들과 마찬가지로 여우들 역시 1년에 여러 차례 짝짓기를 할 수 있느냐 하는 문제가 해결될 것이었다.

모두들, 특히 드미트리 벨랴예프는 더욱 감격에 겨워 가슴이 벅찼다. 류드밀라는 이렇게 기억한다. "새끼 여우들이 태어났을 때, 벨랴예프는 연구소로 가 회의장에서 긴급회의를 소집했습니다." 드미트리는 직원들에게 열띤 목소리로 이야기했다. "여기 우리가 자랑스러워마지 않는 결과물이 나왔습니다. 여러분들이 얼마든지 자랑해도 좋을 결과가 나왔습니다."

하지만 안타까운 사실은 일반적인 주기가 아닌 때에 출산하는 것과 갓 태어난 새끼를 양육하는 것은 별개의 문제라는 점이었다. 어미 여우들은 새끼의 생명을 유지시킬 수 있을 정도로 충분한 젖을 만들지 못했고, 분비되는 젖의 양이 워낙 적다 보니 좀처럼 젖을 내주려 하지 않았다. 대체로 그들은 제 새끼들에게 신경을 쓰지 않았다. 류드밀라와 그녀의 연구팀은 시간을 엄수해 점적기로 젖을 먹이는 등 작고 힘없는 짐승을 돌보기 위해 최선을 다했다. 하지만 그 정도로는 충분하지 않았다. 새끼들 가운데 한 마리도 살아남지 못했다.

드미트리가 수년 전에 제기한 가설처럼 불안정 선택은 여우의 유전계를 크게 변화시켰지만, 예민한 번식 준비 주기의 일부 요소들이 서로 조화를 이루지 못했다. 오랜 진화적 시간을 거쳐 가축화가 이루어진 개와 고양이와 소와 돼지들의 경우, 인간과 아주 가까이에서 생활하면서 이들이 지배받는 선택 압력에 변화가 생겼고, 그로 인해 어미는 더 많은 젖을 생산하도록 생식계가 재조정되어 1년에 여러 차례 새끼를 양육하려는 충동이 일게 되었다. 새로운 선택 환경이 이처럼 새로운 조정 과정을 야기했으리라는 생각은 완벽하게 타당했다. 더 많은 새끼들을 먹이고 보호할 수 있도록, 자연선택은 1년에 여러 차례의 출산을 선택했을 것이다. 사육자들 역시 이 능력을 선택했을 것이다. 여우들의 경우 길들임을 위한 선택은 여우가 1년에 여러 차례 번식할 수준까지는 진전을 보였지만 아직 새끼를 보살필 정도는 아니었다. 이론상 젖을 생산하고 좋은 엄마가 되는 능력은 다음 단계에서 이루어질 터였다. 하지만 류드밀라의 말처럼 생식계는 "하룻밤 사이에 바뀔 수 없다."

1980년대 초는 여우들에게 진행되고 있는 생물학적 변화의 수수께끼가 풀리기 시작한 시기였다. 그러므로 여우 실험에서 매우 생산적인 시기인 한편 실험을 위해 상당히 도전적인 시기가 될 터였다.

1979년에 소련의 아프가니스탄 침공으로 소련과 서양 연합국 간의 긴장이 다시 고조되어 국제 관계의 해빙 분위기는 또다시 얼어붙기 시작했다. 지미 카터 대통령은 소련군에 대항하는 아프간 저항군을 비밀리에 지원했고, 1981년에 역시 미국 군사력 증강에 새롭게 역점을 둔 로널드 레이건 대통령이 당선되면서 이 지원은 더욱 강화되었다. 미국 행정부는 '레이건 독트린'을 시행해 라틴아메리카, 아프리카, 아시아에서 일어나는 반 소련 운동들을 지원하는 동시에 소련의 힘을 약화시키기 위한 정치, 경제적 조치를 취했다.

서양의 과학자들과 철의 장막 뒤에 놓인 상대국 과학자들 간의 교류를 통한 이익은 새로운 긴장 관계에 속에서 수포로 돌아갈 듯 보였고, 이러한 상황은 드미트리의 성공에도 막대한 영향을 미쳤다. 드미트리에게 관심을 보이며 1971년 스코틀랜드에서 열린 동물행동학회에 그를 초대했던 오브리 매닝은 과학계 사이에 다시 장벽이 세워지자 몹시 괴로워했다. 매닝은 이렇게 말한다. "말도 안 된다고 생각했습니다. 당시 냉전은 완전히 최악이었어요. 그로 인해 러시아 과학자들과 서양의 과학자들 사이에서는 사실상 전혀 접촉이 없었습니다."[84] 그는 일종의 성명을 발표하기로 결심하고, 드미트리에게 방문이 허락된다면 아카뎀고로도크에 가서 여우들을 보고 싶다고 편지를 보냈다. 두 사람은 그 동안 꾸준히 연락을 주고받았기 때문에, 오브리는 1971년 스코틀랜드 학회에서 드미트리가 실험 결과를 발표한 이후로 그에게 많은 흥미진진한 발전들이 이루어졌다는 걸 알고 있었다.

드미트리는 곧바로 매닝에게 답장을 보내, 언제든 환영하며 매닝이 소련에 오기만 한다면 모든 여행 경비를 연구소에서 부담할 테니 항공료만 지불하면 된다고 말했다. 매닝은 다음과 같이 회상한다. "저는 [런던] 왕립학회에 편지를 써서 그와의 접촉은 매우 유익한 일이 되리라 생각한다고 말했습니다. 왕립학회에서는 저에게 여행 경비를 대주었습니다."

매닝은 1983년 봄에 소련에 도착했다. 그는 미소를 지으며 당시 상황을 회상한다. "저는 마치 왕족처럼 대접 받았습니다. 당시 그들에게는 서양에서 오는 방문자가 거의 없었기 때문에 제 방문은 그야말로 엄청난 사건이었지요." 드미트리는 아카뎀고로도크 연구소의 여러 책임자들과 그 배우자들이 참석하는 공식 만찬을 여러 차례 준비했다. 매닝의 회상에 따르면 이 만찬은 '거대한 접시 위에 아주 맛있는 음식들이 가득 차려져 나온' 호화로운 행사였다. 다양한 코스로 풍성하게 차려진 러시아 전통 식사에 익숙하지 않은 매닝은 첫 번째 만찬 때, 음식을 잔뜩 먹어 배가 부른데 아직 주 요리는 나오지도 않았다는 걸 알고 "약간 난처했다"고 말한다. 사람들이 코스 사이마다 담배에 불을 붙이는 모습에도 깜짝 놀랐다. 그는 드미트리에게 말했다. "저, 영국에서 이런 일은 있을 수 없습니다. 여왕을 위해 건배하기 전까지는 아무도 담배를 피울 수 없거든요. 식사를 마치고 커피가 나오기 전에 담배를 피우는 일도 절대로 없습니다." 그러자 드미트리가 즉시 큰소리로 말했다. "그렇다면 여왕님을 위해 건배를 해야겠군요, 오브리!" 매닝은 마지못해 잔을 들어 건배를 외쳤다. "여왕을 위하여!" 그 순간 매닝은 자신이 아주 특별한 친구를 사귀고 있다는 걸 깨달았다. 오브리는 이렇게 말한다. "아주 재미있는 사건이었습니다. 드미트리는 언제나 모든 일을 농담으로 만들어버렸지요."

오브리는 세포학·유전학 연구소에 도입된 과학에 깊은 인상을 받았다. 연구자들은 단연 최고였고, 서양의 과학자들이 소련에서 일어나고 있는 일에 대해 아는 것보다 서양의 과학에 대해 훨씬 많이 알고 있었다. 그러나 오브리가 깊은 인상을 받은 건 그들의 과학적 지식 때문만이 아니었다. 오브리가 만난 사람들 대부분이 서양 문화를 아주 잘 알고 있는 것 같았다. 오브리는 이렇게 말한다. "어느 날 우리는 배에 올라 샌드위치를 먹고 있었습니다. 그때 제가 농담으로 이렇게 말했어요. '어이쿠, 이거 너무 영국식인데요!'" 오브리와 함께 배에 오른 사람은 드미트리의 언론 담당 비서이자 당시 통역을 맡은 빅토르 콜파코브였다. 오브리는 이렇게 회상한다. "그러자 빅토르가 즉시 이렇게 말하더군요. '오늘 아침에는 시장에 샌드위치가 없었습니다, 선생님. 수중에 현금도 없지 뭡니까.'" 매닝은 어안이 벙벙했다. 그는 이렇게 설명한다. "그는 오스카 와일드의 희곡 〈정직함의 중요성The Importance of Being Ernest〉에 나오는 말을 인용한 겁니다." 오브리는 자신이 만난 많은 사람들이 서양의 주요 문학 작품들에도 마찬가지로 정통하고, 그레이엄 그린, 솔 벨로, 제인 오스틴 같은 작가들을 아주 쉽게 인용할 줄 안다는 사실을 알게 됐다. "정말 놀라웠고, 그야말로 저를 아주 겸손하게 만든 경험이었습니다."

그렇기에 서양과 소련 간의 이해에 큰 격차가 생겼다는 사실은 그를 더욱더 비통하게 만들었다. 어느 날 밤 만찬 행사를 마친 뒤 드미트리는 매닝을 자신의 지성소인 집안 서재에 초대했고, 그곳에서 두 사람은 양국 간의 긴장 상태에 대해 이야기를 나누었다. 오브리는 이렇게 기억한다. "그는 담배를 피우고 있었고, 우리는 그곳에 앉아 잠시 담소를 나누었습니다 … 서양과 소련 사이에 여전히 남아 있는 커다란 상호 불신에 대해서 말이죠." 당시 드미트리는 이렇게 물었다. "어쩌다 이런 곤경에 처하게 됐을까요?" 매닝은 소비에트 연합으로 인해 서양이 큰 위협을 느낀다고 설명했다. 그러자 드미트리가 어리둥절한 표정을 지으며 이렇게 대꾸했다. "위협을 느낀다고요? 당신들이 왜 위협을 느낍니까? 소련이 서양을 공격할 가능성은 전혀 없습니다." 그리고 덧붙여 소련은 '평화를 사랑하는 나라'라고 말했다. 오브리는 스코틀랜드 시인 로버트 번스의 시 가운데 그가 기억하는 시구를 떠올렸다. "오, 어떤 힘은, 우리에게 주는 선물이 되어, 다른 이들이 우리를 보듯 스스로를 보리라. 우리를 무수한 실수로부터, 어리석은 생각으로부터 벗어나게 하리라." 나중에 다시 정치를 주제로 이야기했을 땐 드미트리가 매닝을 바냐^banya — 남자들이 옷을 벗은 채 둘러앉아 한담을 나누는 사우나 — 에 데리고 갔을 때였다. 드미트리는 매닝을 향해 돌아서서 이렇게 말했다. "오브리, 안드로포프와 레이건이 함께 바냐를 즐기면 좋을 텐데 말입니다." 매닝은 이렇게 대꾸했다. "정말 동감입니다." 그리고 이렇게 생각했다. "맞는 말이야. 우리 모두 벌거벗은 인간이 아닌가. 나머지는 그다지 중요하지 않지."

매닝의 여행에서 하이라이트는 8월의 어느 뜨거운 아침, 여우 농장을 방문한 것이었다. 여우들은 기대를 저버리지 않았다. 매닝은 이렇게 기억한다. "이 특별한 여우가 꼬리를 흔들며 주변을 뛰어다니다 저에게 다가왔던 기억이 납니다. 이 여우에게 직접 먹이를 주자 녀석이 꼬리를 흔들지 뭡니까. 정말 놀라웠습니다." 그는 여러 마리의 여우들과 장난을 치다가 순간 깜짝 놀랐다. "여우들이 개처럼 느껴졌습니다 … 약간 여우처럼 생긴 개를 닮았달까 … 콜리하고 조금 비슷한 것 같기도 했습니다."[85] 농장의 여우들이 그의 관심을 받고 즐거워하는 반면, 실험용 집에 있는 푸신카의 후손들은 그렇지 않았다. 드미트리와 류드밀라가 매닝을 데려오는 동안 실험용 집을 지키던 여우팀 팀원 갈레나 키셀레프는 당시 방문을 생생하게 기억한다. 여우들은 매닝에게 아무런 관심이 없었다. 그녀는 이렇게 말한다. "여우들은 제 주변으로 모여들었고 제 발목 위로 올라와 저와 눈을 마주치려고 했어요." 그러자 드미트리가 그녀에게 말했다. "이봐요, 갈레나, 뭐하는 거예요? 여우들을 매닝에게 보내줘요." 하지만 갈레나는 속수무책이었다. 그녀는 이렇게 말한다. "푸신카의 집에서 지낸 여우들은 남자를 싫어했어요. 대신 여자들을 무척 좋아했는데 작업자들이 모두 여자였기 때문이었습니다." 매닝이 충격을 받은 이유는 여우들이 자기를 좋아하지 않아서가 아니라 **누구든** 사람들에게 사랑을 받고 싶어 했기 때문이었다.

실험용 집 방문을 마친 뒤 드미트리와 류드밀라는 농장에서 가장 특별한 장소, 바로 집 한쪽 옆에 놓인 벤치로 매닝을 데리고 갔다. 9년 전 류드밀라가 앉았던 그 벤치였다. 그때 푸신카는 류드밀라의 발치에 앉아 있다가, 그녀를 지키기 위해 캄캄한 어둠 속을 향해 냅다 달려갔었다. 류드밀라와 드미트리, 갈레나는 매닝과 함께 벤치에 앉아 여우에 대해 많은 이야기를 나누었다.

여우 농장을 방문한 지 며칠 뒤에 오브리는 에든버러로 돌아갔다. 오브리는 드미트리가 자신을 공항까지 배웅하기 위해 나타나자 깜짝 놀랐다. 일반적으로 소련의 연구소 책임자들은 방문자를 배웅할 때 그런 사소한 일은 좀처럼 하지 않았다. 오브리는 드미트리도 그럴 거라고 생각했다. 하지만 드미트리는 자신이 직접 마지막 작별인사를 하지 않은 채 오브리를 보내는 건 고려조차 하지 않았다. 오브리는 이렇게 기억한다. "[공항] 게이트에서 담당 직원이 … 우리가 계속 앞으로 갈 수 있는 탑승권을 소지하고 있는지 확인했습니다." 물론 드미트리는 탑승권이 없었고, 직원은 그에게 더 이상 갈 수 없다고 말했다. "드미트리는 아주 부드러우면서도 단호한 태도로 직원을 한쪽으로 밀치더니 저와 함께 활주로 위를 계속해서 걸었습니다. 그러고는 저를 포옹한 뒤 제게 러시아식 키스를 했어요." 그는 정말로 깜짝 놀랐다. 오브리는 이렇게 말한다. "사실 저는 그전까지 남자에게 키스를 받은 적이 없었습니다 … 그런데 이 키스에 너무나 깊은 감동을 받은 나머지 … 눈물이 다 맺혔답니다."

소련에서 워낙 따뜻한 환대를 받은 매닝은 고국에서 받은 대접에 더욱 의기소침해졌다. 스코틀랜드에 도착한 매닝은 소련 방문에 대해 영국 정보국 MI5의 심문을 받아야 했다. 오브리는 이 일을 "매우 공포스러웠다"고 기억한다. 그는 그들에게 지옥에나 가시라고 정중하게 인사한 뒤 자신은 과학자로서 소련을 방문했을 뿐이라고 말했으며, 그들이 소련에서 개발 중이라고 알고 있는 '살인 밀killer wheat'에 대한 어처구니없는 질문에는 대답할 가치조차 느끼지 않았다.

철의 장막 양편에 선 과학자들이 서로 자유로운 의견 교환을 재개하고 오브리 매닝과 드미트리 벨랴예프가 나누던 일종의 상호이해가 채 무르익기도 전에, 소련과 서양 사이의 관계는 걷잡을 수 없는 혼란 속에 빠져들었다.

07 언어와 그 의미

1980년대 중반 무렵엔 더 많은 수의 온순한 여우들에게서 푸신카가 처음 보였던 개와 유사한 행동들이 더욱 눈에 띄게 드러났다. 여우들은 자기 이름에 반응했고, 부르는 소리가 들리면 우리 앞으로 다가왔다. 통제군 여우들은 결코 이런 모습을 보이지 않았다. 온순한 여우들이 어떻게 행동하는지 관찰하기 위해 농장 안에 여우들이 자유롭게 돌아다닐 수 있는 꽤 넓은 공간을 마련했다. 몇 마리는 목줄을 맨 상태로 얌전하게 행동했고, 그보다 적은 수의 여우들은 목줄을 매지 않고도 작업자들 주변을 졸졸 따라다녔기 때문에 푸신카가 그랬던 것처럼 안심하고 우리 밖에 내보낼 수 있었다. 류드밀라는 '작은 여우들이 늘 따라다녀 결코 혼자 다니는 일이 없었던' 한 작업자를 떠올린다.

이제 일부 여우들의 모습 역시 개하고 아주 흡사해져서, 류드밀라는 늑대들이 개와 유사해질 때 해부학적 구조가 바뀐 것과 마찬가지로 여우들의 해부학적 구조도 달라지고 있으리라고 확신했다. 특히 가장 온순한 여우들의 경우 주둥이가 더 짧고 둥글어져서, 다정한 행동에 어울리게 얼굴도 더 상냥해 보였다. 여우들이 얼마나 개하고 닮았던지, 어느 날 농장 인근 노보시비르스크 교외에 사는 한 젊은 남자는 엘리트 여우 가운데 농장에서 꽤 인기가 많은 코코라는 이름의 암컷 여우를 보고 길 잃은 개로 착각할 정도였다. 당시 코코는 아주 긴 모험을 하는 중이긴 했다.

코코는 예쁨을 많이 받았는데, 아기 때부터 "코 코 코 코"하는 소리와 비슷한, 사랑스럽게 재잘대는 소리를 냈기 때문이었다. 류드밀라는 코코에 대해 애정을 듬뿍 담아 이야기한다. "코코는 스스로 자기 별명을 만든 셈이랍니다." 농장의 모든 사람들은 코코가 태어난 몇 주 동안은 코코의 운명을 크게 걱정하며 보살폈다. 코코는 너무 작고 약해서 살아남지 못할 것 같았다. 수의사가 코코에게 매일 포도당 보충제와 비타민을 주고 직접 젖을 먹였지만 코코는 여전히 약해져만 갔다. 작업자들이 매일 아침 농장에 출근해서 가장 먼저 하는 질문은 "코코는 좀 어때?"였다. 연구소에서 일하는 직원들조차 매일 코코의 최근 상태를 궁금해 했다.

갈랴라는 이름의 직원은 퇴근해서 밤에 집에 돌아가면 아카뎀고로도크에서 컴퓨터 기술자로 일하는 동물 애호가 남편에게 오늘은 코코의 상태가 얼마나 진전을 보였는지 이야기했다. 두 사람은 만일 수의사가 코코에게 더 이상 희망이 없다고 결정하면 그들의 작은 아파트를 여우 호스피스로 만들어 코코가 다정한 인간들의 보살핌을 받으며 세상을 떠나게 하고 싶다고 의논한 적이 있었다. 류드밀라는 그들이 코코를 집에 데리고 가도 좋다고 허락했다. 얼마 후 수의사에게서 더 이상 할 수 있는 일이 없다는 말이 떨어지자 두 사람은 농장에 와서 코코를 데리고 갔다. 그런데 놀랍게도 코코는 집에 도착하자 이내 기운을 차려 음식을 먹기 시작했다. 코코는 며칠 안에 아주 딴 여우가 됐고 기적적으로 살아났다. 류드밀라는 코코를 다시 농장에 데리고 오기보다 코코에게 정이 흠뻑 들어버린 갈랴와 베냐와 함께 살게 하는 편이 마음이 놓였다. 코코 역시 그들에게 깊이 애착을 느끼게 되었고 특히 베냐를 많이 따랐다.

베냐는 코코를 몹시 예뻐해서 할 수만 있다면 직장에도 데리고 가고 싶을 정도였다. 매일 저녁 집에 돌아오면 베냐는 코코에게 단단히 목줄을 매고 근처 숲에 데리고 나가 오래 산책을 하곤 했다. 코코는 목줄에 상관없이 얌전하게 행동했다. 그러던 어느 날 저녁, 베냐가 직장에서 야근하느라 갈랴가 코코를 데리고 산책을 나갔을 때였다. 코코가 숲에서 떨어진 곳을 걷고 있는 한 남자를 발견하더니 갈랴에게서 벗어나 남자를 향해 재빨리 달려가는 것이었다. 코코의 모습은 순식간에 시야에서 사라졌다. 아마도 코코는 저 멀리 남자의 모습이 베냐일 거라고 생각했고, 자신의 생각이 틀렸다는 걸 확인하고는 겁이 나서 달아난 것 같았다. 갈랴는 큰 소리로 코코를 불렀지만 코코는 돌아오지 않았다. 갈랴는 집에서 베냐를 만나면 함께 코코를 찾을 수 있을 거라고 기대하며 서둘러 집으로 갔다.

이후 며칠 동안 베냐는 숲으로 가서 마주치는 사람마다 혹시 코코를 보았느냐고 물으며 사랑하는 친구를 정신없이 찾아다녔다. 마침내 어떤 사람이 그에게, 사람들이 하는 말을 들었는데 마을에 사는 한 젊은 남자가 개처럼 생긴 여우 한 마리를 발견해 집에 데리고 가더라고 전했다. 하지만 베냐가 그 남자를 찾아냈을 때 코코는 이미 다른 곳으로 가버리고 없었다. 나중에 안 사실인데, 코코를 잃어버린 첫날 밤, 코코는 큰소리로 짖으며 남자의 방 문을 사정없이 긁어대는 바람에 결국 남자가 코코를 내보냈다고 했다.

이후 베냐는 마을 운동장에서 아이들 사이에 떠도는 소문을 들었다. 코코를 처음 집에 데리고 간 젊은 남자와 같은 건물에 사는 여자가 코코를 데리고 갔다고 했다. 베냐는 간신히 여자의 이름을 알아내 여자의 아파트에 갔지만 그녀는 문을 열어주려 하지 않았다. 베냐가 코코는 아카뎀고로도크에 있는 연구소의 실험용 동물로 아주 특별한 여우라고 호소하자 여자는 사슬이 걸린 문을 빼꼼 열고 짧게 이렇게만 말했다. "저한테 없어요." 하지만 그녀는 이 특별한 여우를 계속 데리고 있기가 불안했던지 그날 늦은 밤 코코를 내보냈다. 길고 긴 모험은 여기서 끝이 아니었다.

베냐는 이번엔 불량배로 알려진 마을의 십대 소년이 코코와 함께 있는 걸 봤다는 운동장 아이들의 제보를 들었다. 하지만 아이들은 소년이 열두 살쯤 되어 보인다는 것 말고는 소년의 이름도 사는 곳도 알지 못했다. 베냐는 류드밀라의 도움으로 중학교 교장과 면담 약속을 잡고 류드밀라와 함께 가서 교장에게 상황을 설명했다. 교장은 이내 교사들에게 지시해, 코코는 특별한 여우이며 코코를 찾을 수 있는 정보를 알고 있는 학생은 반드시 제보하도록 전 교실에 알리게 했다. 성과가 나타났다. 이내 소년의 이름이 밝혀졌고, 베냐와 류드밀라는 서둘러 소년의 아파트로 향했다. 그들이 막 도착했을 때 마침 소년의 어머니가 코코에게 진정제를 먹이는 모습을 발견했다. 아마도 아름다운 털을 얻기 위해 코코를 죽일 준비를 하는 모양이었다. 베냐는 여자에게서 코코를 빼앗아 축 늘어진 몸을 품에 안고 거리로 달려갔다. 코코는 신선한 공기를 마시자 활기를 되찾기 시작했다.

코코는 6개월 동안 베냐와 갈랴의 아파트에서 행복하게 살았지만, 짝짓기 철이 다가오자 초조한 모습을 보였다. 아파트 문을 긁기 시작했고 베냐와 갈랴가 밤새 잠을 설치게 만들었다. 짝을 찾길 애타게 바라는 게 분명했기에, 그들은 류드밀라와 상의해 계획을 세웠다. 먼저 코코를 농장으로 데려와 짝을 지어준 다음 푸신카의 집으로 옮길 예정이었다. 다른 집으로 옮기는 과정을 순조롭게 하기 위해 코코는 처음엔 사람이 생활하는 공간에서 지내다가 적당한 때에 여우들이 생활하는 공간에 합류했다.

코코는 수년 간 푸신카의 집에서 살았고, 베냐는 주말마다 코코를 방문해 이따금 소파에서 밤을 보내곤 했다. 그들은 자주 함께 산책도 했다. 몇 년 뒤에 코코의 건강이 나빠지기 시작하자, 베냐와 갈랴는 코코가 그들의 애정 어린 보살핌을 받으며 남은 나날을 보낼 수 있도록 코코를 아파트에 데리고 왔다. 류드밀라는 코코가 "평온하게 행동했고 생애 마지막 시기를 매우 만족스럽고 행복하게 보냈다"고 기억한다. 코코의 가장 큰 기쁨은 베냐와 함께 의자에 앉아 창밖을 내다보는 것이었다. 그렇게 창밖을 내다보던 어느 날, 코코는 의자에서 뛰어내리다가 오른쪽 앞발에 골절상을 입었다. 그 일이 있은 지 얼마 후에는 골육종이 발병했다. 베냐는 코코를 간호했지만 이것이 마지막을 알리는 신호임을 알고 있었다. 얼마 지나지 않아 코코는 심장마비로 베냐와 갈랴 곁에서 숨을 거두었다. 그들은 코코와 베냐가 즐겨 산책하던 숲의 낮은 언덕에, 아주 오래 전부터 내려오고 지금도 우리가 알고 있는 전통대로 코코를 묻었다.

베냐는 지금까지도 자주 코코의 무덤을 방문한다.

여우들은 충분히 성장을 마치고 성인기로 접어들면 주로 혼자 살아간다. 이런 타고난 성향을 감안한다면 드미트리와 류드밀라의 여우들이 그처럼 빠르게 사랑스러운 애완동물로 변한 것은 특히 주목할 만했다. 매우 사회적인 동물인 늑대와 여우의 차이는 늑대가 다른 동물들에 비해 훨씬 일찍부터 가축화된 주된 요인일지 모른다. 흔히들 고독한 늑대라고 말하지만 야생 여우는 늑대에 비해 훨씬 외로운 동물이다. 개의 가축화와 그 밖에 여러 동물들 — 고양이, 양, 돼지, 소, 염소 등 — 의 가축화 사이에는 수천 년이라는 차이가 벌어지는데, 이는 개의 조상인 늑대가 지닌 무언가가 그들을 인간들과의 생활에 적응하는 데 특히 적합하게 만들었음을 시사하며, 늑대의 탁월한 사회성이 바로 이 특별한 요인이라는 의견도 있다.

우리 조상들이 피운 불가에 앉아 함께 음식을 나누어 먹던 최초의 늑대들은 다른 늑대들보다 순했고 이미 사회적 기술이 고도로 진화했다. 회색늑대는 엄격하게 조직적인 무리를 이루며 생활한다. 보통 7~10마리로 이루어지며(20~30마리까지 수용하기도 한다.) 여기에는 우두머리 — 지배적인 — 수컷과 암컷이 포함된다. 가족 단위가 무리의 중심을 이루어 넓은 구역을 지키며, 복잡한 발성을 이용하여 자기들끼리는 물론이고 근처 다른 무리들과 소통한다. 협동 사냥 기간에, 그리고 어미뿐 아니라 무리 안의 다른 암컷들이 새끼들을 보살피는 모습에서 볼 수 있듯이, 집단 구성원 간 유대는 매우 끈끈하다.[86] 제인 구달은 이렇게 주장한다. "[늑대들의] 생존은 팀워크의 결과다 … 그들은 함께 사냥하고, 함께 굴에서 생활하며, 함께 새끼를 기른다 … 이 오래된 사회 질서는 개의 가축화에 도움이 되었다. 무리 안에 있는 늑대들을 지켜보면 서로 코를 비비고, 꼬리를 흔들며 인사하고, 새끼들을 혀로 핥고 보호하는 등, 충성심을 비롯해 우리가 사랑하는 개들의 모든 특징을 보게 될 것이다."[87] 분명히 그들은 서로 협동하는 경험을 통해 우리 인간과 협동할 준비도 갖추었을 것이다.

드미트리는 그처럼 특별한 친사회적 기술은 다른 종 — 호모 사피엔스 — 의 가축화에도 핵심 역할을 했으리라 생각했다. E. O. 윌슨이 그의 저서 《곤충의 사회The Insect Societies》에서 매우 흥미롭게 설명했듯이 프레리도그, 앵무새, 가위개미와 같은 많은 동물들은 긴밀한 사회적 집단에서 사회생활을 하고 서로의 이해관계에 주의하는 한편, 우리 인간은 스스로를 지구 상에서 가장 사회적인 종 가운데 하나로 분류해왔으며, 특히 사회성이라는 정의에 규범, 문화적 의식 행사, 공동체의 형태를 포함시킨다면 더욱 그랬다. 증가하는 사회적 기술의 장점과 사회적 유대감의 깊이는 우리의 영장류 조상에서 인간으로 진화하기까지 가장 중요한 특징이었으며, 소가족을 기반으로 한 수렵채집인 집단생활로의 첫 번째 이행과 이후 계속해서 더 크고 복잡한 가족 내 공동체들로 구성된 더욱 복잡한 사회 환경으로의 이행을 가능하게 만들었다. 드미트리는 무엇이 이러한 변화를 촉발시켰는지에 대해 자신의 불안정 선택이 설득력 있는 해석을 제시한다고 생각했다.

1980년 중반, 여우의 가축화는 온순함을 선택함으로써 이루어졌으리라는 그의 추측들 대부분이 사실로 확인되자 드미트리는 이 견해를 과감하게 한 걸음 더 밀고 나가기로 결심했다. 불안정 선택과 가축화에 관한 초기 견해들이 인간의 진화에도 해당하는 만큼 지금이야말로 이를 세상에 알릴 적절한 때라고 판단한 것이다. 1978년 국제 유전학회 연설 말미에서는 자신의 불안정 선택 이론이 인간이 유인원에서 진화된 과정에 통찰력을 제공하리라 생각한다고 내비쳤다. 이제

1983년 인도에서 열릴 차기 국제 유전학회에서 그가 맡은 기조연설 내용으로 이 주제에 관한 주장을 발전시키기로 했다.

1960년대와 70년대에 인간의 진화 과정에 관한 획기적인 발견들이 속속 이어지며 주요 뉴스를 장식했을 때, 드미트리는 인간이 어떻게 그처럼 사회적인 존재가 되었는지에 대해 이론을 정립했다. 이후 여우를 대상으로 연구하면서 우리가 본질적으로 스스로를 길들였고 이 모든 과정은 온순함을 선택한 데에서 시작된 것일지 모른다고 생각했다. 그의 이론은 주로 추측에 기반을 두었다. 하지만 돌에 이야기를 새겨 후세에 전하기 이전 선사시대 조상들의 사회생활을 들여다보려면, 적어도 처음엔 추측에 의지해 밀고 나갈 필요가 있다.

조상들이 처음 서로에게 말을 건 때가 언제인지, 인간 의식의 두드러진 특징 가운데 하나로 여겨지는 자기반성적 사고방식을 갖게 된 때가 정확히 언제인지 우리는 결코 알지 못할 것이다. 그들이 한밤중에 불가에 둘러앉아 무슨 이야기를 나누었는지, 함께 불렀을 노래가 정확히 어떤 노래들이었는지 우리는 결코 확실하게 알지 못할 것이다. 그렇지만 우리는 많은 사회적 의식 형태가 그들을 결속시켰음을 잘 알고 있다. 우리의 조상들은 장신구를 만들고, 작은 인형을 조각하며, 기억을 일깨우는 그림을 그리는 등 예술 작품 창작에 상당한 정성과 시간을 투자했다. 레드오커$^{red\ ochre}$(산화철로 이루어진 적색의 흙 — 옮긴이) 페인트로 독특하게 그린 사람 손 모양처럼 전 세계 각지의 동굴에서 벽화가 발견되었는데, 이 가운데 지금까지 발견된 가장 오래된 작품은 스페인 북부 엘 카스티요 동굴 벽화로 약 4만 년 전의 것으로 추정된다. 우리 조상들은 동물 뼈를 조각해 피리 같은 악기를 만들면서 많은 시간을 보내기도 했는데, 가장 오래된 악기의 역사도 약 4만 년 전으로 거슬러 올라간다. 그들은 또 8천 년 전 바이칼 호숫가에 살던 사람들이 기르던 개를 묻었던 것처럼, 사랑하는 대상이 죽으면 돌이나 동물 뼈로 만든 도구들 같은 일상생활에서 사용한 중요한 물건을 함께 묻음으로써 그들을 죽음에서 벗어나게 한다고 믿었다.

드미트리가 자신의 견해를 발표하기 위해 준비할 당시는, 다른 여러 원시인류 종들이 진화했으며 그 가운데 일부는 심지어 호모 사피엔스와 함께 생활했으리라는 사실이 이제 막 받아들여지기 시작한 때였다. 1800년대 초에 이미 네안데르탈인 화석이 처음 발견되었지만, 많은 주요 연구 결과들이 갑자기 속속 발표되면서 원시인류 가계도에 더욱 복잡한 그림이 만들어지고 있었다. 드미트리는 이 발견과 관련된 내용들을 열심히 탐독하면서, 우리 호모 사피엔스가 사회적 결속력을 강화하면서 스스로를 길들여왔다는 자신의 이론이 어쩌면 우리가 살아남은 원시인류의 계보인 이유를 설명할지 모른다고 생각했다.

루이스 리키와 메리 리키 부부는 새로운 원시인류 종이라는 매우 중요한 발견을 했다. 탄자니아의 올두바이 협곡에서 연구하던 그들은 수많은 뼈와 두개골뿐 아니라 여러 가지 도구를 발견함으로써 놀랄 만큼 다양한 원시인류 계보에 관해 새로운 정보를 제공했다. 1959년에 메리 리키가 먼저 엄청난 발견을 했다. 몸집이 큰 영장류로부터 진화한 게 분명한 어떤 종의 두개골을 발견한 것이다.[88] 하지만 두개골 모양이 인간의 두개골 모양과 크게 달랐기 때문에 그들은 우리와 동일 계열의 직접적인 조상일 리 없다고 결론을 내렸다. 이 두개골은 엄청나게 큰 턱뼈와, 전방에서부터 정수리를 따라 후방까지 이어지는 시상능이라고 하는 뾰족한 뼈능선이 특징이었다. 이들보다 먼저 1920년대에 남아프리카에서 같은 특징을 지닌 두개골을 발견한 연구자들이 있었는데, 이들은 이 뼈능선이 매우 크고 튼튼한 근육들을 턱뼈까지 연결해 고정시키기 위한 일종의 고정 장치로 기능했음을 보여준다고 결론을 내렸다. 이들 원시인류는 씹는 힘이 굉장히 강했을 터이므로 리키 부부는 이 생명체에 호두까기 인간$^{\text{Nutcracker Man}}$이라는 별명을 지어주었다. 리키 부부가 이 종에 부여한 공식 명칭은 진잔트로푸스 보이세이$^{\text{Zinjanthropus boisei}}$로 동아프리카 사람이라는 의미였다. 이 발견은 전 세계 신문의 1면 기사를 장식해 리키 부부에게 명성을 안겨주었고 인간 진화에 관한 전문가들 사이에서 큰 논란을 일으켰다.

당시만 해도 인간이 아프리카 조상의 후손이라는 견해가 아직 널리 받아들여지지 않았다. 다윈과 그의 동료 토마스 헨리 헉슬리는 우리 조상들이 이곳에서 진화되었을 거라고 추측했는데, 우리와 가장 가까운 동시대 영장류 친척들이 발견된 유일한 곳이 바로 아프리카 대륙이었기 때문이다. 하지만 고생물학자들이 1829년 벨기에에서, 이후 유럽의 다른 지역에서 네안데르탈인 화석을 발견했다. 이 종의 이름은 독일 네안데르 계곡^{Neanderthal}(탈thal은 독일어로 계곡이라는 뜻이다.)에서 따온 것으로, 1856년 이곳에서 네안데르탈인의 두개골이 발견되었다. 1891년에는 원시인간으로 짐작되는 다른 종의 두개골이 인도네시아에서 발견되었는데, 당시 이곳의 이름인 자바^{Java}를 따서 자바인$^{\text{Java Man}}$이라는 이름으로 불리게 됐다.

1920년대에 중국 베이징 근방에서 시작한 발굴 작업에 의해 네안데르탈인의 두개골이 더 발견되었는데, 당시 이 도시의 이름이 북경^{Peking}이었기 때문에 북경원인$^{\text{Peking Man}}$이라는 별명을 얻었다. 이 종들은 직립보행을 한 것으로 여겨져 호모 에렉투스$^{\text{Homo erectus}}$로 불리었다. 이곳에서는 동물 뼈가 대량 발견되었으며, 일부에 숯 자국이 있는 것으로 보아 요리를 했음을 짐작할 수 있다. 그 밖에 다양한 원시인류 종들이 전혀 상이한 지역에서 발견되어, 일부 연구자들은 인류가 다양한 장소에서 진화된 게 분명하다고 결론을 내렸다.[89]

1960년대에 리키 부부는 다음으로 중요한 발견을 했다. 인간과 더욱 유사한 두개골 파편들과 턱뼈, 그리고 손뼈의 일부를 발견한 것이다. 리키 부부는 올두바이에서 발견한 두개골 조각들은 이 종의 뇌가 굉장히 컸다는 걸, 손뼈는 쥐는 힘이 좋았다는 걸 보여준다고 주장했다. 또한 그들이 이 지역에서 발견한 석기의 일부는 이 종이 만든 것이 분명하며, 따라서 이 종의 이름을 호모 하빌리스Homo habilis로 정하기로 이론을 제시했다. 라틴어 'habilis'는 다루다라는 의미여서 이들은 '도구 인간'이라는 별명으로도 불린다. 리키 부부와 그 밖에 연구자들은 이 종과 호두까기 인간, 진잔트로푸스 보이세이가 진화적으로 단일 계보라는 의견에는 반박했지만, 이들이 같은 시기, 같은 장소에 공존했다고 주장했다. 다른 인류학자들은 이 주장을 완강히 반대했지만 두 종의 화석이 대량 발견됨에 따라 리키 부부의 주장이 옳다는 것이 증명되었다.

유인원을 닮은 종에서 인간을 닮은 종으로의 이행에서 여전히 의문으로 남는 중요한 문제 하나는 우리 조상들이 언제 처음 직립보행을 했느냐 하는 것이었다. 리키 부부는 이 점에서 중요한 발견들을 했는데, 가장 먼저 발견한 것은 직립보행을 시사하는 호모 하빌리스의 발 뼈 화석이었다. 그러나 무엇보다 놀라운 증거는 1972년 루이스 리키가 사망한 지 몇 년 뒤에 메리 리키가 발굴을 시작한 올두바이 인근 현장에서 발견되었다. 메리는 1976년 라에톨리라는 지역에서 화산재에 의해 아주 선명하게 보존된 화석화된 동물 발자국 길을 발견했다.

어느 날 동료 파울 아벨은 이 발자국을 조사하면서 그 가운데 하나가 인간의 발자국과 상당히 닮았다는 사실에 주목했다. 더 자세한 발굴 작업을 통해 약 70개의 발자국이 드러났는데, 모래에 남긴 인간의 발자국과 섬뜩할 정도로 유사했다.

다른 어떤 고생물학적 발견이 이보다 더 아득히 먼 과거를 환기시킬 수 있을까. 정밀한 분석 결과 이 발자국은 세 개의 각기 다른 존재에 의해 만들어졌으며, 발가락, 발뒤꿈치, 발바닥의 장심이 사실상 인간의 발 모양과 상당히 유사하다는 것이 밝혀졌다. 이 종이 직립보행을 했음은 거의 의심할 나위가 없으며, 발자국은 약 360만 년 전에 찍힌 것으로 추정되었다.

원시인류의 화석화된 뼈들 가운데 발자국을 남긴 뼈가 없기 때문에, 이 발자국을 만든 종의 신원은 확인이 불가능했다. 그러나 여러 증거로 보아 현재 우리가 오스트랄로피테쿠스 아파렌시스로 알고 있는 종이 분명했다. 이 종에서 가장 유명한 원시인류의 이름은 루시다. 라에톨리에서 발자국이 발견되기 몇 년 전, 고생물학자 도널드 요한슨은 에티오피아 하다르 지방 부근의 발굴 현장 지면 위로 아주 또렷하게 돌출된 팔꿈치 뼈를 발견했다. 요한슨과 그의 팀은 마침내 여자 원시인류의 두개골과 화석화된 뼈 상당 부분을 발견했고, 그날 밤 축하파티 때 근처 스테레오에서 비틀스의 노래 〈루시는 하늘에 있네, 다이아몬드와 함께Lucy in the Sky with Diamonds〉가 계속해서 흘러나와 이름을 루시라고 지었다.

루시의 키는 약 121센티미터가 안 되며, 두개골의 크기에 비해 뇌는 상당히 작았을 것으로 짐작되지만, 뼈대는 직립보행을 했음을 분명하게 보여주었다. 이것은 두 가지 이유에서 전혀 뜻밖이었다. 하나는 이 뼈들이 상당히 오래되어, 고생물학자들이 예상한 우리 조상들의 최초 직립 시기보다 훨씬 이른 약 360만 년 전의 것으로 추정되기 때문이다.[90] 또 하나 이유는 인류학자들은 원시인류의 뇌가 상당히 커진 뒤에야 직립보행이 진화했을 거라고 예상했기 때문이다. 오늘날 일부 고생물학자들은 루시의 어깨 뼈 크기와 모양으로 미루어보아 루시는 나뭇가지 사이를 매달리며 얼마간 시간을 보냈을 거라고 말하기도 한다. 루시는 지금까지 발견된 유인원을 닮은 원시인류 종과 우리와 가까운 호모 속 조상들 사이의 주목할 만한 연결고리였다. 루시의 뼈는 라에톨리의 발자국과 동일한 시기의 것으로 추정되며, 도널드 요한슨과 그의 연구팀이 루시의 발 모양과 이 발자국의 발모양을 비교했을 때 일부는 매우 일치했다.

루시의 뼈와 같은 종의 다른 뼈들을 함께 연구한 결과, 오스트랄로피테쿠스 아파렌시스 종의 어린이들은 인간 종의 어린이들보다 훨씬 빨리 성년이 되었다. 따라서 길들인 여우들의 아주 많은 특징에서 볼 수 있는 것처럼 인간으로의 진화 역시 성숙의 지연이 수반되는 것 같다.

벨랴예프는 이 증거는 인류가 주로 불안정 선택의 과정을 거쳐 진화했음을 시사한다고 생각했다. 1981년에 그는 이 이론을 소개하는 과학 논문 한 편을 발표했고, 1984년 제15회 국제 유전학회의 기조연설 — 이전 학회 주최자에게 부여되는 특권 — 에서 이에 관해 매우 구체적으로 주장했다.[91]

벨랴예프의 견해에 따르면 우리 조상들은 몸과 뇌가 진화할수록 새로운 스트레스를 받았다. 조상들은 사회적 동물이 될수록 더 큰 무리를 이루어 살게 됐고, 그럴수록 시시각각 수많은 사회적 상호작용들을 다루어야 했다. 단일 유전자 돌연변이에 의한 변화들에 작용하는 자연선택의 작은 변화율로는 진화 과정의 속도와 복잡성을 일으키기에 역부족이었다. 물론 자연선택은 분명히 나름의 역할을 했다. 하지만 벨랴예프가 생각하기에 이 과정을 통해 변화가 이루어지려면 가장 초기 원시인류인 오스트랄로피테쿠스의 출현에서부터 현대 인간에 이르기까지 약 400만 년의 기간보다 훨씬 오랜 기간이 걸렸을 것이다. 그는 연설문에서 이렇게 주장했다. "진화 과정에서 매우 복잡한 다중 유전자가 공간 내 신체의 움직임 및 방향, 손의 기능, 두개골 구조, 후두와 성대, 혀 등의 계통과 같은 해부학적 생리학적 구조를 결정하는 데 관여한다는 점을 고려할 때 이것은 특히 분명해진다." 인간과 침팬지 게놈에 관한 킹과 윌슨의 논의에 어느 정도 자신감을 얻은 드미트리는 불안정 선택은 유전자 발현에서 극적인 변화를 겪으며 작용하는 것이 분명하다고 주장했다. 기조연설에서 드미트리는 신체와 행동의 수많은 변화들이 "구조적이라기보다 오히려 조절 요소와 관련이 있다"고 분명하게 강조했다. 그리고 이러한 조절 요소들은 대개 유전자 발현 패턴에 관한 것이다.

드미트리가 생각하는 최초의 주된 변화는 오스트랄로피테쿠스의 이족보행 — 직립보행에서 시작해 — 으로의 이행이었다. 드미트리는 이 이행이 전체적인 운동계 — 우리의 뼈 구조와 근육의 성질 모두 — 의 변화뿐 아니라 무엇보다 균형 잡힌 직립 상태에 관여하는 새롭고도 중요한 뇌의 능력을 출현시키는 데 영향을 미쳤다고 주장했다. 계속해서 그는 이 기술의 숙달이 더 큰 변화들을 촉진하는 데 결정적인 역할을 하는 두 가지 새로운 능력, 즉 더 넓게 더 멀리 보는 능력과 조만간 손으로 진화하게 될 앞다리를 자유롭게 활용하는 능력으로 이어졌다고 주장했다. 이런 변화들은 생존에 아주 많은 이점을 제공했기 때문에 자연선택은 확실히 변화가 나타나는 것을 적극적으로 지지했을 것이다. 이제 새로운 재능 습득은 뇌의 더 큰 발달에 극적인 영향을 미쳤다. 당시 약 130만 년 전에 출현한 것으로 여겨졌던[92] 호모 에렉투스의 뇌는 오스트랄로피테쿠스의 뇌보다 훨씬 커서,[93] 현생 인류인 호모 사피엔스의 뇌 크기와 거의 비슷할 정도였다. 뇌가 엄청나게 성장하자 감각 기능과 언어 기능에 관여하는 기관들 같은 신체의 주요 변화들 — 후두 크기의 상당한 확대와 혀의 위치 변경도 포함하여 — 이 추가되었을 뿐 아니라 앞다리의 운동 기능도 개선되었다. 이것은 더 높은 인지능력의 출현과 함께 도구 제작에 필수적인 역할을 했다. 뇌와 몸의 상호작용은 드미트리의 연설문에서 핵심 내용이었다. 그는 이 연설문에서 다음과 같이 주장했다. "몸이 뇌를 만들고, 그 뇌로 개개인의 정신이 만들어지는 한편, 뇌는 다시 신체 기능에 강한 영향을 받는다고 말할 수 있다." 그리고 이러한 순환적인 피드백 루프는 변화 속도에 따라 가속화되었다. 드미트리는 오스트랄로피테쿠스가 수백만 년의 기간을 거쳐 진화한 반면 호모 사피엔스가 현대 인류로 진화한 기간은 20만 년이 채 안 되었다는 사실에 각별히 주목하고자 했다.

이제 많은 사람들은 벨랴예프가 불안정 선택 이론 및 그것이 우리의 진화 역사를 설명하는 데 있어서의 한계를 이미 확장했을 거라고 생각했다. 그도 사람들의 기대를 알고 있었지만 그의 연구는 아직 완성되지 않았다. 그가 생각하는 과학자로서의 의무를 결코 소홀히 해서가 아니라, 이것이 개념상의 위험을 감수해야 할 만큼 중요한 사안이라고 생각했기 때문이었다. 그의 생각이 정확하게 들어맞았는지는 시간이 지나면 알 수 있을 터였다. 다음으로 드미트리는 그가 논의한 새로운 재능들이 결합함으로써 강렬한 사회적 생활방식이 가능할 수 있었다고 제시했다. 가장 초기의 인류는 더 큰 사회집단을 조직했고, 종교 의식을 포함한 많은 의식들을 발전시켰을 뿐만 아니라, 프랑스의 라스코 동굴과 쇼베 동굴의 아름다운 동굴 벽화처럼 점점 세련된 예술작품을 만들었으며, 옷을 지어 입었고, 더욱 정교한 언어를 개발했다. 드미트리는 기조연설에서 다음과 같이 말했다. "인간이 스스로 만든 사회 환경은 그 자신을 위해 완전히 새로운 생태학적 환경이 되었습니다." 연설에서 그는 또 이렇게 제안했다. "이 같은 환경에서 선택은 개개인에게 몇 가지 새로운 속성을 요구했습니다. 즉 요구와 사회 전통에 대한 복종, 다시 말해 사회적 행동에서 자기통제가 그것입니다." 이 '새로운 속성들'이 행동의 극적인 변화를 선택함으로써 시스템을 불안정하게 만들었다. 그리고 이 과정은 유전자 발현의 변화를 통해 일어났을 거라고 벨랴예프는 생각했다. 그가 가축화 및 자기가축화 과정과 핵심적인 연관성을 찾은 지점이 바로 이 부분이다.

이제는 갑자기 공격성을 보이기보다는, 새로운 스트레스에 더 잘 대처하여 냉정하고 차분하며 침착성을 유지할 줄 아는 사람들이 선택 이익을 얻게 되었다. 벨랴예프는 골똘히 생각에 잠긴 채 말했다. "네안데르탈인에게 집단 구타보다 인간에게 '말'과 그 의미가 비교도 할 수 없을 만큼 강한 스트레스 요인이 되었음은 거의 의심할 여지가 없습니다."[94] 그는 여우의 경우 온순함을 위한 인위적 선택의 결과와 유사한 결과로서, 공동체 안에서 더 차분하고 침착한 구성원이 선택되었다고 제시했다. 다른 가축화된 종들과 마찬가지로 이 선택 압력은 더 낮은 수치의 스트레스 호르몬으로 이어졌고, 더 젊고 더 느긋하며 덜 공격적인 발달 단계를 연장시키는 쪽의 편을 들었다. 그리고 다른 가축화된 종들과 마찬가지로 우리 인간 역시 1년 중 어느 때고 번식이 가능하다. 기본적으로 우리는 가축화된 영장류지만 우리의 경우 스스로 가축화되었다. 벨랴예프는 우리가 결국 온순한 배우자를 짝으로 더 선호했기 때문에 자기가축화 과정을 굉장히 빨리 가속화했다고 주장했다.[95]

최근 영장류 동물학자 리처드 랭엄은 다른 영장류 종이며 우리와 가장 가까운 진화적 사촌 가운데 하나인 보노보(판 파니스쿠스[Pan paniscus])에게 그러한 자기가축화 과정이 어떤 식으로 진행되고 있는지 발표했다. 2012년에 그는 자신의 예전 박사과정 학생인 동물인지 전공자 브라이언 헤어와 공동으로 〈자기가축화 가설: 보노보의 심리적 진화는 공격성에 맞서기 위한 선택에 기인한다〉라는 제목의 논문을 발표했다.[96]

보노보는 삶을 즐긴다고 할 수 있을 만큼 평화로운 삶을 산다. 이들은 융합-분열 사회를 구성하고, 완벽한 모계중심으로 암컷끼리 동맹을 형성한다. 보노보 사회에서 수컷이 지위를 갖는다면 보통은 집단 내 암컷들의 허락이 있기 때문이다. 보노보들은 하루 종일 논다. 이들은 낯선 보노보에게조차 자발적으로 음식을 나눈다. 그리고 아무 데서나 섹스를 한다. 하지만 대부분의 섹스는 수컷과 생식력 있는 암컷 사이의 성교가 아니다. 암컷들 사이의 동성 간 섹스는 아주 일반적이고, 젊은이와 늙은이 사이의 이성간 섹스, 키스, 오럴 섹스, 파트너의 성기 애무(동성 간이든 이성 간이든) 역시 무척 흔하다. 영장류 동물학자 프란스 드 발은 "보노보들은 마치 카마수트라라도 읽은 것처럼 상상할 수 있는 온갖 자세를 변화무쌍하게 취하면서 성행위를 한다"

고 장난스럽게 놀렸다.[97] 섹스는 보노보 집단을 결합하는 접착제였다. 섹스는 인사 대신이고 놀이의 형태이며 일어나는 갈등들을 해소한다. 이런 점에서 보노보들은 가까운 친척인 침팬지들과 크게 다르다.

침팬지 사회는 가부장제로 수컷이 암컷에게 심하게 지배적이고, 수컷 지배층에 오르기 위해 자기들끼리 끊임없이 싸우며, 섹스는 새 끼를 낳기 위한 행위에 불과하다. 종종 수컷끼리 동맹을 맺지만 보노 보의 암컷 연합체와 달리 이 동맹은 다른 집단에 속한 개인을 습격해 무자비하게 공격을 가한다. 보노보들에게도 때로는 집단 간 상호작용 이 골치 아플 때가 있지만, 그들은 대체로 평화롭게 모이고 심지어 때 때로 성교를 수반하기도 한다.

유전적으로 가까운 두 친척이 어떻게 이처럼 다른 사회적 궤도를 따라 진화하게 됐을까? 랭엄과 헤어는 그 답을 찾기 위해 매달렸다.

진화 계보도에 나타난 침팬지와 보노보 게놈의 분자유전학적 비교 에 따르면 이들이 약 200만 년 전, 그러니까 아프리카 콩고 강이 생기 던 때와 거의 같은 시기에 같은 조상으로부터 갈라지기 시작했음을 알 수 있다. 콩고 강은 공통의 조상으로 이루어진 개체를 두 집단으 로 갈라놓았다. 한 집단은 강의 남쪽 작은 지역에서 생활하며 보노보 로 진화했고, 다른 집단은 강의 북쪽과 서아프리카와 중앙아프리카를 가로지르는 훨씬 넓은 지역에서 생활하며 오늘날의 침팬지로 진화했 다.[98] 헤어와 랭엄은 당시 보노보 종족은 운 좋게도 식량을 구하는 문 제에서 엄청난 이점을 얻었다고 주장한다. 그들이 차지한 땅은 식량 으로 섭취할 수 있는 양질의 식물들이 널려 있었다. 게다가 그들은 식 량을 얻기 위해 굳이 다툴 일도 없었다. 침팬지들과 달리 보노보들이 사는 지역엔 고릴라가 없었기 때문에 그들보다 큰 영장류 사촌들과 먹을거리를 놓고 경쟁할 필요가 없었던 것이다.

먹이를 놓고 경쟁할 상대가 거의 없는 비교적 풍요로운 세상에서는 놀이, 협동, 상대방에 대한 관용이 유리하게 작용했다. 한가한 시간에는 놀고 놀이가 끝나면 음식과 쉴 곳과 새 친구와 섹스 파트너를 구하기 위해 서로 협력하는 보노보들은 공격적이고 너그럽지 못한 보노보들보다 더 잘 지냈다. 이처럼 온순함의 선택은 신체와 행동의 변화로 이어졌는데, 이것은 여우들에게 나타난 변화들과 놀랍도록 유사하다.

보노보들은 침팬지에 비해 골격이 더 미숙하고 스트레스 호르몬 수치가 더 낮으며 뇌 화학물질도 다르다. 길들인 여우들과 마찬가지로 보노보들 역시 발달 기간이 긴데, 그 기간 동안 어미에게 의지하고, 보다 다양한 색깔 변화를 보이며(흰색 털 뭉치와 분홍색 입술), 두개골 크기는 침팬지보다 작은데도 놀랍게도 뇌에서 공감 능력과 관련된 회백질 영역은 훨씬 크다.[99] 이어서 헤어와 랭엄은 보노보 암컷은 시간이 흐를수록 자기 짝으로 공격성이 가장 낮고 아주 친절한 수컷 파트너를 선택했을 거라고 생각한다. 보노보들은 벨랴에프가 인간의 자기가축화에 대해 간략하게 설명한 내용과 유사하면서도 세부적으로는 분명히 다른 과정을 거치며 스스로 가축화해왔을 것으로 짐작된다.[100] 실제로 보노보들이 이러한 자기가축화 과정을 겪었는지에 관한 향후 연구는 헤어와 랭엄이 주목했듯이 유전자 발현과 공격성의 역할, 신경생물학적 차이와 호르몬의 차이가 공격성과 온순함에 어떻게 영향을 미치는지, 그리고 행동과 형태학이 침팬지와 보노보 모두에게 왜 그토록 밀접한 관련이 있는지에 관한 복잡한 세부 내용을 검토하게 될 것이다.

드미트리는 자신의 자기가축화 가설을 인간에게 테스트하기 위한 간접 실험을 어떤 식으로 시작하면 좋을지 수년 동안 틈틈이 숙고해왔다. 그러려면 영장류를 선택해 길들이고 가축화가 이루어지고 있는지 확인해야 할 것이다. 윤리적인 문제가 아주 크지 않다면 그리고 많은 시간과 연구 자금이 주어진다면, 여우 실험과 같은 방식으로 침팬지를 대상으로 하는 실험이 가능할 것 같았다. 여우와 개처럼 침팬지와 인간은 최근까지 공통의 조상을 공유한다. 그와 류드밀라가 여우를 대상으로 하고 있는 실험과 유사한 방식으로, 모든 세대에서 가장 온순한 침팬지를 선택해 서로 짝짓기를 시킨다면 이들은 과연 어떤 식으로 가축화될까? 훌륭한 유전학자이자 진화생물학자로서 드미트리는 인간은 침팬지**로부터** 진화하지 않았음을 알고 있었으며 ─ 우리는 다만 공통의 조상만 공유할 뿐이다 ─ 따라서 침팬지의 가축화가 그 자체로 인간의 진화를 재생하리라고는 생각하지 않았다. 하지만 대신 우리 인간의 진화 역사에서 가축화의 역할에 관해 몇 가지 힌트를 얻을 수 있을지 몰랐다.

드미트리는 이런 식의 실험은 규정에서 벗어난 일임을 알고 있었기 때문에 가능성을 탐색하기 위한 구체적인 조치를 취하지는 않았다. 하지만 친구와 가족들에게 이 생각을 이야기했다. 쥐를 대상으로 가축화 실험을 한 파벨 보로딘은 어떤 모임에서 벨랴예프가 침팬지에 관해 의견을 꺼낸 일을 기억한다. 파벨은 이렇게 말한다. "우리는 드미트리가 무슨 말을 해도 거의 놀라지 않았습니다. 하지만 이 이야기를 들었을 땐 숨이 턱 멎는 것 같더군요." 잠시 이 생각을 논의한 뒤 파벨은 말했다. "선생님, 지금 무슨 일을 시작하려는지 알고 계십니까? 지금 우리가 해결해야 할 문제만으로 충분하지 않으세요? … 정말이지 우리, 거울 좀 들여다봐야 하지 않을까요?" 드미트리는 잠시 침묵을 지킨 뒤 파벨에게 말했다. "자네 말이 옳아. 백번 옳고말고. 하지만 정말 재미있는 생각 아닌가?"[101]

벨랴예프의 아들 니콜라이는 또 다른 일화를 이야기한다. 한 동료가 드미트리의 생각을 듣더니 깜짝 놀라며 이렇게 말했다. "실험을 하려면 최소한 200년은 걸릴 텐데, 우리는 결과를 알 수 없지 않겠나? 그럴 것 같진 않지만 설사 자네가 옳다 해도 윤리적 문제는 또 어쩔 텐가?" 드미트리는 그의 근시안적인 생각을 참지 못하고 이렇게 대꾸했다. "자네는 코앞의 일밖에 볼 줄 모르는군. 당연히 우리는 결과를 볼 수 없네. 하지만 다른 사람들이 알지 않겠나."[102] 그런데 다른 한편으로 생각해보면, 여우들에게 그렇게 빨리 결과를 보게 될 줄 전혀 기대하지 않았던 것처럼 침팬지들에게 가축화의 변화가 얼마나 빨리 나타날지 누가 알 수 있겠는가? 드미트리는 이 질문이야 말로 답을 알 수 없을 것 같았다.

1985년 초겨울, 벨랴예프는 심한 폐렴 증상으로 입원해야 했다.[103] 그는 중환자실에서 지냈는데 처음엔 증상이 매우 심각해 그의 아내조차 면회가 금지될 정도였다. 이제는 의사가 된 드미트리의 작은 아들 미샤만이 면회가 허락되었다. 다행히 아주 서서히 회복되었고, 마침내 어느 정도 건강을 되찾자 한 가지 소망을 말했다. 몸이 충분히 나으면 제14회 대조국 전쟁 기념행사를 축하하고 싶다고 말이다. 제2차 세계대전 중 독일과 소련이 벌인 전쟁을 소련에서는 대조국 전쟁이라고 불렀으며, 소련의 승리를 기념하여 매해 '승리의 날' 행사를 했다. 지금까지 드미트리는 이 승리의 날 기념행사를 한 번도 놓친 적이 없었고, 1985년 5월 9일 기념행사 역시 빠질 의사가 전혀 없었다.

마침내 승리의 날이 다가왔을 때 드미트리는 기념식이 열리는 홀까지 온 힘을 다해 가파른 계단을 걸어 올라갔다. 그가 홀 안에 들어서자 그의 친구들과 과거의 전우들은 — 모두 그의 건강이 여전히 위중하다는 걸 알고 있었다 — 드미트리를 향해 기립박수를 보냈다.[104] 그가 경험할 진심으로 즐거운 마지막 순간 가운데 하나였다.

상태에 차도가 없자 드미트리는 모스크바에 가서 전문의의 치료를 받도록 권유받았고, 그곳에서 폐암 말기 진단을 받았다. 습관적인 흡연이 결국 그의 발목을 잡고 말았다. 담당 의사들은 그가 사랑하는 사람들과 최대한 많은 시간을 함께 보낼 수 있도록 즉시 노보시비르스크로 돌아가길 바랐다. 드미트리는 학술원 회원 — 소련 과학 아카데미의 정회원 — 이라 학술원에서 마련한 특별 군용기에 오를 자격이 있었지만, 이 항공편을 이용하는 데 상당한 비용이 든다는 사실을 알고 계획을 중단시켰다. 그는 누구도 그처럼 다른 이들이 갖지 못하는 특권을 가져서는 안 된다고 믿었다. 집으로 향하는 정기 항공편이면 충분했다.

2개월 동안은 아직 의사소통을 할 수 있을 정도로 건강했지만, 여전히 침대에 누워 지내야 했고 일을 계속할 수 없다는 사실에 좌절감을 느꼈다. 그는 주치의에게 이렇게 말했다. "저는 일을 해야 합니다. 그런데 다들 나한테 약만 한 움큼 주고 일을 못하게 말리며 법석을 떨고 있군요."[105] 그는 집에서 지내도록 허락을 받았고, 쇠약한 폐 기능을 돕기 위해 산소 탱크를 들여왔다. 그와 긴밀하게 맺어진 공동체, 세포학·유전학 연구소 사람들도 그의 주변에 모여들었다.

끝이 다가올 무렵 드미트리는 언론과 마지막 인터뷰를 준비했다. 그는 이 기회에 자신의 향후 비전을 공유했다. 드미트리는 기자에게 말했다. "인간은 20년 안에 지구에 대해 속속들이 완벽하게 연구할 수 있을 것입니다 … 지구와 근접한 우주공간을 탐험하고 … 무중력 상태에서 장기간 일하며, 지구 주변의 궤도를 돌면서 폐쇄 생태계를 창조할 것입니다 … 인간의 모든 활동 양상은 … 자동화를 통해 성공적으로 향상될 것입니다. 우리는 5세대 어쩌면 6세대 컴퓨터를 사용하게 될 것입니다. 이 컴퓨터는 말하고, 생각하고, 스스로 혁신할 줄 아는 기계가 될 것입니다. 퍼스널컴퓨터, 로봇, 커뮤니케이션 시스템이 널리 사용될 것입니다." 그는 이 견해에 관해 그만큼 확신을 가졌다. 그리고 이렇게 덧붙였다. "하지만 인간이 어떻게 될지는 모르겠습니다."

이어서 기자가 21세기 인류에 대해 그가 **바라는** 바를 물었을 때 벨랴예프는 이렇게 대답했다. "친절해지십시오. 그리고 사회적으로 책임을 다하십시오. 모든 이들과 서로 조화를 이루기 위해 노력하십시오. 평화롭게 살고, 우리의 '형제들' — 지구상에 살아 있는 모든 피조물들 — 을 위해 진심을 다해 전적으로 책임을 수행하십시오. 우리는 자연의 일부일 뿐이라는 사실을 결코 잊어서는 안 됩니다. 우리의 이익을 위해 자연법칙을 연구하고 이 지식을 이용할 땐 자연과 조화를 이루며 살아야 합니다."[106] 그가 그래왔던 것처럼 말이다.

1985년 11월 14일, 드미트리 벨랴예프는 사랑하는 친구와 가족들에게 둘러싸인 가운데 필생의 연구가 앞으로도 계속되리라는 확신을 갖고 안심하며 눈을 감았다. 그는 연구소 부소장인 블라디미르 슘니를 충분히 교육시켰으므로 그가 자신의 일을 무사히 이어받으리라 믿었다. 또한 당연히 류드밀라와 여우 연구팀이 가축화 실험을 계속할 것이며, 놀랍고도 새로운 발견들이 이어지리라 믿었다.

그러나 한 가지 아쉬운 점이 있었다. 류드밀라는 이렇게 말한다. "드미트리는 책을 쓰고 싶어 했습니다. 그의 가장 큰 바람은 가축화에 관한 책을 집필하는 것이었어요 … 일반교양서로 말이에요 … 드미트리는 가축화의 바탕에 어떤 과정들이 있었는지 … 비전문가들에게든 누구에게든 알려주길 원했습니다. 우리가 왜 이런 동물들을 가까이 두고 생활하게 되었는지, 이 동물들은 왜 지금과 같은 모습이 되었는지에 대해서 말입니다." 벨랴예프는 류드밀라와 다른 사람들에게 이런 종류의 책을 쓰고 싶다는 꿈을 여러 번 언급했으며, 푸신카에 관한 특별한 이야기를 알게 되었을 때 그 꿈을 더욱 확고하게 다졌다. 몇 년 전 류드밀라는 푸신카가 새끼를 낳자마자 그녀에게 데리고 와 발치에 내려놓은 일을 드미트리에게 생생하게 실연해 보인 적이 있었다. "벨랴예프에게 이 근사한 이야기를 들려주자 그는 무척 놀라고 어리둥절해하면서 강한 호기심을 보였습니다. 그러고는 일반교양서를 써서 사람들에게 이 이야기를 들려주어야 한다고 말했습니다 … 사람들에게 가축화된 동물을 이해시키고 … 이 동물들이 야생의 [조상들]과 왜 [그리고 어떻게] 다른 방식으로 행동하는지 알려주어야 한다고 말이죠." 심지어 그는 ('인간은 새로운 친구를 사귀고 있다'라는) 제목도 정해놓았다.

벨랴예프의 장례식 날은 진눈깨비와 눈과 비가 한꺼번에 내렸다. 드미트리의 가족, 친구, 동료들은 당시 장례식을 돌아보면 마음이 착잡해진다고 고백한다. 장례식은 물론이고 관련된 기타 행사들이 벨랴예프라는 한 인간의 명성에 걸맞게 많은 관심을 모았다는 데에는 모두들 동의한다. 수많은 사람들이 참석했다. 동료 과학자들, 세포학·유전학 연구소를 비롯해 아카뎀고로도크 연구소에 소속된 많은 직원들, 가족들, 친지들, 대조국 전쟁 때 함께 싸운 전우들이 한자리에 모였다. 멀리 모스크바에서 정치계와 과학계의 고위 인사들도 찾아왔다. 그들 가운데 대부분은 드미트리 벨랴예프를 한 번도 만난 적이 없었지만, VIP들의 전문인 그를 기리는 추도사를 하겠다고 강단을 차지했다.

추도사는 여느 추도사와 마찬가지로 정중했고 예식은 마치 무대에 올린 듯 권위적인 분위기로 치러져 친구들과 가족들은 서로의 마음을 나눌 시간을 가질 수가 없었다. 한 사람 한 사람이 **개인적으로 추도사를 전할** 시간을 전혀 갖지 못한 것이다. 그로 인한 괴로움, 분노, 실망감은 지금까지 고스란히 남아 있다. 류드밀라는 말한다. "저는 제 의견을 분명하게 말하고 싶었습니다." 하지만 예식절차상 받아들여지지 않았다. 그녀와 다른 사람들은 그저 망연히 서서 지켜볼 뿐이었다. 그런데 한 가지 일로 마침내 분위기가 전환되었다. 류드밀라와 그녀의 주변 사람들 곁으로 한 여자가 다가온 것이다. 여자는 눈물을 흘리며 말했다. "여러분들은 오늘 영원히 작별인사를 전할 분이 어떤 분인지 모르실 겁니다." 류드밀라와 다른 사람들은 깜짝 놀랐다. "무슨 말씀이세요, 우리가 모를 리가 있겠어요?" 류드밀라가 물었다. "우리는 그를 20년도 넘게 알고 지냈어요!" 그러자 여자는 이렇게 대꾸했다. "당신은 그분을 20년 동안 알고 지냈는지 모르지만 그분이 어떤 사람인지는 모를 거예요." 그러고는 그곳에 함께 한 모두가 평생 잊지 못할 이야기를 들려주었다.

은행 직원으로 근무한 그녀는 몇 년 전 극심한 다리 통증을 앓았다. 어느 날 벨랴예프가 은행에 왔다가 우연히 그녀와 그녀의 동료가 나누는 대화를 듣게 되었다. 은행 직원은 다리의 통증이 너무나 고통스럽다, 이렇게 매일 아프다간 언제까지 직장에 다닐 수 있을지 모르겠다고 말했고, 그렇게 되면 그녀와 가족들은 어떻게 될지 걱정했다. 여자의 동료는 여자에게 당장 병원에 가봐야 한다고 충고했다. 그러자 여자가 말했다. "안 가본 병원이 없지만 도움이 되지 않았어. 병원에 입원하면 좋겠는데 병실이 충분하지 않대. 어떻게 해야 할지 모르겠어. 하긴 누가 알 수 있겠어." 벨랴예프는 그들의 대화를 듣고 볼일을 마친 뒤 은행을 나갔다. 이틀 뒤 여자는 근무 중에 전화 한 통을 받았다. 수화기 저편의 목소리는 병원에 그녀가 입원할 수 있는 병실이 있으니 최대한 빨리 병원으로 오라고 전했다.

은행원은 얼떨떨한 상태로 말했다. "말도 안 돼요. 병실이 없어 입원이 불가능하다는 말을 수도 없이 들었다고요." 전화를 건 사람은, 전엔 그랬을지 모르지만 학술원 회원인 벨랴예프 씨가 우리 쪽에 연락을 해 이런 상황을 바로잡아달라고 부탁했다고 말했다. 여자는 병원에 갔고, 여러 차례 이어진 수술을 성공적으로 마친 뒤 마침내 통증에서 벗어나 다시 은행에 복직했다. 벨랴예프는 그의 성격답게 결코 누구에게도 이 일을 이야기하지 않았다.

08 SOS

드미트리 벨랴예프가 사망한 해인 1985년은 소련의 대혼란기를 예고한 때였다. 치밀하게 조직화된 공산주의 체제는 최후의 발악을 시작하고 있었다. 그해 3월에 공산당 서기장이 된 미하일 고르바초프는 글라스노스트^{Glasnost}(개방, 정보공개, 언론자유)와 페레스트로이카^{Perestroika}(개혁)로 알려진 정책을 시행했다. 이 정책들은 소련 정부를 보다 투명하게, 경제를 보다 효율적으로 만들기 위한 조치였지만, 오히려 체제를 충격에 빠뜨릴 뿐이었다. 고르바초프가 도입한 경제 개혁은 석유에서 빵, 버터에 이르기까지 심각한 물자 부족으로 이어졌고 엄격한 배급 제도가 실시되었다. 이제 소련 사람들은 가장 기본적인 필수품조차 길게 줄을 서야만 얻을 수 있었다.

세포학·유전학 연구소의 과학적 연구는 당분간은 경제적 격변에서 보호받았고, 류드밀라는 평소와 다름없이 여우 농장에서 실험을 계속할 수 있었다. 새로 부임한 연구소 소장 블라디미르 슘니는 여우 실험의 중요성을 인식해 최대한 넉넉하게 자금을 지원했다. 류드밀라는 실험실 운영을 위한 모든 책임을 인계받았다. 류드밀라는 드미트리가 몹시 그리웠다. 사무실에 출근해 여우에 관한 새로운 자료에 열중하거나, 드미트리가 즐겨 찾아가던 갓 태어난 새끼들 상태를 확인할 때마다 늘 그를 생각했다. 류드밀라와 연구팀은 그의 과학적 탐구 정신을 이어가기 위해 농장에서 열심히 연구하는 한편 몇 가지 중요한 새 연구에도 착수했다.

매해 태어나는 많은 수의 새끼 여우들이 엘리트 여우의 특성을 거의 혹은 전부 보여주었는데, 1980년대에는 그 속도가 빠르게 증가해 중반 무렵에는 농장에서 자란 약 700마리의 여우 가운데 70%에서 80%가 엘리트 범주에 속했다. 외모와 행동에서도 추가적인 변화가 나타났다. 많은 여우들이 꼬리가 동그랗게 말려있을 뿐 아니라 꼬리의 털이 더 북슬북슬해졌다. 게다가 대부분의 여우들이 특이하고 새로운 방식으로 소리를 내기 시작했다. 사람들이 다가가면 '하-우, 하우, 하우, 하우, 하우' 하는 고음의 소리를 내는 것이었다. 류드밀라는 이 소리가 마치 여우들의 웃음소리처럼 들려 '하하' 발성이라고 불렀다. 류드밀라는 이제 여우들의 해부학적 구조도 변하고 있음을 확신했다. 최근 세대에서 태어난 여우들 가운데 대부분이 주둥이가 약간 더 짧고 더 둥글러졌음은 더 이상 의심할 여지가 없었고 머리도 약간 더 작아진 것 같았다. 이러한 몸의 변화는 이제 충분히 중요한 의미를 갖게 되어 류드밀라는 엘리트 여우의 주둥이와 머리, 대조군 여우의 주둥이와 머리를 비교하기 위해 측정을 실시하기로 했다.

류드밀라는 최신 해부학 연구 기술에 관한 자료를 읽으면서 원칙적으로는 여우의 머리를 엑스레이로 촬영한 다음 이것을 바탕으로 크기를 측정해야 한다는 걸 알게 됐다. 하지만 연구소에는 아직 엑스레이 기계가 없었다. 지금까지 실험실 운영 예산을 크게 낮춘 일은 없었지만 그처럼 고가의 장비를 구입하기 위해 재원을 할당하기에는 역부족이었다. 따라서 연구팀은 여우의 머리를 직접 측정하는 옛날 방식을 이용하는 수밖에 방법이 없었다. 또다시 작업자들의 도움이 필요할 뿐 아니라, 힘도 들고 시간도 오래 걸리는 일이었다. 여우가 움직이지 않도록 작업자들이 붙잡고 있으면 그동안 류드밀라와 연구팀은 두개골의 길이와 너비, 주둥이의 너비와 모양을 측정해야 했다. 그들의 고된 노력은 결실을 맺었다. 길들인 여우의 두개골이 대조군 여우의 두개골보다 현저하게 작다는 사실이 확인되었다. 주둥이의 모양도 제법 확연하게 차이가 나, 길들인 여우의 주둥이가 대조군 여우의 주둥이에 비해 실제로 훨씬 둥글고 짧았다. 동일한 변화들은 늑대에서 개로 진화할 때에도 개입되었다. 다 자란 개의 두개골은 다 자란 늑대의 두개골보다 작고, 주둥이는 더 넓고 둥글다.[107] 이런 몸의 변화는 이들이, 그리고 이제 길들인 여우들이 다 자란 이후로도 여전히 어려 보이는 특징을 유지하는 또 다른 방식이었다. 류드밀라는 모든 자료를 정리하고 극명한 차이를 확인하면서, '드미트리가 이걸 봤다면 무척 기뻐할 텐데'라며 마음속으로 생각했다. 이 변화들은 가축화의 일반적인 특징에 추가되었다. 가장 잘 길들여진 여우들은 이제 가축화된 종들에서 보이는 무수한 종류의 변화를 드러내고 있었다.

류드밀라는 또 다른 연구에서 길들인 여우의 스트레스 호르몬 수치를 더 자세하게 살펴보았다. 여우의 호르몬 수치만 측정했던 지난번과 달리, 이번에는 동료 이레나 플류스나나, 이레나 오스키나와 함께 실험적으로 수치를 조작한 다음 여우의 행동에 변화가 나타나는지 확인했다. 야생 여우의 경우 생후 45일 무렵이면 스트레스 호르몬 분비가 급증하는데, 그들이 이미 확인한 바와 같이 이 시점부터 길들인 여우의 호르몬 수치는 대조군 여우에 비해 크게 낮아졌다. 이어서 그들은 공격적인 여우의 스트레스 호르몬 수치가 대조군 여우에 비해 크게 급증한다는 사실도 확인했었다. 두 종류 여우들의 행동에 변화가 발생하는 주된 원인이 각기 다른 스트레스 호르몬 수치 때문이라는 명확한 증거를 얻기 위해, 이제 류드밀라는 공격적인 여우의 스트레스 호르몬 수치가 낮아질 경우 이들이 더 온순하게 행동할지 알아보기 위한 연구를 실시하기로 했다. 클로디테인이라는 화학물질은 스트레스 호르몬 분비를 어느 정도 차단하는 역할을 하는데, 이제 이 물질을 채운 캡슐을 여우에게 먹임으로써 공격적인 여우의 호르몬 분비 급증을 실험적으로 막을 수 있었다.[108] 류드밀라는 양쪽 모두 공격적인 부모에게서 태어난 새끼들을 선택했고, 이레나는 이 여우들에게 기준일 45일보다 조금 일찍 캡슐을 먹이기 시작했다. 공격적인 부모에게 태어난 또 다른 새끼들 집단은 대조군으로서 오일을 채운 캡슐을 먹었다. 결과는 놀라웠다. 클로디테인을 먹인 새끼 여우들에게는 스트레스 호르몬 급증 현상이 나타나지 않았고 오히려 길들인 새끼들과 더 유사한 행동을 보이는 반면, 오일을 먹인 새끼들은 보통의 공격적인 성년 여우로 성장했다.[109]

다음으로는 세로토닌 수치를 이용해 유사한 실험을 하기로 했다. 류드밀라는 이 수치가 길들인 여우들에게 훨씬 높게 나타난다는 사실을 이미 확인한 바 있었다.[110] 실험은 생후 45일부터 시작했다. 공격적인 부모에게 태어난 한 집단의 새끼 여우들 몸에는 세로토닌 양을 점차 늘려서 주입하는 한편, 역시 공격적인 부모에게 태어난 다른 집단의 대조군 새끼 여우들에게는 아무 것도 주입하지 않고, 또 다른 집단의 대조군에는 소금물 용액을 주입했다. 역시나 결과는 명백했다. 두 대조군 여우들은 공격적인 성년 여우로 성장한 반면, 특별히 세로토닌을 주입한 새끼 여우들은 그렇지 않았다. 그들은 오히려 길들인 여우들과 유사하게 행동했다.[111]

1967년 3월에 벨랴예프가 그의 놀랍고도 새로운 아이디어를 공유하기 위해 류드밀라를 자신의 사무실로 부르던 그날부터 호르몬 수치 변화는 줄곧 그의 불안정 선택 이론의 핵심 쟁점이 되어왔다. 스트레스 호르몬과 세로토닌에 관한 이 새로운 조작적 연구에서 얻은 결론들은 서로 아주 완벽하게 들어맞았다.

1980년대 후반, 여우 가축화 실험을 시작한 지도 어느덧 30년이 가까워, 지금까지 실시한 동물 행동 실험에서 제법 장기간 지속한 실험이 되었다. 그런데 상황이 급작스럽게 바뀌어 실험은 돌연 비극적으로 끝날 위기에 처했다. 1980년대 말이 다가오면서 소련 경제가 격변하고 체제가 무너지기 시작했다. 그 바람에 여우 농장의 미래는 암담해졌고, 류드밀라와 연구팀은 여우를 살리기 위해 필사적으로 싸워야만 했다.

1987년, 발트해 연안 공화국인 라트비아와 에스토니아에서 소련의 지배에 저항하는 시위가 시작되어 소련 전역으로 퍼졌다. 1989년, 폴란드의 자유노조, '연대Solidarity'의 민주화 운동은 소련 정부에 자유선거를 요구했다. 같은 해 9월 9일, 수많은 민주화운동 시위자들이 동베를린을 향해 행진하여 베를린 장벽 앞을 지키던 수비대가 물러났고,

기쁨을 주체하지 못한 군중들은 승리를 환호하며 장벽 위를 올랐다. 1990년 10월 3일, 동독과 서독이 통일을 공식 선포했다. 1991년 12월 초, 소련 최고회의는 소비에트 연방공화국의 공식 설립 조약을 폐기했다. 같은 해 12월 21일, 소련 공화국에 속한 15개 국가 가운데 14개 국가는 이미 탈퇴했고, 11개 국가가 힘을 합해 독립국가연합을 창설했다. 12월 25일, 미하일 고르바초프가 대통령직에서 물러나고 이 날을 마지막으로 소련 국기는 크렘린궁에서 영원히 내려졌다.

소련의 모든 생활양식을 감독하던 상명하달식 지휘 통제 체제는 혼란에 빠졌고, 온갖 단체 및 연구기관의 자금 제공은 끊기거나 급격히 삭감되었다. 아카뎀고로도크 내 모든 연구소의 예산도 대폭 줄어들었다. 대부분의 실험실은 아직 실험 장비와 재료들이 어느 정도 남아 있어 적어도 한동안은 연구를 계속할 수 있었지만, 여우 농장은 당장 위기를 맞았다. 작업자들에게 지불할 돈이 바닥났고 여우들 식량을 살 돈도 거의 남지 않았다. 당시 여우의 수는 여전히 700마리 정도여서 먹이만으로도 상당한 비용이 들었다.

류드밀라는 여우들을 사랑하고 연구를 돕기 위해 매우 헌신적이었던 작업자들에게 더 이상 급료를 지불할 형편이 안 된다고 말해야 했다. 몇몇 작업자들은 어쨌든 남아 있기로 했다. 그들은 류드밀라와 그들의 친구인 여우들 곁을 도저히 떠날 수가 없었다. 다른 일을 찾아야 하는 이들에게 류드밀라는 어떻게든 다시 자금을 모을 테니 그때 기꺼이 돌아와 달라고 부탁했다. "우리는 그들에게 말했습니다. 다시 상황이 좀 나아지면 돌아와 달라고, **우리에게는 당신들이 필요하다고**." 그러는 동안 류드밀라는 여우들을 돌보고 살리기 위한 싸움에 모든 열정을 쏟아 부었다.

세포학·유전학 연구소 소장은 자신의 예산에서 최대한 돈을 끌어모아 류드밀라에게 보냈다. 여우 실험은 연구소의 가장 훌륭한 성과였다. 여우 실험이 연구소의 탁월한 업적이라는 소문이 전 세계 유전학계에 퍼져, 류드밀라의 말처럼 "연구소의 '얼굴'이 되었다." 류드밀라는 시베리아 과학 아카데미에 자금 지원을 요청하는 청원서를 보냈고, 아카데미는 실험의 중요성을 인식해 약간의 자금을 지원했다. 이렇게 얻은 자금으로 여우들에게 먹이를 제공할 수 있었지만 연구는 보류해야 했다. 1998년에는 러시아 경제가 바닥까지 떨어졌다. 극심한 경제 위기로 루블화는 세계시장에서 평가절하되었고, 8월 러시아의 국가채무 불이행[112]은 심각한 통화부족을 야기했다. 모든 종류의 국공립 기업 자금이 완전히 바닥나, 류드밀라가 여우 농장을 위해 끌어올 수 있는 자금은 사실상 한 푼도 없었다. 여우를 매우 사랑하는 농장의 모든 직원들과 류드밀라는 이제 더 이상 여우를 살릴 수 없을지 모른다는 끔찍한 전망을 받아들여야 했다.

농장에는 아직 약간의 먹이가 비축되어 있었고, 류드밀라는 지난 몇 년 간 보조금에서 조금씩 돈을 떼어두기도 했다. 이렇게 모은 돈으로 여우를 감염시킬 수 있는 여우 간염이나 수많은 종류의 장내 기생충에 의한 질병 등, 질병 확산을 막기 위해 꼭 필요한 약과 먹이를 계속해서 구입할 수 있었다. 그러나 이 돈마저 바닥이 나자 류드밀라와 몇몇 연구소 동료들은 각자 저축한 돈에서 갹출해 형편이 닿는 대로 최대한 먹이를 구입했다. 하지만 여우들을 충분히 먹이기에는 턱없이 부족해 여우들은 갈수록 체중이 줄기 시작했다. 류드밀라는 농장과 연구소 주변 도로에 나가, 달리는 차를 세우고 돈이든 음식이든 줄 수 있는 것은 무엇이든 기부해 달라고 부탁하면서 어떻게든 여우들 ―

그녀의 여우들 — 이 굶지 않도록 필사적으로 노력했다.

　류드밀라는 여우들과 여우들이 겪고 있는 끔찍한 곤경을 호소하기로 결심했다. 그래서 책상 앞에 앉아 실험에 관한 전반적인 내용을 써서 과학계와 대중 언론매체에 긴급 지원 요청을 보냈다. 어쩌면 그들에게 도움을 받을 수 있을지 몰랐다. 류드밀라가 작성한 내용은 이랬다. "우리는 지난 40년 동안 일생에 걸친 특별한 실험을 해왔습니다. 드미트리 벨랴예프가 그 과정을 흡족하게 여겼으리라 믿습니다 … 우리 눈앞에서 '야수'가 '미녀'로 바뀌었습니다."[113] 류드밀라는 또 여우들에게 나타난 수많은 변화 과정을 기술하면서, 여우들이 얼마나 사랑스럽고 충성스러운 동물이 되었는지 설명했다. "저는 가정적인 환경에서 여러 마리의 새끼 여우를 키우고 있습니다. 이 여우들은 온순한 동물의 모습을 드러내고 있습니다 … 이들은 개 못지않게 헌신적이지만 고양이만큼이나 독립적이며 인간과 뿌리 깊은 유대 — 상호간의 유대 — 를 형성할 줄 압니다." 류드밀라는 자신의 글을 읽는 사람들에게 이렇게 말하고 있었다. 여러분은 이 여우들이 가정에서 함께 지낼 수 있는 애완동물과 똑같다는 걸, 여러분이 사랑하고 여러분의 아이들이 사랑하는 애완동물과 조금도 다를 바 없다는 걸 확인하게 될 거라고. 그리고 아직 많은 분야들을 계속해서 연구해야 한다고 호소했다. 여우 게놈 분석은 아직 시도조차 하지 못했고, 일부 여우들이 1년에 여러 차례 번식하는 이유에 대해 여전히 더 자세한 이해가 필요하며, 길들인 여우들의 새로운 발성을 이제 막 듣기 시작해 이들이 왜 그런 소리를 내는지 알고 싶고, 이 특별한 동물의 인지 능력에 관해 이제 겨우 연구를 시작하려던 참이라고 전했다. 그리고 이 연구를 해온 지 40년이 되었지만 가장 넓은 차원의 진화 역사에서 본다면 눈 깜박할 사이에 불과한 기간이다, 그러니 시간이 더 주어진다면 길들인 여우들의 가축화가 어느 범위까지 이루어질지 더 많은 연구가 필요하지 않겠느냐고 강조했다.

류드밀라는 상황이 얼마나 열악해졌는지 있는 그대로 평가하면서 글을 맺었지만 사실상 지원을 요청하지는 않았다. 단지 "우리 가축화 실험의 미래가 불확실한 건 40년 만에 처음이다"라고 썼고, 참혹한 상황을 묘사한 뒤 언젠가 사람들이 엘리트 새끼 여우들을 애완동물로 입양할 수 있는 날이 오길 희망한다는 말로 글을 마쳤다.

이 글을 미국의 주요 대중 과학 잡지인 《아메리칸 사이언티스트》에 보냈고, 흡사 개처럼 매우 다정해 보이는 여우들 사진 여러 장을 비롯해 드미트리가 앉아 있는 동안 발치에서 장난을 치고 위로 뛰어올라 그의 손을 핥는 한 무리의 새끼 여우들 사진을 동봉했다.

모든 노력을 기울였음에도 불구하고 겨울이 다가오자 여우들은 서서히 죽어가기 시작했다. 일부 여우들은 병으로 쓰러졌지만 대부분은 굶주림으로 목숨을 잃었다. 류드밀라와 연구팀, 그리고 계속 농장에 남아서 있는 힘껏 여우를 돌보고 우리를 청소하는 작업자들은 여우의 수가 줄어드는 것을 지켜보며 몹시 가슴 아파했다. 끔찍한 상황은 여기에서 끝이 아니었다. 류드밀라는 여우들의 대규모 폐사를 막기 위해 자금을 모을 유일한 방법은 일부 여우를 희생시켜 가죽을 판매하는 것뿐이라는 가슴 아픈 제안을 받아들여야 했다. 류드밀라는 여우들이 평화로운 방법으로 죽음을 맞을 수 있도록, 외부에 내보내는 대신 농장에서 안락사 시키도록 지시했다. 주로 공격적인 통제 집단의 여우들을 가운데 건강이 가장 좋지 않아 죽음이 임박한 여우들을 선택했다. 길들인 여우들 중에서도 몇 마리 선택해야 했다. 지금까지 해야 했던 일들 가운데 가장 고통스러운 일이었다. 지금도 그녀는 이 끔찍한 시간을 이야기하길 몹시 괴로워한다. 작업자와 연구자들 가운데 일부는 이 예기치 않은 상황에 정신적으로 깊은 충격을 받은 나머지 상담을 받아야 했고, 한 작업자는 고통을 견디지 못해 정신과 병동에서 치료를 받아야 했다.

그렇게 해서 1999년 초에는 길들인 암컷 100마리와 길들인 수컷 30마리가 살아남았고, 공격적인 대조군 여우의 수는 그보다 훨씬 적었다. 류드밀라는 이제 유일한 희망은 자신의 글이 《아메리칸 사이언티스트》지에 개제되어 여우 실험을 돕도록 사람들의 마음을 움직이는 것뿐이라고 생각했다. 아무런 소식 없이 고통스러운 나날을 보내던 어느 날, 마침내 잡지사 편집자로부터 한 통의 편지가 왔다는 소식을 듣고 류드밀라는 말할 수 없이 기뻤다. 떨리는 마음으로 편지봉투를 뜯었다. 그녀의 글이 개제되었다는 반가운 소식이었다.

〈초기 갯과 동물의 가축화 : 여우 농장 실험〉이라는 제목의 기사가 1999년 3/4월 호에 개제되었다. 드미트리가 새끼 여우들과 함께 있는 사진과, 한 연구자가 여우를 안고 있고 여우가 그녀의 얼굴을 핥는 사진 등 류드밀라가 보낸 사진들 가운데 여러 장이 함께 실렸다. 여러 해 동안 《뉴욕 타임스》지 과학 기자를 지낸 말콤 브라운이 《타임스》지에 기사를 써서 여우들의 사연을 언급하고 류드밀라의 탄원에 관심을 가졌다는 말을 들었을 때, 그녀는 희망으로 가슴이 벅차올랐다. 하지만 지푸라기라도 잡고 싶은 심정이라 단지 꿈을 꾸고 있는지도 모른다는 걱정도 들었다. 사람들이 반응을 할까? 실제로 누가 지원을 보내주긴 할까? 류드밀라는 불안했다. 그녀는 말한다. "어쩌면 다른 사람들의 생각을 착각했을지도 모르니까요."

착각이 아니었다. 반응은 따뜻했다. 전 세계 동물애호가들이 그녀의 요구에 귀를 기울였고 즉시 편지가 쇄도했다. 한 남자는 이렇게 썼다. "당신이 쓴 마지막 문단을 읽고 걱정이 됐습니다. 일개 미국 시민이 개인적으로 당신의 센터에 직접 성금을 보내도 되겠습니까? 많이 보낼 형편은 안 되지만 지지의 뜻으로 소액이나마 기꺼이 보내겠습니다."[114] 해안가에서 석유 굴착업을 하는 또 다른 남자는 이렇게 썼다. "큰돈을 보낼 여유는 없지만 도울 수 있을 겁니다 … 부디 기부할 수 있는 방법을 알려주십시오."[115] 몇 백 달러를 보내는 사람들도 있었고, 소수의 사람들은 1만 달러나 2만 달러를 보내기도 했다. 류드밀라는 다시 여우들에게 필요한 먹이와 약품을 전부 구입하고 작업자들도 모두 불러올 수 있었다. 여우도 실험도 구조되었다.

과학계도 힘을 모았다. 전 세계 과학 학회마다 여우들 이야기로 왁자했고 논문 발표 사이 휴식 시간이면 뜨거운 토론 주제로 떠올랐다. 유전학자들과 동물행동학자들은 가축화된 여우라는 이 범상치 않은 혈통이 가축화의 유전학뿐 아니라 유전자와 행동과의 관계에 중요한 단서를 제공할 수 있으리라는 걸 인식했다. 연구를 위해 할 수 있는 방법은 무궁무진했다. 세포학·유전학 연구소가 아직 기술이나 자금을 갖추진 못했지만, 여우 게놈 서열화 작업을 수행할 수 있을 것이다. 더 많은 연구가 이루어지면 호르몬 분비의 지속적인 변화와 이 변화의 유전적 원인을 분석할 수도 있을 것이다. 동물의 인지와 마음의 본성에 관한 연구에 새로운 붐이 일기 시작한 이참에 여우의 인지 능력은 훌륭한 검토 주제가 되었다. 류드밀라는 해외의 과학자들에게 문의를 받기 시작했고 여우 농장이 지닌 무기들을 그들에게 공개했다.

여우를 연구하고 탐구하고 싶다고 류드밀라에게 가장 먼저 연락한 많은 과학자들 가운데에는 러시아 태생의 유전학자 안나 쿠케코바도 있었다. 안나는 상트페테르부르크 대학교에서 박사학위를 받은 뒤 코넬 대학교에서 자리를 잡고 개들의 분자유전학에 관해 연구했다. 1990년대 초 대학원에 다닐 때 여우 농장에서 일하길 희망해 류드밀라에게 연락한 적이 있었다. 하지만 당시는 연구소가 처음 맞는 경제적 위기로 한창 고전을 겪던 시기라 그녀를 참여시킬 수가 없었다.

안나가 가장 흥미를 느낀 대상은 언제나 개와 그 친척들이었다. 열두 살 때 안나는 레닌그라드 동물원의 어린이 동물학자 클럽에 참여했는데, 배우고 싶고 좋아하는 동물을 골라보라는 말에 오스트레일리아의 야생 개 딩고를 선택했다. 이 야생 개가 왜 다른 개들과 다른 방식으로 행동하는지 궁금했기 때문이었다. 안나의 열정은 대학원 시절에도 꺼질 줄 몰랐다. 박테리아와 바이러스에 관한 연구로 정신이 없는 와중에도 틈틈이 일주일에 며칠씩 개 훈련사로 일했다.

학위를 받은 후에는 개 유전학이라는 최근 떠오르는 분야에서 직업을 찾았다. 당시 개 게놈을 연구하는 실험실은 소수에 불과했고 안나는 모든 실험실에 지원했다. 마침 코넬 대학의 그레그 애클랜드 실험실이 최근 거액의 지원금을 받게 되어 그녀에게 함께 일해보자고 제안했다. 1999년에 안나는 러시아를 떠나 뉴욕 이타카의 목가적인 언덕으로 향했다.

마침 분자유전학에 뛰어들기 좋은 시기였다. 지난 십 년은 유전자 분석을 위해 새롭고도 효과적인 도구들이 도입되는 한편 중요한 발견이 쇄도했던, 그야말로 유전학 발견의 분수령이 된 시기였다. 1983년에 과학자들은 인간에게 질병을 유발하는 유전자의 위치를 최초로 발견했다. 헌팅턴 무도병과 관련이 있는 이 유전자는 인간의 4번 염색체에 위치했다. 같은 해에 화학자 캐리 멀리스는 DNA 조각을 신속하게 복제하는 중합효소 연쇄반응^{PCR}이라는 기술을 발명하여, 유전자 지도를 빠르고 정확하게 작성하는 혁신을 일으켰고 10년 뒤 노벨상을 받았다. 1990년에는 낭포성 섬유증과 관련된 중요한 유전자 돌연변이가 확인되었고, 분자유전학이 그 뒤를 바싹 좇아 어떻게 암 억제 유전자가 길을 잘못 들어 유방암 위치에 이르게 되었는지 밝혔다. 1990년은 인간 게놈 프로젝트라는 전 세계적으로 기념비적인 공동 연구 작업의 서막이 드러나는 해이기도 했다.

염색체에 나타난 최초의 완벽한 자유생활성 종의 게놈은 헤모필루스 인플루엔자라는 박테리아 게놈이었다. 이 박테리아는 이름과 달리 독감을 일으키지는 않지만 유독 어린아이들에게 심한 감기 증상을 일으킨다. 연구자들은 이 박테리아의 유전 암호가 180만 개 문자로 이루어져 있다는 걸 발견했는데, 이는 더 복잡한 종의 유전 암호는 믿기 어려울 만큼 길 수 있음을 시사했다. 다음 해에는 빵 반죽을 부풀리기 위해 이용된다고 해서 속칭 빵 효모라고 불리는 최초의 균류 게놈 지도가 작성되었다. 이후 1996년에는 많은 이들은 기뻐했지만, 최근 과학이 그럴 권리가 없는 영역에까지 발을 들여놓는다고 생각하는 이들에게는 아주 끔찍한 일이 일어났다. 스코틀랜드 로슬린 연구소의 발생생물학자 이언 윌머트와 그의 연구팀은 양의 유방 세포를 떼어내 다른 양의 빈 난자에 이식하고, 이 난자를 또 다른 제3의 양에 이식했다. 1996년 7월 5일, 이 양은 최초의 복제 양 6LL3을 출산했고, 이 출산을 도운 돌리 파튼 팬의 제안으로 이름을 돌리라고 지었다. 프린스턴 대학의 생물학자 리 실버는 이날의 기쁨과 두려움을 이렇게 요약

했다. "믿을 수 없다. 이 일은 기본적으로 한계란 없다는 걸 의미한다. 모든 공상과학 소설이 사실이라는 걸 의미한다. 사람들이 결코 일어날 리 없다고 말했던 일이 2000년 이전인 지금 이곳에서 일어났다."[116]

1998년에는 1억 개의 암호문으로 이루어진 동물 — 의학유전학의 일꾼인 C. 엘레강스 선충 — 의 염기서열이 최초로 완벽하게 밝혀졌다. 이후 왓슨, 크릭, 로절린드 프랭클린이 DNA 구조의 수수께끼를 해결한 지 50년이 안 되고, 인간 게놈 프로젝트가 착수된 지 9년이 지난 1999년에 영국, 미국, 일본, 독일, 프랑스, 중국의 과학자들이 우리 인간의 23쌍 염색체 가운데 1번 염색체를 해독했다. 많은 질병과 관련 있는 인간 염색체 22번은 비교적 작기 때문에 가장 먼저 유전자 지도가 완성되었다. 그로부터 2년 뒤, 경쟁적인 두 개의 논문이 두 곳의 세계 주요 저널《사이언스》지와《네이처》지에 인간 게놈 지도 초안을 최초로 발표했다. 하나는 인간 게놈 프로젝트 팀 논문이고, 다른 하나는 셀레라 제노믹스 사의 크레이그 벤터 박사 팀 논문이었다. 미국 국립 보건원 원장 프랜시스 콜린스는 이 논문들은 결국 '각각의 예방 의학'으로 이어질 것이라고 예견했다. 2년 뒤 프로젝트는 우리 유전자 99%의 지도를 완성하여 유전자 암호를 이루는 문자를 — 그 가운데 약 32억 개를 — 한 자 한 자 밝혀냈다. 인간의 노력이 가져온 큰 업적이라는 측면에서 많은 사람들은 이것을 달 착륙에 비유했다.[117]

2001년 늦은 가을 인간 게놈 초안이 공개될 무렵, 안나는《아메리칸 사이언티스트》지에 게재된 류드밀라의 글과 여우들의 참혹한 상황을 접했다. 안나는 여우 실험에 관해 마지막으로 들은 후로 연구 과정을 자세히 알기 위해 발표된 기사들을 전부 찾아 읽었다. 그리고 여우의 유전자 염기서열이 아직 밝혀지지 않았다는 사실을 알고, 자신이 개 게놈 지도에 사용하는 도구를 수정하면 여우 게놈 지도를 작성할 수 있지 않을까 생각했다. 어쩌면 엘리트 여우의 게놈 지도를 작성하게 된다면, 언젠가 — 아마도 불과 몇 년 안에 — 엘리트 여우의 게놈과 개의 게놈을 비교해서 중요한 정보를 얻을 수 있을지 몰랐다. 길들인 여우 게놈에 관해 알려진 바가 거의 없었으므로 그녀는 묻고 싶은 질문이 끝이 없었다.

전체 엘리트 여우의 게놈 염기서열을 덩어리째 분석하는 건 고사하고 개별 유전자 염기서열 분석이라니, 류드밀라는 자신이든 누구든 꽤 오랫동안 절대 실행할 수 없는 작업일 거라고 생각했다. 더구나 여우의 게놈을 개의 게놈과 비교한다는 건 꿈같은 일이었다. 개의 유전체학은 새로운 연구 분야였고 당시 이 분야를 공부한 연구자는 극소수에 불과했다. 그러나 다행히 안나는 이 연구자들 가운데 한 명이었고, 류드밀라와 여우들을 새로운 발견의 세계로 안내하길 원했다.

안나는 코넬 대학 박사 과정 후 지도 교수였던 그레그 애클랜드에게 2002년 새해 휴가를 어머니와 할머니와 함께 보내기 위해 러시아에 갈 예정인데, 이때 류드밀라에게 연락해 이 프로젝트에 합류해도 좋을지 알아보고 싶다고 제안했다. 그레그는 정말 좋은 아이디어라고 생각했다. 그리하여 안나는 모스크바 집에 도착하자마자 류드밀라에게 전화를 했고, 류드밀라는 이 아이디어에 몹시 흥분했다. 안나는 류드밀라가 괜찮다면, 코넬에 돌아가자마자 그녀와 그레그, 류드밀라가 함께 세부 사항을 협의하면 되겠다고 생각했다. 그런데 제일 먼저 해야 할 작업이 무엇이냐는 류드밀라의 질문에 안나가 여우의 혈액 샘플을 채취해야 할 거라고 대답했다. 그러기가 무섭게, 류드밀라는 비행기로 — 지금 당장 — 노보시비르스크에 가야 한다고 말하는 것이었다. 류드밀라가 40여 년 동안 여우 실험을 성공적으로 이끌었던 비결은 이처럼 기회를 그냥 흘려보내지 않았기 때문이었다.

안나는 어안이 벙벙했다. 시작하자고? 지금 당장? 안나는 한 몇 달 논의가 오가야 할 거라고 생각했다. 하지만 안나 역시 기회를 활용할 줄 아는 사람이었다. 다만 한 가지 문제가 있었다. 혈액을 담을 약병이 최소한 300개가 필요했는데, 당시 러시아에서 그런 도구는 귀하고 비쌌기 때문에 세포학·유전학 연구소에 구비되어 있지 않았다. 안나는 자신이 어떻게든 구해오겠다고 말했고, 그녀가 일했던 상트페테르부르크 대학교 실험실의 옛 동료들에게 연락해 이틀 만에 직접 약병을 가지고 왔다. 그리고 마침내 1월 4일, 노보시비르스크로 향했다.

상황은 번개 같은 속도로 전개되어 나갔다. 안나가 류드밀라의 연구소 사무실에 도착해 숨도 돌리기 전에 류드밀라는 안나에게 이렇게 말했다. "시간이 없어요, 농장으로 갑시다." 안나는 엘리트 여우들을 만났을 때 얼마나 놀랐는지 지금도 생생하게 기억한다. "길들인 여우들과 상호작용하면서 제가 얼마나 놀랐는지는 말할 필요도 없을 거예요. 여우들이 인간과 교류하려는 열망이 무척 강한 걸 보고 깜짝 놀랐습니다." 하지만 안나는 감정을 자제했다. 샘플링 절차를 준비하기 위해 곧바로 일에 착수해야 했다. 분자 유전자 분석을 하려면 원칙적으로 3대에 걸친 여우 가족의 혈액 샘플을 채취해야 했다. 그래서 류드밀라는 어떤 여우를 채취해야 할지 확인하기 위해 즉시 여우 팀 연구자 두 사람에게 여우들의 방대한 계보를 조사하도록 했다. 여우 농장 팀은 워낙 유능해 다음 날 아침 9시에 안나가 연구소에 도착했을 때 이미 여우들 목록이 완벽하게 준비되어 있었다.

류드밀라도 최적의 속도로 샘플링을 마칠 수 있도록 만반의 준비를 갖추었다. 작업을 마치려면 이틀밖에 시간이 없었는데, 매서운 겨울 추위에 난방 시설이 없는 작업장에서는 작업이 불가능했다. 여우들을 실내로 데리고 와야 했다. 따라서 류드밀라는 대부분 여자들로 이루어진 작업자들을 열 명씩 조를 지어, 혈액 채취를 할 여우들을 우리에서 데리고 나와 농장에 있는 한 집에 데리고 들어가게 했다. 신속한 동작이 요구되었기에, 작업자 한 사람이 미끄러져 팔이 부러졌을 때 그는 다른 작업자들에게 자기는 상관하지 말고 어서 계속해서 일을 진행하라고 했다. 팀의 노력은 매우 훌륭했다. 안나는 작업자들의 헌신에 감동했다. "이 여자들을 만나고, 그들의 동물을 향한 깊은 열정을 알게 된 건 좋은 경험이었습니다. 그들은 제가 어릴 때 갔던 레닌그라드 동물원의 나이 많은 사육사들을 연상시켰습니다."

해질 무렵 그들은 약 100마리의 여우들로부터 샘플을 채취했고, 다음 날에도 같은 작업을 반복했다. 안나는 말한다. "류드밀라는 사육사들을 위해 농장에 케이크를 가지고 왔습니다. 그들이 우리를 위해 별도의 수고를 마다하지 않은 데 대해 조금이나마 감사의 표시를 하고 싶었던 거죠."

안나는 이번 여행에서 혈액 샘플을 얻게 될 거라고는 기대하지 않았기 때문에, 미국으로 샘플을 가져가는 데 필요한 허가서를 갖추지 못했다. 다행히 실제로 필요한 건 혈액 자체가 아니라 그 안의 유전 물질이었다. 따라서 콘월로 향하는 길에 상트페테르부르크에 들러 대학 동창들에게 다시 부탁했고, 그들은 안나가 미국으로 돌아가기 전까지 5일밖에 남지 않은 시간 동안 샘플에서 DNA를 추출하겠다고 동의했다. 그들은 DNA 분석이 얼마나 중요한지 잘 알고 있었다.

여우 가축화와 관련해 유전자를 분리하려는 노력은 계속되었다.

09 여우처럼 영리하게

가축화된 여우에 관한 연구에 협력할 기회는 안나 쿠케코바 같은 유전학자뿐 아니라 동물행동 전문가에게도 큰 관심사였다. 1971년 에든버러에서 동물행동학 학회를 조직했을 당시 오브리 매닝이 서양의 여러 과학저널에 발표된 초기 실험 내용에 매료되었던 것처럼, 1990년대 새로운 세대의 동물행동학 연구자들은 여우에 관한 연구 결과가 자신들의 연구에 얼마나 큰 가치가 있는지, 그리고 여우를 대상으로 실시하는 새로운 연구가 얼마나 중요한지 잘 알고 있었다. 폭발적으로 늘어나는 새로운 연구들은 동물의 인지능력과 가능한 학습 유형에 중점을 두었다. 여우들은 가축화된 동물 종과 그 동물의 야생 친척들 간의 인지력 차이를 탐구할 수 있는 천금 같은 기회를 주었다.

류드밀라와 드미트리는 여우의 가축화에 따른 유전적 변화는 이들이 사람들과 친해지는 방법을 배우기 위해 스스로 뇌를 준비시켰기 때문임이 분명하다는 데 동의했었다. 푸신카는 류드밀라에게 특별한 충성심을 보였고, 류드밀라 역시 푸신카가 아주 기초적인 추론 능력을 보인 것 같다고 믿었다. 까마귀를 잡기 위해 죽은 척했던 푸신카의 영리한 속임수는 전략적인 신중함을 보여준 것 같았다. 그러나 류드밀라는 동물 인지 연구에 필요한 전문 지식이 없었기 때문에 여우의 사고력을 테스트하기 위한 연구를 착수할 수 없었다.

동물의 마음속을 들여다보는 건 어렵다. 개 주인이라면 누구나 개가 살점이 붙은 뼈다귀를 신중하게 입으로 앙 물고 방 한 구석이나 의자 뒤로 가서 앞발로 바닥을 긁은 다음 바닥에 천천히 뼈다귀를 내려놓는 모습을 본 적이 있을 것이다. 마치 이걸 묻으면 어떻게 될까, 머릿속으로 궁리라도 하는 것처럼 말이다. 테리어인지 비글인지 아무튼 주인의 이 작은 애완동물은 무슨 흉내 놀이라고 하는 걸까? 어린아이가 상상으로 소꿉놀이나 소방차 놀이를 하는 것과 마찬가지로 이 동물은 상상 놀이에 빠져 있는 걸까? 아니면 영리하게도 나중에 먹을 게 없을 때를 대비해 뼈다귀를 몰래 숨겨두는 것이 좋겠다고 배우기라도 한 걸까? 고양이들이 문 뒤에서 서로에게 달려들 땐 마음속으로 뛰어난 사냥 솜씨를 연출하고, 방안을 뛰어다닐 땐 무서운 포식자를 피해 도망가는 장면을 상상하는 건 아닐까? 아니 어쩌면 우리가 기르는 애완동물들은 단지 본능에 따라 행동하고 있는지도 모른다. 찰스 다윈이 그가 관찰한 개에 대해 카펫 위를 열세 번씩 돌고 돈 다음에야 비로소 자리를 잡고 잠을 잤다고 추측했던 것처럼.

동물들의 정신적 생활의 특징은 정확히 무엇일까? 우리로서는 알 도리가 없다. 동물의 행동에 관해 가장 대답하기 힘든 질문이 바로 동물의 정신과 감정의 특성에 관한 질문이다. 다윈은 동물의 인지와 감정은 인간의 그것과 연장선상에 있을 거라고 추측했다. 그러나 20세기에 유전적으로 프로그램된 동물 행동에 대해 많은 사실을 발견했을 때 — 예를 들어, 회색기러기 새끼들은 각인이 일어나는 시기에 고무공을 엄마로 착각한다는 콘라트 로렌츠의 설명 같은 —, 연구자들은 동물을 의인화해서 인간과 유사한 생각을 동물에 투사하지 않기 위해 각별히 주의했다. 지금은 증거의 기준이 상당히 높게 설정되었지만, 제인 구달이 침팬지에 관해 주장할 당시엔 그렇지 못했기 때문에 구달은 동물의 내면세계에 관한 추론들에 격분했다. 그러나 다른 동물행동학자들의 관찰과 함께 구달의 관찰 역시 동물의 마음의 본성을 탐구하기 위한 새로운 방법을 찾는 데에 관심을 불러일으켰다.

베른트 하인리히, 가빈 헌트 등 이 연구에 착수한 여러 동물학자들은 류드밀라의 스승인 레오니트 크루신스키와 노벨상 수상자인 니콜라스 틴베르헌의 전통을 따라 야생 동물을 연구했다. 그리고 많은 흥미진진한 연구들을 통해 영장류 외에 다른 동물들도 도구를 사용한다는 사실을 밝혔다. 뉴칼레도니아의 까마귀들Corvus moneduloides은 조류계 최고의 도구제작자다.[118] 이 새들은 나뭇가지와 잎을 정리해 만든 도구를 이용해 나무껍질 밑에 모여 있는 벌레들을 빼낸다. 나무껍질의 갈라진 틈 안으로 이 도구를 찔러 넣고 목표물인 벌레들이 방어적인 반응을 보이며 도구를 붙잡으면, 바로 이때 도구를 빼내 허겁지겁 벌레들을 먹어치우거나 배고픈 새끼들에게 먹이는 것이다. 이 까마귀들은 태어나서 처음 한두 해 동안 도구 제작법을 배우는데, 숙련된 도구제작자들이 작품을 손보는 모습을 지켜보며 견습생 시절부터 차츰 실력을 쌓다가 마침내 뛰어난 도구제작자가 된다. 처음엔 나뭇잎을 떼어내고 군더더기 가지들을 제거해 가장 단순한 도구를 만드는 것부터 시작하여 차츰 근사하고 매끈한 탐침 도구를 만든다. 그러다가 최종적으로 나뭇가지 끝에 고리를 만드는 아주 정교한 도구제작법을 알아낸다. 이런 도구를 만들려면 먼저 나뭇가지 끝이 가느다랗게 두 개로 갈라진 작은 가지를 골라야 한다. 그런 다음 둘 중 한쪽 가지가 갈라지는 아래 부분 바로 위를 물어뜯는다. 이렇게 하면 남은 가지 끝이 작은 'v'자 모양이 되어, 마치 닭의 위시본이 부러질 때 한쪽 뼈가 다른 쪽보다 훨씬 짧아지는 것과 비슷해진다. 그런 다음 일종의 v자 나무 토막을 부리로 다듬어 더욱 날카롭게 만든다.

이 까마귀들은 가시가 뾰족한 스크류 파인 나뭇잎의 가장자리로도 도구를 만든다. 나뭇잎을 창의 끝 부분과 유사한 모양으로 끝으로 갈수록 점점 가늘게 만들어, 이것을 탐침으로 사용해 먹이를 찔러 찾아다니는 것이다. 실험실에서 이 새들을 연구한 연구자들은 이들이 마분지와 알루미늄 같은 전혀 새로운 물체를 이용해 도구를 만든다는 사실을 발견하고, 야생에서도 이와 같은 독창성을 발휘하는지 확인하기 위해 뉴칼레도니아에 있는 그들의 자연서식지에 여러 대의 '까마귀 카메라'를 설치했다. 카메라에는 이 새들이 털갈이로 빠진 털이나 마른 풀로 도구를 만드는 영상이 담겼다. 어느 땐 도구를 이용해서 심지어 도마뱀처럼 특히 즙이 많고 단백질이 풍부한 먹이에 접근하는 모습도 볼 수 있었다. 놀랍게도 이 새들은 자기들이 가장 좋아하는 최고의 도구들을 보호했다가 나중에 다시 사용하기도 한다.[119]

뉴칼레도니아의 까마귀들이 이처럼 인상적인 도구제작 기술을 보여주는 반면 다른 종들은 왜 그렇지 않은지는 많은 논란의 주제가 되고 있다. 연구자들은 그 답을 찾기 위해 이 까마귀들에게 작용하는 요인은 무엇이고 도구를 만들지 않는 다른 조류에게 결핍된 요인은 무엇인지 탐구해왔다. 그 가운데 설득력 있는 가설은 여러 환경이 결합하여 이런 능력을 발달시키도록 촉진했다는 것이다. 이 까마귀들은 먹이 때문에 다른 새들과 경쟁할 일도 적고 포식자에게 약탈당할 위험도 낮아 도구를 가지고 실험해볼 시간적 여유가 있었을 짓이다. 또 성장 발달 기간이 상당히 긴 덕분에 새끼들은 부모와 어른 까마귀들에게 도구 제작 기술을 배울 기회가 많았으리라 짐작된다.

　동물의 학습 자체에 관한 연구 외에, 상당히 많은 연구들이 동물의 기억력에 중점을 두고 있으며 제법 놀라운 사실들이 발견되고 있다. 동물의 세계에서 기억력 하면 까마귓과의 어치를 따를 자가 없다. 일부 어치 종은 궁핍한 시기에 대비해 많은 양의 먹이를 저장하지 않지만, 그 나머지 종들은 장장 9개월에 걸쳐 6천 개에서 1만 1천 개의 씨앗을 어디에 저장했는지 정확하게 기억한다. 이 능력은 이들의 뇌에서 해마 영역의 크기가 굉장히 큰 것과 관련이 있다.[120] 서양덤불어치는 새의 평균 지능을 한 단계 높인다. 이들은 엄청난 양의 먹이를 어디에 저장했는지 일일이 기억할 뿐 아니라, 먹이를 은닉할 때 자신들을 지켜보던 자가 누군지, 그들이 그렇게 지켜보던 때는 언제인지까지 기억했다가 나중에 땅을 파서 다른 곳에 먹이를 숨긴다. 짐작컨대 기껏 비축한 먹이를 도둑맞지 않도록 지키기 위해서인 것 같다.[121]

　일부 종들은 아주 많은 것을 이해할 수 있는 기본적인 능력을 갖추고 있는지도 모른다. 침팬지들은 여러 개의 접시 가운데 어떤 접시에 더 맛있고 달콤한 바나나가 담겨 있는지 감지할 줄 안다. 매번 정해진 개수의 먹이를 받는 데 익숙한 개들은 먹이의 개수가 부족하면 평소에 받던 개수를 똑똑히 기억할 것이다. 이뿐만 아니라 먹이가 불공평하게 배분되어 다른 개에게 더 많은 먹이가 가면 보란 듯이 먹이를 흩뜨리기도 할 것이다. 황량한 환경에서 생활하는 사막개미들은 집으로 돌아갈 길을 찾을 만한 단서가 별로 없는 데도, 먹이를 찾는 여정을 밟을 때마다 집에서 몇 걸음을 떼었는지 가늠할 줄 안다. 먹이를 찾아 나서는 개미들의 표본을 수집하던 동물행동학자들은 개미 다리에 작은 기둥을 부착하는 방법을 고안하여, 다리를 50% 더 길게 만들었다. 연구자들은 이 개미들을 이들이 먹이를 찾던 영역으로 돌려보낸 다음 이곳에서 보금자리로 돌아오는 과정을 관찰했는데, 그 결과 개미들은 도착해야 하는 지점보다 50% 정도 더 멀리 갔다가 그 지점에서 멈추어 집을 찾기 시작한다는 걸 발견했다. 개미들은 자기 걸음으로 확인할 수 있는 거리까지만 더 나갔으며, 이것으로 자신들이 몇 걸음을 걸었는지 파악하고 있다는 걸 매우 합리적으로 설명할 수 있다.[122]

이 같은 연구가 붐을 이루는 동안 추론 능력에 관한 연구도 상당한 진전을 보였다. 많은 연구자들은 인간 이외의 일부 동물들이 추론 기술을 보인다고 다시금 주장하기 시작했다. 가장 설득력 있는 주장은 당연히 영장류와 관련된 것이었다. 영장류들이 인간과 유사한 추론 능력을 지닌다는 견해는 사실상 20세기 초부터 시작되었다. 독일 연구자 볼프강 쾰러는 1910년대에 카나리아 제도의 프로이센 과학 아카데미 영장류 연구소 소장으로 있는 동안 유인원들을 관찰하면서, 유인원들이 얼마나 창조적으로 많은 문제를 해결하는지 기록했다. 쾰러는 유인원들이 높은 곳에 있는 바나나 송이에 닿기 위해 나무상자를 차곡차곡 쌓아 올리고 맨 위로 올라가는 모습, 기다란 막대기를 이용해 나무에 달린 바나나 송이를 세게 치는 모습을 목격했다. 그는 1917년 독일에서 초판을 찍었고 큰 영향을 미친 저서 《유인원의 사고력The Mentality of Apes》에서 유인원들의 뛰어난 솜씨를 소개하면서, 이들이 이 같은 일을 해내기 위해 추론 기술을 적용한 게 분명하다고 주장했다. 그러나 많은 연구들이 훈련과 본능에만 중점을 두어 동물 행동을 설명했기 때문에 그의 저서는 이후 몇십 년 동안 사람들의 관심에서 멀어졌다. 이후 제인 구달과 다이앤 포시, 그 밖에 침팬지와 고릴라 연구자들이 관찰한 내용이 소개되고, 프란스 드 발, 도로시 체니, 로버트 자이파르트, 바바라 스뮈츠를 비롯한 신세대 영장류 동물학자들이 야생 및 실험 환경에서 보노보와 기타 영장류들의 복잡한 사회생활을 관찰한 내용이 더해지면서 이 주제는 다시 유행을 타기 시작했다.

이 분야에서 특히 유익한 연구는 동물의 사회 인지, 다시 말해 침팬지가 숲에서 무리를 지어 먹이를 찾는다든지, 개 방목장에 풀어놓은 개들이 신나게 뛰어논다든지 하는 식으로, 동물이 자기가 처한 사회적 상황을 평가할 줄 아는 능력에 대한 것이다. 연구자들은 동물들이 같은 종끼리 서로의 신호에 어떻게 반응하는지, 개들이 주인의 기분을 읽는 데 아주 능숙한 것처럼 다른 동물의 신호에는 어떻게 반응하는지 연구한다. 길들인 여우들도 이 연구에 중요한 기여를 했다.

이처럼 동물의 사회 인지에 관한 연구 분야에서 많은 이들이 중요한 기여를 했는데, 그 가운데 한 사람이 여우를 대상으로 흥미로운 연구를 수행하기 위해 아카뎀고로도크에 왔다. 당시 브라이언 헤어는 리처드 랭엄 교수의 지도하에 아직 박사학위 과정을 밟으면서 랭엄 교수와 함께 보노보의 자기가축화에 관한 논문들을 준비하고 있었다. 브라이언의 전공은 다양한 동물 종의 사회 인지 능력을 비교하는 것으로, 개와 영장류에 대한 연구에 중점을 두었으며, 특히 이들의 사회적 기술이 어떻게 진화했는지 이해하는 데 관심이 있었다.[123]

브라이언 자신의 연구와 다른 이들의 연구에 따르면 침팬지와 개코원숭이 같은 인간 이외의 영장류가 세련된 형태의 사회 인지를 드러낸다는 사실은 의심의 여지가 없었다. 예를 들어, 영장류들이 서로의 털을 손질하는 방식에서 이런 상황을 엿볼 수 있다.[124] 연구자들이 아프리카의 찌는 듯한 더위 속에서 땀을 뻘뻘 흘리며, 침팬지나 고릴라가 지금까지 누구도 목격하지 못한 놀라운 행위를 하길 기다리며 고생스럽게 알아낸 사실은, 오히려 많은 영장류들이 거의 명상 속 무아지경에 빠진 양 꼼짝 않고 앉아서 서로의 털을 손질할 뿐 달리 아무 일도 하지 않은 채 무수한 시간을 흘려버린다는 것이었다. 털을 손질하는 주된 목적은 손이 닿기 어려운 위치에 있는 기생충을 없애는 것이지만, 도움 받는 쪽의 스트레스 호르몬 수치를 낮추는 동시에 양쪽 모두 엔도르핀 같은 유쾌한 화학물질의 순환을 증가시키는 등 집단 내 긴장을 완화하는 기능도 하는 것 같다. 어쩌면 호혜주의라는 엄격한 사회적 규칙이 이처럼 서로의 털을 손질하는 의식을 지배하는 게 아닐까 하는 생각도 든다. 어쨌든 누군가의 털을 손질하는 일은 시간이 걸리는 일이며, 자연과 같은 생물들 간 경쟁의 장에서 시간은 돈을 넘어서서 그야말로 생존의 화폐다. 따라서 이런 일은 아주 신중하게 배분되어야 한다. 충분히 보상이 주어지지 않는 활동에 참여하는 건 위험한 일이며, 영장류들은 자기들끼리의 거래 내역을 아주 잘 알고 있다. 가브리엘레 스키노는 36차례 연구를 통해 영장류들이 함께 모여 서로의 털을 손질하는 사회적인 모습을 관찰하면서, 누가 자신의 털을 손질하는지 각자 철저하게 파악하고 있으며 털 손질을 통화의 기능으로 제공한다는 사실을 발견했다. 실제로 때때로 영장류들은 심지어 먹이나 물을 찾는 것을 돕는 등 다른 방식의 화폐를 제공함으로써 자신이 받은 털 손질을 갚기도 한다. 우리는 털 손질의 세계에서 신뢰할 수 있는 자가 누구인지 알아야 할 필요가 있으며, 동물들은 이 일에 뛰어들 때 자신들의 사회적 환경을 예민하게 인식한다. [125]

또 다른 연구에서 관찰한 영장류들은 자신이 원하는 걸 얻기 위해 동맹이나 연합을 결성해야 하는 사회 규칙을 따랐다. 개코원숭이는 '2인 1조' 시스템을 발전시켜 각자 누구를 신뢰할 수 있고 누구를 신뢰할 수 없는지 파악한다. [126] 짝짓기 기간이 되면 계급의 말단에 위치하는 수컷 개코원숭이들은 더 지배적인 수컷이 보호하는 암컷에게 접근하기 위해 종종 다른 수컷에게 도움을 요청한다. 크레이그 패커는 한 개코원숭이가 자신의 적수를 향해 계속해서 위협적인 몸짓을 하는 한편, 다른 개코원숭이를 수시로 훑어보며 같이 위협하자고 설득하는 광경을 목격했다. 때때로 이 작업은, 그리고 이 작업이 성공하면, 도움을 요청한 수컷은 상대편의 암컷과 짝짓기를 함으로써 자신의 도전에 보상을 받는다. 그리고 이 동맹에 동참한 수컷 역시 뭔가 보상을 받는데, 이렇게 한번 도와주면 같이 도전해준 보답으로 언젠가 자신도 도움 받을 가능성이 크다. [127]

동물 세계에서 사회 인지는 속임수를 수반하기도 한다. 버빗원숭이의 경우 약탈자를 발견하면 동료들에게 주의를 주기 위해 각자 경고 신호를 보내는데, 간혹 어떤 버빗원숭이들은 이 신호를 이용해 집단 내 다른 동료들을 속여서 자신의 화를 면할 수 있다는 걸 발견한다. 예를 들어, 버빗원숭이 부대가 접경지에서 만나면, 이따금 두 집단 구성원들 사이에서 공격이 벌어진다. 도로시 체니와 로버트 자이파르트의 기록에 따르면 264개의 집단 내 상호작용 가운데 잘못된 경고 신호 — 진짜 위험이 없는데 내는 신호 — 는 때때로 하위 계급의 수컷이 내는 것이다. 이 계급의 수컷들은 집단끼리 충돌이 벌어지면 자기들이 가장 큰 타격을 받을 게 빤하므로, 서로 충돌을 벌이기보다 차라리 가공의 약탈자에게 주의를 돌림으로써 약탈자의 위협에 관심을 집중시키려는 것 같았다.[128]

연구자들이 처음 생각했던 것 이상으로 동물들은 사회적 환경을 명확하게 이해하고 있다. 브라이언 헤어는 개와 영장류에 관한 자신의 연구에서 동물의 사회 인지에 관해 중요한 발견을 했다. 연구 결과에 따르면 전형적인 사회 지능 평가 — 대상 선택 평가로 알려진 — 에서 침팬지들은 기대에 미치지 못한 반면 개들은 훌륭한 성적을 거두었다.[129] 연구자들은 탁자 위에 두 개의 불투명한 용기를 올려놓은 다음 침팬지 모르게 하나의 용기에 음식을 담았다. 그 결과 침팬지에게 시각적 단서를 주면서 어느 용기에 음식이 담겨있는지 알려주는 것이 무척 어려운 일임을 확인했다. 음식이 담긴 그릇을 가리키거나, 응시하거나, 만지거나, 심지어 용기 위에 나무벽돌 같은 표시물을 두어도 침팬지들은 전혀 알아차리지 못한다. 침팬지들은 음식이 담긴 용기든 그렇지 않은 용기든 아예 선택할 생각이 없는 것 같다. 반면에 개들은 이런 식의 대상 선택 과제에서 거의 천재에 가까우며 침팬지들은 전혀 감도 잡지 못한 것에 신호를 보낼 줄 안다.[130]

헤어는 침팬지와 개의 능력을 비교하는 여러 연구를 시행한 뒤, 개들이 이런 과제를 상당히 똑똑하게 수행한다는 사실을 확인했다. 그리고 자문해보았다. **개들이 이런 일에 그토록 능숙한 이유가 뭘까?** 아마도 개들은 평생 인간과 함께 지내면서 이런 종류의 과제 수행을 학습했기 때문인지 모른다. 혹은 모든 갯과 동물들 — 개, 늑대 등 — 은 대상 선택 평가에 능숙할 뿐 그것이 '개다운 성질' 자체와는 아무런 관련이 없을 수도 있다. 답을 찾기 위한 유일한 방법은 실험을 고안하는 것이었다. 따라서 브라이언은 늑대와 개 둘 다를 대상으로 이 과제를 평가했다. 개들은 언제나처럼 능숙하게 잘 해냈고, 늑대들은 무슨 일이 일어나고 있는지 도통 알지 못하는 것 같았다.[131] 그러니까 모든 갯과 동물이 이런 과제를 잘 해내는 건 아니었다. 헤어는 다양한 연령대의 강아지를 대상으로도 평가를 실시했다. 강아지들은 모두 좋은 성적을 거두었다. 인간과 상호작용을 많이 한 개와 상호작용이 거의 없는 개도 평가했는데, 두 종류의 개 모두 잘 해냈다. 그러므로 헤어는 개들이 이런 과제를 아주 능숙하게 해내는 이유가 인간과 함께 하는 시간의 양이 많아서가 아님을 확인했다.

확실한 결론은 개들은 이 부분에 재능을 타고난 듯 보였다는 것이다. 그러나 이것은 한 가지 면에서는 질문의 답이 되지만 다른 면에서는 그렇지 못하다. 브라이언은 궁금했다. 왜 개들은 어려운 사회 인지 과제를 해결할 능력을 타고난 반면 침팬지는 그렇지 않은가. 그는 그 답은 아마도 개들이 가축화되었다는 사실과 관련이 있지 않을까 추측했다. 헤어는 2002년 《사이언스》지 논문에 이렇게 썼다. "마지막 공통의 조상인 늑대보다 사회적 신호를 보다 유연하게 사용할 줄 아는 개들에게 … 선택 이익이 있었던 것 같다."[132] 가축화 과정이 이루어지는 동안 인간들이 보내는 사회적 신호를 이해할 만큼 영리한 개는 먹을 걸 많이 얻었을 것이다. 인간이 원하는 걸 할 수 있었을 테고, 인간은 그 보상으로 더 많은 먹이를 던져주었을 테니 말이다. 이뿐만 아니라 영리한 개들은, 인간들이 딱히 알아차리길 원치 않는 신호까지 알아차려, 이따금 제 몫이 아닌 먹이를 슬쩍 훔쳐 먹었을지도 모른다.

일리 있는 말이었다. 개들은 뛰어난 능력으로 새 주인인 인간이 선택한 새로운 생활환경에 멋지게 적응했다. 헤어는 중요한 문제에 깔

끔하고 훌륭한 해석을 내놓았다. 딱 젊은 과학자가 상상할 만한 해석이었다.[133]

그러나 그의 스승인 랭엄 교수는 헤어의 연구 결과를 달리 생각했다. 랭엄은 브라이언에게 말했다. 좋아, 그런 능력을 선택한 건 분명 가축화하고 관련이 있지. 하지만 개의 적응에 관한 이야기 ― 인간은 사회적으로 더 영리한 동물을 선택한다는 ― 가 유일하게 가능한 해석일까? 인간의 사회적 신호를 알아차리는 개의 놀라운 능력이 과연 선택에 필연적이었을까? 랭엄은 그렇지 않다고 생각했다. 그는 대립 가설을 제안했다. 어쩌면, 정말 어쩌면, 이 능력은 가축화의 부산물에 의한 우연적 성질에 불과할지 모른다고 말이다.[134] 랭엄은 인간의 사회적 신호를 이해하는 능력이 선택된 것이 아니라, 선택된 다른 특성들과 함께 이 특성이 따라붙은 것이라고 주장했다. 헤어는 상충되는 의견을 시험해보기로 결정했고, 둘은 누구의 주장이 옳은지 작은 내기를 했다.

헤어가 이 내용을 시험할 수 있는 장소는 딱 한 군데뿐이었고, 그곳은 바로 아카뎀고로도크의 여우 농장이었다. 이곳은 동물들이 맨 처음부터 가축화된 유일한 곳이었다. 어떤 종류의 선택 압력이 작동되었고 사회적 지능 자체를 위한 선택은 적용되지 **않았다**는 사실을 연구자들이 **정확하게** 알고 있는 유일한 장소였다. 브라이언이 옳다면 가축화된 여우와 대조군 여우는 둘 다 사회적 지능 테스트에서 형편없는 점수를 받게 될 것이었다. 여우 팀은 결코 사회적 지능 자체를 기반으로 여우를 선택하지 않았기 때문이다. 리처드가 옳아 사회적 지능이 사실상 가축화의 부산물이라면, 가축화된 여우는 개들과 대동소이한 사회적 지능을 보일 테지만 대조군 여우는 그렇지 않을 것이다. 헤어는 류드밀라의 동료를 통해 그녀와 연락했을 때 이 연구의 시행에 찬성하는지 물었고 류드밀라는 흔쾌히 좋다고 말했다. 헤어는 탐구자 협회에서 약 1만 달러의 기금을 어렵사리 받은 뒤 아카뎀고로도크로 향했다. 류드밀라와 연구소 연구원들, 그리고 여우 농장의 작업자들은 헤어를 따뜻하게 맞았고, 그는 깊은 유대감으로 똘똘 뭉친 그들 사이에 자신을 선뜻 받아들여준 것에 감동했다. 심지어 그는 연구자들이 자신의 이름을 흔히 "브레인"이라고 잘못 발음하는 걸 재미있게 여기기까지 했다.

헤어는 길들인 여우들이 자신을 향해 통제가 불가능할 정도로 꼬리를 흔드는 모습을 보고 모두들 그랬던 것처럼 이 여우들에게 금세 반해버렸다. 곧 과제를 시작하면서 헤어는 개와 늑대들에게 했던 대상 선택 평가를 여우들에게 적용해보기로 했다.[135] 여우를 대상으로 한 이 평가는 두 개의 다른 실험 방식을 사용할 예정이었다. 개와 늑대에게 했던 기존의 평가와 매우 유사한 첫 번째 실험에서는 여우 앞에 약 120센티미터 높이의 탁자를 놓고 그 위에 두 개의 컵을 올린 다음 이 가운데 하나의 컵에 음식을 숨길 것이다.[136] 그런 다음 그와 함께 실험에 참여한 연구자가 음식이 든 컵을 가리키고 응시한 뒤 여우가 둘 중 어떤 컵을 선호하는지 기록할 것이다. 두 번째 유형의 평가에서는 음식이 포함되지 않을 것이다. 대신 여우가 익히 알고 있고 무척 좋아하는 두 개의 똑같은 장난감을 탁자의 오른쪽과 왼쪽 양 끝에 각각 올려놓고 집 안에 설치한 우리에서 지내던 새끼 여우 앞에 이 탁자를 놓을 것이다.

헤어는 실험계획서에 내용을 모두 작성하고 만반의 준비를 갖추었는데, 이때 예기치 않은 문제들이 드러났다. 한 예로 컵과 장난감을 놓을 탁자가 필요했는데, 소련 생활의 전형적인 특징이었던 계획경제의 잔재를 경험하기 전까지 이것이 문제가 되리라고는 전혀 예상하지 못했다. 탁자를 요청하자, 연구소 상점에서 그가 사용할 탁자를 제작해야 한다는 말을 들은 것이다. 조만간 헤어는 조잡한 기구가 아닌, 벨랴예프가 자랑스러워하는 러시아 공학 기술의 경이로운 작품을 제공받게 될 터였다. 작업지시가 내려졌고 2주 뒤에 탁자가 도착했다. 헤어는 이 일을 즐겁게 기억한다. "지금까지 본 가구 중 가장 아름다웠습니다. 이 탁자에 '스푸트니크'라는 별명을 지어주었더니 모두들 재미있게 생각했습니다."[137]

실험을 시작하기 전에 해결해야 할 두 번째 문제는 좀 더 까다로웠다. 공정한 평가를 위해 여우는 먼저 우리의 오른쪽이나 왼쪽이 아닌 한가운데에 있어야 했다. 하지만 무슨 수로 여우들을 한가운데에 세울 수 있을까? 여우 팀의 몇몇 팀원들 은여우를 훈련시키는 것이 어떻겠냐고 제안했다. 그들은 가능한 일이라고 확신했지만 헤어에게는 그럴 시간이 없었고, 더구나 실험을 혼란스럽게 만들지 모를 훈련 과정을 피하고 싶었다. 대신 그는 우리의 한가운데 바닥에 나무판자를 설치하면 여우들이 바닥에 깔린 철망보다 판자 위에 앉거나 서는 걸 더 좋아하지 않을까 생각했다. 이번에도 연구소는 그의 요구대로 준비해 여우를 평가할 우리에 판자를 설치했다. 헤어는 다음 날 농장에 도착했을 때 광경을 아주 생생하게 기억한다. 여우들이 각자 우리 한가운데에 설치된 판자 위에 누워있었던 것이다.

헤어는 75마리의 새끼 여우를 대상으로 각각 여러 차례에 걸쳐 평가를 실시했다.[138] 결과는 아주 분명했다. 길들인 새끼 여우들을 개의 새끼들과 비교했을 때 개들과 마찬가지로 영리했다. 대조군 새끼 여우들과 비교했을 땐, 가리키면 응시하도록 하면서 숨겨놓은 음식을 찾는 평가와 브라이언이나 그의 조수가 만진 것과 동일한 장난감을 건드리는 평가 모두에서 더 — 훨씬 더 — 영리했다.[139]

결과는 랭엄의 가설과 완벽하게 일치했다. 대조군 여우들은 사회 인지 과제에 대해 전혀 무지한 반면 길들인 여우들은 심지어 개들보다 조금 더 나은 성과를 보이며 좋은 성적을 거두었다. 사회 인지는 어쨌든 가축화에 딸려 들어온 부산물이었다.

"리처드가 옳았습니다. 제가 틀렸어요 … 이 실험은 제 세계를 완전히 흔들어놓았습니다."[140] 헤어는 자신의 패배를 인정했다. 이 일로 헤어는 지능의 진화는 물론이고 가축화 과정에 대해 전혀 다른 견해를 갖게 되었다. 지금까지 그는 개의 사회적 지능이 높아진 이유는 초기 인간들이 의도적으로 개를 더 영리하게 사육시켰기 때문이라고 생각해왔다. 하지만 개에게 그러한 특성이 드러날 수 있었다면 그것은 오히려 개들이 길들임을 선택했기 때문이며, 이는 곧 번식에 사회적 지능이 수반되지 않은 상태에서 늑대의 가축화가 시작되었으리라는 관점을 뒷받침하는 증거였다. 이제 헤어는 길들임에 영향을 미치는 선택이 늑대들을 가축화의 길로 이끌 수 있었으리라 믿는다. 선천적으로 더 순해서 인간들 주변을 서성거리기 시작한 늑대들은 풍족하게 먹이를 얻는다는 생존의 이점을 갖게 되었을 테니 말이다. 드미트리 벨랴예프가 인간의 가축화에 대해 추측하고 주장했던 내용과 마찬가지로, 늑대들 역시 스스로 가축화 과정을 시작했을지 모른다. 이렇게 견해가 바뀌면서 헤어는 이후 보노보의 자기가축화를 리처드 랭엄과 공동 연구를 하게 되었다.

류드밀라는 드미트리도 브라이언의 연구 결과를 무척 기뻐했을 거라고 믿었다. 이 결과는 불안정 선택 이론과 완벽하게 일치했다. 인간을 향한 얌전한 행동이 궁극적으로 화폐처럼 쓰이는 새로운 세계에 여우를 놓고 여우 게놈을 흔든다면 더 많은 변화들을 — 축 늘어진 귀, 둥글게 말린 채 마구 흔들어대는 꼬리, 발달한 사회 인지 외에 — 얻게 될 것이다.

사회 인지에 관한 헤어의 연구에 고무된 여우 팀의 한 연구자는 개들이 받는 훈련을 길들인 여우들이 얼마나 잘 수행할 수 있을지 시험해보고 싶었다. 오랫동안 자신의 애완견들을 열심히 훈련해온 이레나 무하메드시나는 노보시비르스크 국립대학교 학생으로 19살에 연구팀에 합류했다. 그녀는 잠시 농장에서 일했던 어느 날의 일을 기억한다. "여우들이 움찔움찔 꼬리를 움직이고 조금이라도 사람의 관심을 얻어 보려고 뛰어오르는 모습을 매일 관찰하면서, 제가 개들에게 했던 것과 똑같은 방법으로 정말로 여우들을 훈련시킬 수 있을지 몹시 궁금했습니다."[141] 이레나는 류드밀라의 허락을 얻어, 길들인 엘리트 여우 계보의 새끼들 가운데 윌리아라는 여우를 생후 6주 때부터 자신의 작은 아파트에서 기르기 시작해 어릴 때부터 훈련을 시작했다. 그리고 농장에서 생활하는 다른 길들인 새끼 여우 안주타와도 매일 작업을 실시했다. 이레나는 '앉아' '누워' '일어서' 같은 명령에 정확하게 반응하면 보상으로 맛있는 음식을 주는 방식으로 3주 동안 매일 15분씩 여우들을 훈련시켰다. 두 마리 새끼 여우는 명령을 재빨리 인식해, 개들과 동일한 훈련 방식으로 이 작업을 수행했다. 이 일로 류드밀라는 머지않아 사람들을 설득시킬 수 있으리라는 희망을 더욱 크게 갖게 되었다. 엘리트 여우의 새끼들을 가정에서 키울 수 있다고 말이다. 그들은 여우들이 이렇게 쉽게 명령에 따르는 법을 배우는 걸 보면서,

훈련을 시키면 완벽한 애완동물이 될 거라고 거의 확신할 수 있었다.

1980년대와 90년대에 동물행동 연구자들은 동물의 의사소통을 이해하는 데에도 큰 진전을 이루었다. 류드밀라는 이 연구 결과를 접하고 희망을 갖게 되었다 — 지금까지는 길들인 여우들이 내는 새로운 '하 하' 발성을 연구할 수 없었지만 이제는 상황이 바뀔지도 몰랐다.

동물의 의사소통에 대한 주장들은 오래 전부터 기준을 높게 잡았고, 일명 영리한 한스라는 말 한 마리 때문에 인간과 이외의 동물 사이의 의사소통은 더욱 그랬다. 20세기로 접어들 무렵, 빌헬름 폰 오스텐은 자신의 말 영리한 한스에게 엄청난 능력이 있다고 주장해 일약 유명인사가 됐다. 폰 오스텐은 한스가 수학 퍼즐도 해결하고, 여러 종류의 음악 작품도 알아맞히며, 유럽 역사 문제도 척척 답할 줄 안다고 강조했다. 물론 한스가 말을 한 건 아니었지만 발굽을 이용해 수학 문제의 정답을 두드린다든지, 고개를 위아래나 좌우로 흔들어 문제에 '맞다' '아니다'를 표시했다. 프로이센 과학 아카데미는 폰 오스텐의 소문을 듣고 통제된 환경에서 한스를 테스트해보기로 했다. 한스는 주어진 문제들마다 정확한 답을 제시했지만 방 안에 정답을 아는 사람이 있을 때에 한해서였다. 가령, 두 사람이 각자 한스에게 문제를 내지만 서로 상대방이 내는 문제의 답을 모를 경우, 한스의 행동은 순전히 우연이라고밖에 달리 생각할 수 없었다. 한스는 실제로 영리했지만 사람들이 생각하는 방식으로는 아니었다. 방 안의 연구원들이 한스에게 맞는 답과 틀린 답을 제시할 때, 한스는 그들이 무의식적으로 드러내는 신체와 얼굴의 아주 미세한 단서를 감지할 줄 알았던 것이다. 동물 행동학자들은 그런 실수를 하지 않도록 주의했다.

새로운 흐름 속에서 시행된 엄격한 연구들은 많은 동물들이 정교한 방식으로 소통한다는 사실을 증명했다. 버빗원숭이는 이번에도 근사한 예를 제공한다. 케냐 남부 암보셀리 국립공원에서 생활하는 버빗원숭이들은 많은 위험 요소를 감수해야 한다. 관목들 사이로 표범이 잠복해있고, 원숭이를 급습해 발톱으로 채가는 왕관독수리가 이들을 찾아 온 경관을 샅샅이 뒤지며, 치명적인 뱀들도 주변에 널려 있다. 다행히 버빗원숭이들은 이 같은 위험 상황을 서로에게 전달할 수 있다. 이들의 방식은 놀랍다. 다양한 종류의 위험 상황마다 서로에게 특정한 경고음을 내는 것이다. 가령, 독수리를 발견하면 기침소리 비슷한 경고음을 내는데, 이 소리를 들은 원숭이들은 하늘을 살피거나 독수리로부터 안전한 관목 숲속으로 숨는다. 표범을 발견했는데 달리 방법이 없는 경우, 개 짖는 소리와 비슷한 소리를 내면 소리를 들은 원숭이들이 표범이 쫓아오지 못 하도록 나무 위로 올라간다. 키 큰 풀밭 속에 숨어 있는 비단구렁이나 코브라를 발견할 경우 '촛촛' 하는 소리를 내면, 다른 버빗원숭이들이 일어서서 뱀을 찾기 위해 주변 풀밭을 유심히 살펴본다. 이처럼 버빗원숭이들이 각각의 특정한 신호음을 낼 때마다 그 신호를 듣는 상대 원숭이들은 특정한 적응 반응을 보인다.[142]

동물의 의사소통은 류드밀라의 전공 분야가 아니었지만, 그녀는 이 주제를 매우 흥미롭게 여겼다. 류드밀라와 연구팀은 엘리트 여우의 새끼들이 사람의 관심을 얻기 위해 깽깽대고 칭얼거리는 소리에서부터 개 짖는 소리와 유사한 다양한 소리를 포함하여 여우들이 내기 시작한 다양하고 새로운 발성을 오래 전부터 기록해왔다. 여기에는 코코가 방긋 웃으며 '코, 코, 코'하고 내는 소리도 있고, 류드밀라에게 웃음소리 — 하하 — 를 연상시킨 '하아우, 하아우, 하우, 하우, 하우' 같은 희한한 소리도 있었다. 연구소 연구자들 가운데에는 이런 발성들을 분석할 만한 사람이 아무도 없었고, 류드밀라 역시 이 분야는 전혀 접한 적이 없었다. 그러던 2005년 어느 날, 류드밀라는 이 분야를 연구하고 싶다는 한 통의 전화를 받았다.

당시 스물두 살의 스베틀라나 고골레바는 류드밀라의 모교인 모스크바 국립대학교 학부생으로, 동물의 의사소통을 연구하는 젊은 교수 일리야 보로딘의 실험실에서 연구 중이었다.[143] 스베타는 여우 실험에 관한 자료들을 읽고 이 실험이야말로 동물의 의사소통 능력 진화에 가축화가 어떻게 영향을 미치는지 연구할 수 있는 유일한 기회라고 생각했다. 보로딘은 이 생각이 마음에 들어 스베타와 함께 류드밀라에게 연락했고, 스베타는 엘리트 여우와 대조군 여우, 그리고 공격적인 여우의 발성을 비교할 수 있도록 여우의 모든 발성을 기록하겠다고 제안했다. 여느 때처럼 류드밀라는 스베타를 기꺼이 여우 팀에 맞아들였다.

류드밀라는 첫 번째 단계로 여우 팀 연구원이 엘리트 여우, 대조군 여우, 공격적인 여우의 발성 몇 가지를 예비적으로 녹음해야 한다고 스베타에게 말했다. 그런 다음 모스크바 국립대학교에 이 녹음테이프를 보내 스베타와 지도교수 보로딘의 의견을 들을 계획이었다. 스베타와 보로딘은 테이프를 듣고 금세 매료되었다. 그들은 길들인 여우들이 내는 이런 소리를 생전 처음 들은 것이다. 스베타는 이렇게 기억한다. "우리는 첫 번째 녹음을 분석하자마자 당장 농장에 가서 이 특이한 동물들과 작업을 시작해야겠다고 결정했습니다." 스베타는 2005년 여름에 여우 농장에서 연구를 시작했다. "약간 긴장이 되더군요." 스베타는 말한다. 어쨌든 그녀는 아직 학부 과정조차 마치지 않은 상태였다. 그러나 류드밀라를 만나자 불안은 순식간에 사라졌다. "류드밀라를 처음 본 순간 정말 호의적이고 좋은 사람이라는 인상을 받았습니다." 류드밀라는 스베타를 자신의 사무실로 초대해 차를 따라준 다음 벨랴예프와 실험의 역사에 관해 자세하게 이야기했다. "류드밀라는 매우 친절했고 저와 이야기하는 동안 자주 미소를 지었습니다. 그녀의 미소와 부드러운 목소리 덕분에 저는 이내 마음이 편해졌어요."[144]

스베타는 공격적인 여우들을 대상으로 작업할 땐 스트레스가 많았지만, 길들인 여우들과 작업하는 건 매우 좋아했고 특히 케페드라라는 여우와 무척 친해졌다. 그녀는 케페드라를 처음 녹음하러 간 날을 즐겁게 회상한다. 굉장히 다정한 성격의 케페드라는 "옆으로 쓰러져서는 킥킥거리는 소리, 숨을 헐떡거리는 소리를 한참 동안 번갈아 냈습니다." 그런 다음 스베타가 쓰다듬어주자 케페드라는 "제 소매 속으로 주둥이를 밀어 넣으려했고 제 손가락을 핥았답니다."

스베타는 길들인 여우, 공격적인 여우, 대조군 여우가 내는 다양한 소리를 분류하는 것으로 연구를 시작했다.[145] 그녀는 이렇게 말한다. "일반적으로 여우들이 아침 식사를 마친 후 대략 10시부터 10시30분 사이에 작업을 시작했습니다. 저는 여우들 명단을 갖고 있어서 어떤 여우를 테스트할지 자유롭게 선택할 수 있었어요." 일반적으로 공격적인 여우들이 다른 여우들에 비해 소리가 크다는 사실은 시작부터 분명하게 확인되었다. 하지만 스베타는 소리의 크기에는 딱히 관심이 없었다. 그녀는 소리의 특징을 구분하고, 여우 집단마다 이 특징에 어떤 차이가 있는지 확인하고 싶었다. 따라서 이를 알아보기 위해 길들인 집단과 대조군 집단, 공격적인 집단에서 각각 스물다섯 마리의 암컷을 테스트했다.

스베타는 매번 실험할 때마다 정확하고 체계적인 방식으로 충분히 연습한 다음, 마란츠 PM-222 녹음기로 무장을 하고 우리에 있는 여우에게 다가갔다. 우리에서 60~90센티미터 떨어진 위치에 서서, 여우가 소리를 내기 시작하면 대략 5분 동안 녹음을 했다. 모두 75마리를 대상으로 실험해 1만 2,964회의 소리를 녹음했고, 모든 소리를 8개 범주로 분류했다. 이 가운데 네 종류의 소리는 모든 집단의 여우들 — 길들인 여우, 대조군 여우, 공격적인 여우 — 이 공통적으로 냈지만, 그밖에 네 종류 가운데 두 종류의 소리는 엘리트 여우들만 냈고, 나머지 두 종류는 공격적인 여우나 대조군 여우만 냈다.

공격적인 여우와 일부 대조군 여우만 내는 두 종류의 소리는 (인간에게) 코웃음 소리와 기침소리처럼 들렸다. 엘리트 여우들만 내는 소리는 스베타가 케페드라에게 들었던 소리처럼 킥킥대는 소리와 헐떡이는 소리가 속사포 같은 리듬 속에 결합되어, 류드밀라가 익히 들었던 하아우, 하아우, 하우, 하우, 하우 하는 이상한 소리처럼 들렸다.

스베타는 연구 결과를 더 깊이 파고들기 위해 킥킥대는 소리와 헐떡이는 소리 — '하 하' 소리 — 의 특성을 자세히 분석했다. 아주 좁은 동적 범위 내에서 음향을 분석하고, 음량, 진폭, 주파수 등의 요인을 분석한 결과, 이렇게 결합된 소리가 실제로 인간의 웃음소리를 굉장히 유사하게 흉내 낸 것임을 발견했다. 인간 이외의 다른 어떤 동물들의 발성보다 훨씬 유사했다. 킥킥거리는 소리와 헐떡이는 소리의 음향분석도 — 소리를 시각적으로 표현한 것 — 를 인간 웃음소리의 음향분석도와 나란히 놓았을 때 거의 차이를 구별하기가 힘들었다. 류드밀라의 짐작이 정확했다. 놀랄 만큼 유사했다. 거의 섬뜩할 정도로.

음향분석도 분석으로 스베타와 류드밀라는 대단히 흥미로운 가설을 세웠다. 즉 길들인 여우들은 인간의 관심을 끌기 위해, 그리고 인간들과의 상호작용을 연장하기 위해 "하 하" 소리를 낸다고 말이다. 또한 길들인 여우들은 어떻게든 우리 인간의 웃음소리를 흉내 냄으로써 우리를 즐겁게 하는 데 명수가 됐다고 제시한다.[146] 여우들이 어떻게 웃음소리를 흉내 낼 수 있게 됐는지는 모르지만, 어떤 종이 다른 종과 서로 유대감을 갖기 위한 노력으로 이보다 더 즐거운 방법을 상상할 수 있을까.

10 유전자 소란

류드밀라와 드미트리에게 여우 실험은 본질적으로 가축화의 유전학이 어떻게 작동하는지 발견하는 것과 관련이 있었다. 실험은 점차 확대되어 다른 여러 분야의 연구를 망라하게 되었지만, 애초에 가장 중요한 목적은 이것이었다. 안나 쿠케코바 — 류드밀라가 일으킨 여우 가축화 연구에 열광해 서둘러 여우 농장에 와서 혈액 샘플을 채취한 — 가 합류하면서 마침내 류드밀라는 여우 게놈의 세부 내용을 자세하게 조사할 수 있게 되었고, 이 분석에 의해 가축화 과정에 대해 더 깊은 통찰이 가능하리라 희망했다.

안나와 류드밀라가 가장 먼저 해야 할 일은 여우 게놈 지도를 작성하는 꽤나 힘든 작업이었다. 완벽한 유전자 배열을 작성하려면 비용도 많이 들고 시간도 많이 소모될 터이므로, 안나는 조금 덜 상세하더라도 보다 빠른 시간에 게놈 지도를 작성하기 위한 방법을 찾아보기로 했다. 마침 개 게놈을 완벽하게 배열하여 작성하는 작업이 무난하게 진행되고 있어, 안나는 개 게놈 분석을 위해 개발한 도구를 이용할 수 있을지 확인하고 싶었다. 이 도구는 유전자 표지genetic marker[147]라고 불리는 것으로서, 유전자와 유전자의 위치를 발견하고 분석하도록 돕는 DNA 영역을 말한다. 개와 여우는 유전적으로 가까운 친척이므로, 안나는 여우와 개의 게놈 역시 충분히 유사할 테고 따라서 개의 유전자 표지가 도움이 될 수 있을 거라고 생각했다. 하지만 개의 조상과 여우의 조상이 수천 만 년 전에 갈라져 나왔다는 점을 고려하면, 결코 확신할 수 있는 일이 아니었다. 두 동물의 유전자 구성이 게놈의 염색체 수에서 확연히 차이가 난다는 사실도 발견되었다. 대부분 개의 품종은 39쌍의 염색체를 지닌 반면 은여우는 17쌍의 염색체를 지닌다. 다행히 개 게놈 연구에 이용되었던 700개의 유전자 표지를 테스트하는 지루한 과정을 거치면서 안나는 이 가운데 약 400개가 여우의 염색체와 동일한 방식으로 작용한다는 사실을 발견했다. 이것은 여우 게놈 지도를 작성하기에 충분한 화력이 되었다.[148]

2003년 가을, 류드밀라는 70세 생일을 맞이하면서 이 소식을 접했다. 여우 게놈 분석을 진행할 수 있다는 확인은 류드밀라에게 매우 뜻 깊은 일이었다. 드미트리, 류드밀라, 여우들 모두가 그동안 얼마나 먼 길을 걸어왔던가. 드미트리와 함께 연구하기 위해 처음 노보시비르스크에 찾아왔을 때, 그들은 리센코의 그늘 아래에서 연구의 진정한 성격을 숨긴 채 작업을 진행해야 했다. 44년이 흘렀고, 류드밀라는 아무 것도 숨길 게 없었다. 그뿐만 아니라 냉전 시대에 소련의 적이었던 미국의 최고 연구 센터들에서 자유롭게 직업을 찾는 러시아 — 소련이 아닌 — 과학자들과 협업하고 있었다. 그리고 이제 연구자들은 각 유전자 간의 미세한 차이를 구분할 뿐 아니라 심지어 그것을 복제할 수도 있는 매우 정교한 도구를 사용하게 되었다. 류드밀라는 생각했다. 드미트리가 살아서 지금의 여정을 함께 할 수 있다면 얼마나 좋을까 하고.

안나와 류드밀라, 그들의 동료들은 여우 농장에 있는 286마리 동물들의 DNA 조각으로 여우 게놈 지도를 꼼꼼하게 작성했는데, 전체를 다 포괄하지는 않았지만 전체 16쌍의 상염색체 영역과 암컷의 X 염색체 일부도 포함되었다. 더 많은 유전자 표지를 보유하기 전까지는 나머지를 채울 수 없었다. 또한 총 320개 유전자의 상대적 위치도 배치했다.[149] 전형적인 포유류의 게놈에서는 아주 적은 양에 불과했지만 이것은 큰 발전이었다. 이제 그들은 지도에 작성한 유전자 가운데 어떤 것이 가축화에 수반된 변화와 관련이 있는지 확인하는 힘든 작업을 시작할 수 있었고, 그리하여 궁극적으로 과거 야생 동물을 위해 암호화되었던 DNA 조각들이 도대체 어떻게 해서 인간이 사랑하는 길들인 생명체를 낳도록 수정될 수 있었는지 이해하게 되었다. 이 작업은 상당히 많은 시간과 비용이 소요되었다.[150] 다행히 여우 게놈의 일부를 간단히 지도로 작성한 초기 작업 결과들이 좋았기 때문에 국립 보건연구원으로부터 자금을 확보할 수 있었다. 국립 보건연구원은 길들인 여우들의 차분하고 사회적인 행동뿐 아니라 공격적인 계보에 속하는 여우들의 공격적이고 반사회적인 행동에 대한 유전적 기반을 이해하면 의학적으로 상당한 도움이 되리라고 내다보았다.[151]

게놈 분석이 진행되는 동안 안나는 또 한 사람의 전공자인 유타 주립대학교 생물학 교수 고든 라크에게 연락을 취했다. 안나는 라크 교수가 자신과 류드밀라를 도와 길들인 여우와 대조군 여우의 해부학적 구조 차이를 측정하고, 그 결과 길들인 성년 여우의 주둥이가 대조군 여우의 주둥이보다 더 짧고 둥글어 새끼 여우나 개의 주둥이와 더 유사하다는 류드밀라의 초기 연구를 보충할 수 있으리라 기대했다. 이뿐만 아니라 안나는 라크 연구팀이 개의 신체 골격과 두개골의 길이 및 너비를 측정했다는 사실을 알고 있었기에, 개의 해부학적 구조와 길들인 여우의 해부학적 구조에 관한 비교 연구에도 도움이 될 거라고 기대했다.

라크 연구팀은 개의 품종 가운데 다리와 주둥이가 짧은 품종은 다리가 넓적하고 주둥이가 펑퍼짐하고 둥글다는 사실을 발견했다. 이런 품종은 불독처럼 체격이 아주 땅딸막하고 둥글다. 길고 우아한 다리, 긴 주둥이를 지닌 개들은 주둥이가 비교적 좁아 불독보다는 그레이하운드와 닮았다. 라크 연구팀이 실시한 유전학 분석에 따르면, 이런 종류 개들의 골격의 길이와 넓이는 골격의 성장에 영향을 미치는 소수의 유전자에 의해 결정되었다.[152]

안나는 고든에게 농장의 은여우를 대상으로 유사한 연구를 실시하는 것에 관심이 있는지 물었다. 그는 흔쾌히 좋다고 답했다. 하지만 이 연구를 하려면 엑스레이 장비가 필요했는데, 류드밀라에게는 장비를 구입할 자금이 없었다. 그래서 라크는 장비 구입을 위해 세포학·유전학 연구소 앞으로 2만 5천 달러를 송금하도록 조처했다. 류드밀라는 러시아 쪽 관련 프로젝트를 감독했고, 라크가 '류드밀라의 부관'이라고 즐겨 부르던 그녀의 동료이자 친구인 아나스타샤 카를라모바가 전반적인 작업을 담당했다. 아나스타샤는 길들인 여우와 공격적인 여우, 대조군 여우의 신체 및 두개골의 엑스레이 사진을 찍기 시작했다. 라크의 동료 한 사람은 엑스레이 영상을 올릴 수 있는 웹사이트를 만들어 유타 주립대학교 팀에게 그들의 전문 지식이 필요한 골격의 넓이와 길이를 분석하게 했다.

라크는 이번 작업을 통해 류드밀라 팀의 열정과 효율성을 처음 접하게 됐다. 그는 이렇게 회상한다. "얼마나 방대한 자료들이 쏟아지던지 놀라웠습니다. 아무튼 여우 팀은 하루에 50시간을 사는 사람들 같았습니다." 노력은 성과를 거두었다. 라크의 연구팀은 개들에게서 발견한 골격의 넓이와 길이의 관계 ─ 짧은 다리와 짧은 주둥이는 넓적한 다리와 펑퍼짐하고 둥근 주둥이와 짝을 이룬다 ─ 가 여우들에게도 동일하게 나타난다고 결론을 내렸다.

라크와 류드밀라는 여우에게 이런 변화가 나타난 이유에 대해 흥미로운 의견을 제시했다. 야생 여우의 경우, 새끼가 성년이 되어 부모의 보호에서 벗어나면 생존 가능성을 최대한 높이는 방식으로 신체와 얼굴형이 바뀐다. 새끼 땐 얼굴이 비교적 둥글고 다리도 땅딸막하지만, 자라서 성년이 될수록 더 길고 우아한 모양의 다리는 먹이를 쫓고 포식자를 피하기 위해 더 빠른 속도를 내게 하고, 더 길고 뾰족해진 주둥이는 무성한 풀과 관목의 구석과 틈 사이를 뒤지며 먹이를 더 쉽게 찾게 해준다. 야생 여우의 경우 이러한 변화는 발달 시기 동안 신체 형태의 변화를 위한 자연선택으로 이어지며, 성년기 여우의 전형적인 해부학적 구조를 형성한다. 그러나 여우 농장의 여우들은 먹이를 찾아 헤매거나 사냥을 하거나 포식자를 피할 필요가 없기 때문에 이런 선택 압력이 제거되었다. 아무래도 길들인 여우들에게는 이런 압력이 없기 때문에 새끼 때처럼 둥근 얼굴과 땅딸막한 체형이 성년기에도 계속 유지되었을 것이다.[153]

류드밀라와 라크가 길들인 여우의 해부학적 구조에 관해 연구하는 동안, 안나와 류드밀라, 그들의 동료들은 다음 단계인 DNA 분석을 진행했다. 이 분석은 여우의 게놈 연구와 그들의 행동 사이의 연관성을 연구하기 위해 고안되었다. 그들은 길들인 여우와 공격적인 여우 총 685마리의 DNA 샘플을 채취하고, 이 여우들이 여우 농장에서 연구자와 상호작용하는 모습을 비디오테이프에 녹화했다. 연구자들은 98개의 행동을 강박적일만큼 치밀하게 분석하고 그 특징들을 기록했는데 몇 가지만 예를 들면 다음과 같다. "길들여진 소리" "공격적인 소리" "길들여진 귀" "공격적으로 뒤로 쫑긋 선 귀" "관찰자가 여우를 만질 수 있음" "여우가 코를 킁킁대며 관찰자의 손 냄새를 맡음" "여우가 옆으로 구름" "여우가 관찰자에게 자기 배를 만지게 함." 이 프로젝트는 대대적인 사업이었지만, 다행히 2011년에 성과를 거두어 그간의 모든 노력이 빛을 발했다.

그들은 길들인 여우들 특유의 행동 특성과 형태학적 특성으로 이어진 많은 변화와 관련된 유전자들이 여우 염색체 12번이라는 구체적인 영역과 연결될 수 있음을 확인했다. 엘리트 여우와 공격적인 여우는 이 영역에 서로 다른 여러 세트의 유전자를 보유했으며, 류드밀라와 안나, 그들의 연구팀은 길들인 여우들이 다른 모든 여우들과 차이를 보이는 변화가 바로 이 유전자와 관련이 있을 거라는 가설을 세웠다.[154]

1년 전인 2010년, 개의 가축화에 관한 유명한 논문이 권위 있는 저널 《네이처》에 발표되었는데, 늑대에서 개로 진화하면서 야기된 많은 유전적 변화들이 단지 몇 개의 염색체에서 기인할 수 있다는 주장이 골자였다. 이제 안나와 류드밀라는 길들인 여우와 야생 여우를 구분하는 여우 염색체 12번의 유전자 변화들이 개의 가축화와 관련된 유전적 변화와 유사한지 여부를 확인할 수 있었다. 그들은 두 세트의 유전자에서 상당한 유사성을 발견하길 바랐고 그렇게 됐다. 가축화와 관련된 여우 염색체 12번의 많은 유전자들이 가축화와 관련된 개의 염색체에도 발견된 것이다. 도무지 믿기지 않을 만큼 굉장한 발견이었다.

드미트리가 맨 처음 온순한 여우의 품종개량을 시작하기 위해 에스토니아까지 기차로 한참을 이동해 코힐라의 여우 농장에서 니나 소르키나를 만난 지 59년이 흐르고, 그리고 류드밀라가 이 탐구에 합류한 지 53년이 흐르고, 비로소 적어도 여우의 가축화와 관련된 일부 유전자의 위치를 확인하게 되었다. 이제부터는, 관련 어휘들이 만들어지기도 전에 드미트리가 처음부터 제시했던 것처럼, 각 유전자의 구체적인 기능을 탐구하기 위해, 그리고 이 유전자들의 발현이 가축화의 특성을 유발하도록 개조되었는지 탐구하기 위해 실험을 실시할 예정이었다. 2011년 기술로 충분히 가능한 실험이었다.

'차세대 염기서열 분석 기술'은 육안이 아닌 컴퓨터 분석에 의해 수백만 개, 때로는 수십억 개에 달하는 DNA 조각을 읽어냄으로써 DNA 염기서열의 해독률을 높였다. 유전자는 일반적으로 신체의 다양한 세포에 미치는 다양한 영향들을 암호화하기 때문에, 유전자의 영향과 발현 방식을 분석하기란 여전히 매우 복잡한 과정이다. 동물의 신체에서 정자와 난자를 제외한 각각의 세포들은 염색체 쌍 안에 동일한 단위의 유전자를 수용한다. 그러나 가령 혈액세포나 뇌세포에 비해 피부세포에서 다양한 유전자들의 스위치가 켜지거나 꺼지며, 여러 종류의 세포에서 스위치가 켜지는 일부 유전자들은 유독 한 종류의 세포 내에서 다양한 단백질 생성을 암호화한다. 그러므로 다른 동물에 비해 특정 동물의 특정 유전자 발현을 완벽하게 분석하려면, 신체의 모든 다양한 종류의 세포 내 유전자들이 암호화하는 다양한 단백질량을 비교해야 한다. 연구자들은 일반적으로 신체의 특정 부위에 있는 특정한 종류의 세포에 집중하는 것으로 시작한다. 그러므로 안나와 류드밀라가 다루어야 했던 첫 번째 문제는 어떤 종류의 세포를 연구하느냐 하는 것이었다. 그들은 여우의 뇌 조직에 있는 유전자들의 발현을 연구하는 것부터 시작하기로 했다. 뇌는 행동의 주요 제어장치이며 여우들의 변화는 온순함을 선택하는 것에서 시작되었기 때문이다. 전두엽피질이 행동 조절에 특히 중요한 영역으로 확인되었으므로 그들은 이곳의 세포를 추출했다.[155]

그들은 1만 3,624개의 유전자를 확인할 수 있었고, 길들인 여우와 공격적인 여우의 유전자에 의해 생성되는 단백질량을 복잡한 과정을 거쳐 분석한 결과, 이들 유전자 가운데 335개 — 약 3% — 에서 단백질 생성 수준에 극적인 차이가 있음을 발견했다. 예를 들어, 세로토닌과 도파민 생성에 중요한 HTR2C 유전자는 길들인 여우에게서 발현 수치가 더 높았다. 특히 흥미로운 사실은 335개 유전자 가운데 일부 — 이 가운데 280개 — 는 공격적인 여우보다 길들인 여우에게서 발현 수치가 더 높은 반면, 나머지는 길들인 여우보다 공격적인 여우에게서 발현 수치가 더 높았다. 그러므로 온순한 행동으로의 변화는 간단치 않은 과정을 수반하는 것 같았다. 더욱이 이 유전자들 사이에서 복잡한 **상호작용들**도 이루어졌다. 이 전체 유전자 세트의 발현 과정은 상당히 복잡해 앞으로 수년 간 연구의 주제가 될 것이다.

류드밀라와 안나는 지금도 이 335개 유전자의 구체적인 기능을 확인하기 위해 시간이 많이 소모되는 섬세한 과정에 매진하고 있다. 그들은 이 유전자 가운데 일부는 호르몬 생성에 관련이 있고, 일부는 혈액계의 발달, 병에 대한 민감성, 털과 가죽의 발달, 비타민과 미네랄 생성 등에 관련이 있음을 밝혔다. 또한 길들인 여우들에게서 매우 중요한 호르몬 변화를 상당히 많이 발견했던 만큼 호르몬 생성에 미치는 영향도 기대하고 있다. 그 밖에 다른 영향들이 엘리트 여우의 행동과 어떤 관련이 있는지는 아직 수수께끼로 남아 있다. 복잡한 퍼즐 조각들이 더 많이 맞춰질수록 은여우 게놈의 불안정화에 관한 그림이 보다 명확하게 드러날 테고, 늑대와 여우의 가축화 과정에 대해서도 훨씬 정확한 이해가 이루어질 것이다.[156]

드미트리는 여우 실험을 시작하면서 온순함을 선택하는 기본적인 과정이 모든 동물의 가축화에 동일하게 수반된다고 이론을 제시했다. 늑대와 여우 가축화의 경우, 게놈과 유전자 발현에 많은 동일한 변화들이 수반되는 것으로 보인다는 그의 주장은 옳았다. 그러나 이 결과들이 다른 종의 가축화 과정에 대해 얼마만큼 설명할 수 있을까? 다른 종의 유전자 발현에도 동일한 유전자의 동일한 변화가 수반될까?

프랭크 앨버트와 류드밀라를 포함한 유전학 팀은 최근 분석에서, 세 종류 동물 — 개, 돼지, 토끼 — 의 가축화에 수반된 유전자와, 가축화된 동물 대^對 이들 조상 — 각각 늑대, 멧돼지, 산토끼 — 의 유전자 발현 수치를 비교했다. 그 결과 정확히 동일한 유전자 세트와 동일한 유전자 발현에 변화가 수반되었다는 증거를 거의 발견하지 못했다. 연구자들은 뇌 발달과 관련된 두 개의 유전자가 세 가지 사례의 가축화에 공통적으로 관련이 있을 수 있다는 걸 발견했으며, 더 자세한 연구가 진행 중이므로 조만간 정확한 결과가 나올 것으로 기대된다. [157]

현재로서는 우리 인간을 포함해 다른 종의 가축화 과정은 아직 비밀에 싸여 있지만, 적어도 이론상으로는 머지않아 모든 수수께끼를 해결할 수 있으리라 생각한다. 유전자 분석 기술이 향상될수록 고고학, 인류학, 유전학은 그 외 종들의 가축화 역사에 관해 더 자세한 사실을 밝힐 테고, 그럴수록 우리는 모든 종에 걸쳐 이 과정이 얼마나 유사하게 진행되어왔을지, 모든 사례의 배후에는 온순함을 위한 선택과 불안정 선택이 개입된다는 벨랴예프의 주장이 과연 옳은지 이해하게 될 것이다.

다양한 종들에 관련된 구체적인 유전자는 다를 수 있지만, 과정은 핵심적인 방식에서 모든 종에 유사하게 진행된다는 벨랴예프의 주장이 옳다는 단서들이 있다. 많은 종들의 가축화 관련 유전자에 관한 연구에 따르면, 벨랴예프가 불안정 선택 이론에서 설명했듯이 가축화는 어느 정도 복잡한 일련의 유전자 변화를 수반한다. 예를 들어, 남프랑스에서 실시한 토끼의 가축화에 관한 연구 결과, 드미트리의 예측대로 "적어도 일부 선택은 새로운 유전자 돌연변이가 아닌 개체 안에 이미 존재했던 유전자 변이에서 일어난다"는 사실을 발견했다. [158] 또한 가축화에 관한 많은 연구들은 여우의 경우와 마찬가지로 단순히 유전자의 존재 여부가 아닌 유전자 발현이 가축화의 핵심임을 제시한다.

애덤 윌킨스, 리처드 랭엄, 테쿰세 피치는 온순함을 위한 선택이 그 밖에 무수한 새로운 특성들을 낳는 이유에 대해 기대되는 새 이론을 제시했는데, 이 이론 역시 벨랴예프의 불안정 선택 이론에 힘을 실어

주고 있다. 그들은 신경능선 세포라고 불리는 일종의 줄기세포에 나타나는 변화들이 가축화된 종들이 공유하는 많은 특성을 설명하는 데 도움이 될 수 있으리라고 제시한다. 이 세포들은 척추동물의 배아 발달 가장 초기에 신경능선 — 발달 중인 배아의 중앙에 신경들이 집중된 영역 — 이라고 하는 영역을 따라 움직이다가 전뇌, 피부, 턱, 치아, 후두, 귀, 연골과 같은 신체 각 부위로 이동한다. 윌킨스와 그의 동료들은 온순함을 위한 선택은 신경능선 세포 수를 소량 감소하기 위한 선택일지 모른다고 생각한다. 또한 "[가축화와 관련해] 형태학적 그리고 생리학적으로 조정된 대부분의 특성들은 이러한 [신경능선 세포] 결핍의 직접적인 결과로 쉽게 설명될 수 있는 한편, 다른 특성들은 간접적인 결과로 설명될 수 있다"고 가설을 제시한다.[159] 이러한 일이 일어나는 정확한 이유는 분명치 않지만, 이 가설이 맞다면 길들인 종들에게 드러나는 모든 특성들 — 얼룩무늬, 축 늘어진 귀, 짧은 주둥이, 생식 작용 변화, 둥글게 말린 꼬리 등 — 과 온순함이 어떤 관련이 있는지 설명하는 데 도움이 될 것이다. 이것은 아주 흥미로운 가설로 더 자세한 연구가 필요하다.

결국 여우 실험은 더욱 흥미로운 많은 사실들을 발견해낼 것이다. 실험은 현재 약 60년 동안 지속적으로 실시되고 있다. 60년이라는 기간은 생물학 실험에서는 억겁에 해당하지만 진화론적 관점으로는 눈 깜짝 할 사이에 불과하다. 실험이 100세대에 걸쳐 이루어진다면 어떤 일이 일어날까? 500세대까지 진행된다면? 여우가 길들여지고 인간과의 공생에 익숙해지는 데 한계가 있을까? 여우의 생김새는 개와 얼마나 더 유사해질까? 얼마나 더 영리해질까? 푸신카가 어둠 속에서 류드밀라에게 위험을 알리고 그녀를 보호하기 위해 짖었던 것처럼, 과연 여우는 인간의 믿음직한 보호자로 발달하게 될까? 그리고 어쩌면, 정말 어쩌면, 드미트리 벨랴예프의 희망대로, 여우를 대상으로 하는 이 연구는 염색체 깊숙한 곳에서 인간의 조상을 비롯해 다른 모든 가축화된 동물의 공통 조상들을 어떻게 길들임의 여정에 이르게 할 수 있었는지 궁극적으로 설명해줄지 모른다.

여우의 가축화에 관해 이미 확실하게 밝혀진 한 가지 사실은 여우들이 인간과 생활하면서 사랑받을 수 있는 새로운 종류의 동물이 되었다는 것이다. 실제로 류드밀라는 그녀의 여우들에게 이 같은 큰 희망을 품고 있다. 류드밀라의 말을 빌리면 여우들은 굉장히 '앙증맞고 복슬복슬하고 귀여운 악당'이 되었다.

2010년, 류드밀라는 사람들에게 길들인 여우를 애완동물로 입양할 의사가 있는지 진지하게 알아보기 시작했고, 지금은 많은 여우들이 러시아, 서유럽, 북아메리카의 가정에 입양되어 행복하게 생활하고 있다. 때때로 주인들은 여우와 잘 지내고 있다고 편지로 소식을 전해왔다. 류드밀라는 그런 편지를 읽을 때면 몹시 행복해져서 가끔씩 편지를 꺼내 반복해서 읽곤 했고, 여우들이 입양 간 가정에서 어떤 엉뚱한 장난을 치는지, 주인들이 여우를 얼마나 사랑하는지 읽고 있노라면 자신도 모르게 입가에 미소가 지어졌다.

한 미국인 부부는 유리와 스칼렛이라는 이름의 여우 두 마리를 입양했는데 그들이 최근에 보낸 편지 내용은 이렇다. "둘 다 함께 잘 놀고 아주 사교적이에요. 밖에 나가면 가능한 많은 것들을 보면서 굉장히 즐거운 시간을 보낸답니다."[160] 최근에 도착한 또 한 통의 편지는 아르시라는 여우에게 일어난 위기일발의 사건을 전한다. "아르시한테 … 일주일 전쯤 작은 사고가 있었습니다. 녀석이 한 이틀 아무 것도 먹질 않고 두어 차례 토하는 거예요. [동물병원]에 데리고 가서 혈액 검사랑 엑스레이 검사를 받았지요. 그랬더니 [수의사가] 고무로 만든 장난감에서 떨어져 나온 V자 모양의 조각을 제거하지 뭐겠어요. 제가 녀석한테 준 공에서 나온 거랍니다. 아무 거나 입에 집어넣는 게 꼭 아이 한 명 키우는 것 같다니까요!"

류드밀라에게는 모든 편지가 특별하지만 유독 한 통의 편지가 마음을 흐뭇하게 했다. "안녕, 류드밀라. 저는 정말 행복합니다." 편지는 이렇게 시작한다. 아디스라는 이름의 여우를 입양한 주인은 이렇게 이야기한다. "아디스는 대단한 녀석이에요 … 제가 퇴근해서 집에 돌아오면 꼬리를 흔들면서 제게 입 맞추는 걸 좋아하지요."[161] 류드밀라는 이 편지를 읽을 때마다 생각한다. **입을 맞추다니, 얼마나 좋을까. 드미트리가 얼마나 좋아했을까.**

2016년 83번째 생일을 맞은 류드밀라는 여전히 매일 여우들을 대상으로 연구한다. 생텍쥐페리의 《어린 왕자》에서 "길들인 것에는 영원히 책임을 져야 해"라는 여우의 현명한 조언은 류드밀라가 늘 기억하는 지침이다. 그녀의 꿈은 여우들을 위해 안전하고 사랑이 가득한 미래를 확립하는 것이다. 류드밀라는 말한다. "이 여우들을 새로운 애완동물 종으로 등록하길 희망합니다. 저는 언젠가 떠나겠지만 제 여우들은 영원히 살길 바랍니다." 가정에서 여우와 함께 생활할 수 있다는 걸 많은 사람들에게 설득하기란 쉬운 일이 아님을 류드밀라는 잘 알고 있다. 하지만 류드밀라에게 쉽냐 아니냐는 문제가 되지 않는다. 쉬운 것이 중요한 적은 한 번도 없었다. 중요한 건 가능성이다.

감사의 인사 ──────────────────

무엇보다 먼저 드미트리 벨랴예프에게 감사를 전한다. 그의 뛰어난 통찰력, 60여 년 전 은여우를 가축화하기 위한 대담한 실험에 감사한다. 드미트리가 세상을 떠난 지 30년이 지났지만, 시베리아의 여우 연구팀은 이 훌륭한 인물을 생각하지 않고 보낸 날이 단 하루도 없으며, 여전히 이곳에서 연구팀을 지도하길 바라고 있다. 드미트리는 거의 후회 없는 일생을 살았지만, '인간은 새 친구를 사귀고 있다'라는 제목의 대중교양서를 쓰지 못한 것은 아쉬움으로 남았을 것이다. 실제로 그가 쓰고자 했던 내용들이 이 책의 핵심을 이루고 있다. 길들인 여우의 눈동자를 들여다본 사람이라면, 그들이 사랑스런 혀로 손등을 핥는 모습과 북슬북슬한 꼬리를 흔드는 모습을 본 사람이라면 우리 인간이 정말로 사랑스럽고 충성스러운 새 친구를 갖게 되었음을 의심할 수 없을 것이다.

이 책이 나오기까지 도와준 모든 분들을 생각하면 어느 분께 먼저 감사의 인사를 드려야 할지 모르겠다. 초창기부터 여우 실험에 참여한 류드밀라의 소중한 친구이자 동료, 타마라 쿠주토바에게 큰 신세를 졌다. 오랜 세월 실험과 관련된 자료를 찾고 전자 데이터베이스를 만든 예카테리나 오멜첸코에게도 감사를 전한다. 파벨 보로딘, 아나톨리 루빈스키, 미하일(미샤) 벨랴예프, 니콜라이 벨랴예프, 스베틀라나 아르구틴스카야, 아르카디 마켈은 류드밀라의 협력자이자 친구들로 수년 동안 최선을 다했다. 이 실험이 계속되는 동안 수백 명의 연구자들이 여러 가지 방식으로 참여했다. 일일이 감사를 전할 수는 없지만, 이리나 플뤼스니나, 이리나 오스키나, 류드밀라 프라솔로바, 라리사 바실리예바, 라리사 콜레스니코바, 아나스타시아 카흘라모바, 림마 굴레비치, 유리 게르벡, 류드밀라 콘드리나, 클라우디아 시도로바, 바실리 데바이킨(여우 농장 소장), 예카테리나 부다슈키나, 나타샤 바실옙스카야, 이레나 무하메드시나, 다랴 셰펠레바, 아나사트시아 블라디미로바, 스베틀라나 시케비치, 이레나 피보바로바, 타티아나 세메노바, 베라 차우스토바(여우 프로젝트에서 장기간 근무한 수의사)의 헌신적인 노력에 깊이 감사한다. 베냐 에사코비와 갈랴 에사코비에게도 큰 신세를 졌다. 여우 코코를 향한 그들의 사랑과 관심, 친절 덕분에 코코는 대부분의 생을 그들의 집에서 그들과 함께 보낼 수 있었다.

조금 이상하게 들릴지 모르겠지만 공동 저자로서 우리는 서로에게 감사 인사를 전하고 싶다. 리는 류드밀라의 우정에 깊이 감사한다. 류드밀라 덕분에 리는 지금까지 맡은 매우 중요한 과학 실험 가운데 하나에 참여하는 큰 기쁨을 얻었고, 이 연구에 참여한 매우 훌륭한 사람들을 알게 될 기회를 얻었다. 류드밀라 또한 리의 우정에 감사한다.

리는 시간과 공간을 가로질러 수차례 여우 농장을 방문해 깊은 애정으로 여우들을 만났다. 또한 드미트리 벨랴예프의 소중한 친구들, 동료들과 함께 그에 대한 추억을 나누고, 가축화된 여우들에 관해 새로운 사실들을 발견하는 흥분되는 순간을 공유할 수 있었다.

사람들, 멋진 여우들, 혁신적인 과학에 대해 통찰력 있는 글을 쓸 수 있도록 인터뷰를 허락해준 분들에게도 큰 도움을 받았다. 아나톨리 루빈스키, 파벨 보로딘, 미하엘(미샤) 벨랴예프, 니콜라이 벨랴예프, 라리사 바실리예바, 발레리 소이페르, 갈리나 키셀레바, 블라디미르 슙니, 라리사 콜레스니코바, 나탈리 델랴우나이, 안나 쿠케코바, 스베틀라나 고골레바, 일리야 루빈스키, 니콜라이 콜차노프, L. V. 즈나크, 올레크 트라페조브, 오브리 매닝, 존 스칸달리오스, 브라이언 헤어, 고든 라크, 프란시스코 아얄라, 버트 홀도블러, 마크 베코프, 고든 버가르트에게 감사를 전한다.

60년 가까운 기간 동안 매해 매일같이 수백 마리의 여우를 양육하려면 많은 비용과 노력이 필요하다. 류드밀라는 1985년부터 2007년까지 세포학·유전학 연구소 소장을 맡은 블라디미르 슙니와 현재 소장 직을 맡고 있는 니콜라이 콜차노프에게 특히 감사를 전하고 싶다. 두 사람 모두 혹독한 시기에도 여우 연구를 계속할 수 있도록 매우 중요한 재정 지원을 제공했다.

이 책을 출간할 수 있도록 도움을 준 수잔 라비너 출판 에이전시의 수잔 라비너에게 감사한다. 시카고 대학 출판부 편집장 크리스티 헨리는 마치 이곳에 와 있는 것처럼 이 프로젝트에 참여하게 된 것을 무척 기뻐했다. 크리스티의 부편집장 지나 와다스, 원고를 검토한 익명의 두 독자, 시카고 대학교 출판부 편집국의 도움에도 감사한다. 파벨 보로딘, 칼 벅스트롬, 헨리 블룸, 존 슈메이트, 아론 듀가킨, 다나 듀가킨, 마이클 심스, 특히 에밀리 루스는 고맙게도 이 책의 많은 부분에 관해 자신들의 견해를 말해주었다. 다나 듀가킨은 인터뷰 내용을 기록하고 많은 시간을 할애하여 원고를 교정했다. 그녀의 모든 제안에 깊이 감사한다. 아론 듀가킨은 리를 동반해 시베리아의 아카뎀고로도크까지 와서 인터뷰 내용을 기록했고, **브큐스니 첸트르**에서 매일 점심으로 샤슐릭을 즐겨 먹었다. 블라디미르 필로넨코는 우리가 아카뎀고로도크에 있는 동안 대담하게 통역사 일을 했고, 이고르 디오민은 노보시비르스크의 얼음 덮인 도로를 조심스럽게 운전해 우리 팀을 여러 곳으로 안내했다. 알베르노 대학의 문화와 언어 자문위원 아말 엘-셰이크에게 더할 수 없이 큰 도움을 받았다. 그는 우리가 시베리아 외부에 있을 때 러시아어와 영어를 통역해주었다. 루이빌 대학교의 톰 둠스토프도 통역을 도와주었다.

주석

1 벨랴예프는 그가 존경하는 지식인, 니콜라이 바빌로프(Nikolai Vavilov)의 논문 가운데 특히 '상동계열의 법칙(Law of Homologous Series)'에 영향을 받았다.

2 러시아에서는 이런 종류의 정착지를 포셀로크(Poselok, поселок)라고 한다.

3 S. C. Harland, "Nicolai Ivanovitch Vavilov, 1885—1942," *Obituary Notices of Fellows of the Royal Society* 9 (1954): 259—264.

4 N. I. Vavilov, *Five Continents* (Rome: IPGRI, English translation, 1997)의 내용 요약.

5 바빌로프 연구소: http://vir.nw.ru/history/vavilov.htm#expeditions.

6 D. Joravsky, *The Lysenko Affair* (Cambridge: Harvard University Press, 1979); V. Soyfer, "The Consequences of Political Dictatorship for Russian Science," *Nature Reviews Genetics* 2 (2001): 723—729; V. Soyfer, *Lysenko and the Tragedy of Soviet Science* (New Brunswick: Rutgers University Press, 1994); V. Soyfer, "New Light on the Lysenko Era," *Nature* 339 (1989): 415—420.

7 키예프 농업연구소로부터.

8 키예프 농업연구소로부터.

9 Soyfer, *Lysenko and the Tragedy of Soviet Science*.

10 Vitaly Fyodorovich.

11 Soyfer, *Lysenko and the Tragedy of Soviet Science*, 56; *Pravda*, October 8, 1929, as cited on in Soyfer, *Lysenko and the Tragedy of Soviet Science*.

12 *Pravda*, February 15, 1935; *Izvestia*, February 15, 1935. As cited in Joravsky, *The Lysenko Affair*, 83, and Soyfer, *Lysenko and the Tragedy of Soviet Science*, 61.

13 Z. Medvedev, *The Rise and Fall of T. D. Lysenko* (New York: Columbia University Press, 1969).

14 Medvedev, *The Rise and Fall of T. D. Lysenko*.

15 P. Pringle, *The Murder of Nikolai Vavilov* (New York: Simon and Schuster, 2008), 5.

16 1916년에 설립된 이 연구소는 인민보건위원회 소속이었으며 민간 자선단체의 기부를 받았다: Inge-Vechtomov, N. P. Bochkov, "An Outstanding Geneticist and Cell-Minded Person: On the Centenary of the Birth of Academician B. L. Astaurov", *Herald of the Russian Academy of Sciences* 74 (2004) : 542—547.

17 S. Argutinskaya, "Memories," in *Dmitry Konstantinovich Belyaev*, ed. V. K. Shumny, P. Borodin, and A. Markel (Novosibirsk: Russian Academy of Sciences, 2002), 5—71.

18 S. Argutinskaya, "Memories," 니콜라이의 아들만 목숨을 유지해 혼자 살아가다 결국 숙모의 보호를 받게 되었다.

19 Joravsky, *The Lysenko Affair*, 137

20 T. Lysenko, "The Situation in the Science of Biology" (레닌 농업과학 아카데미 연합을 대상으로 한 연설, 1948년 7월 31일—8월 7일). 영문으로 된 연설문 전문은 다음 사이트에서 확인할 수 있다. http://www.marxists.org/reference/archive/lysenko/works/1940s/report.htm.

21 1948년 속기 회의록 "O polozhenii v biologicheskoi nauke"에서. *Stenograficheskii otchet sessi*

VASKhNILa 31 iiula-7 avgusta 1948.

22   Argutinskaya, "Memories."

23   Argutinskaya, "Memories."

24   K. Roed, O. Flagstad, M. Nieminen, O. Holand, M. Dwyer, N. Rov, and C. Via, "Genetic Analyses Reveal Independent Domestication Origins of Eurasian Reindeer," *Proceedings of the Royal Society of London B* 275 (2008): 1849—1855.

25   Soyfer, *Lysenko and the Tragedy of Soviet Science.*

26   As cited in *Scientific Siberia* (Moscow: Progress, 1970).

27   위원회 회장은 M. A. 올샨스키(M. A. Olshansky)였다.

28   흐루쇼프의 방문에 대한 트로피묵(Trofimuk)의 회상: http://www-sbras.nsc.ru/HBC/2000/n30-31/f7.html.

29   Ekaterina Budashkinah, interview with authors, January 2012.

30   I. Poletaeva and Z. Zorina, "Extrapolation Ability in Animals and Its Possible Links to Exploration, Anxiety, and Novelty Seeking," in *Anticipation: Learning from the Past,*" ed. M. Nadin (Berlin: Springer, 2015), 415—430.

31   D. 벨랴예프가 M. 러너(M.Lerner)에게 보낸 편지 1966년 7월 15일. 미국 철학회에 소장된 러너의 편지들에서.

32   P. Josephson, *New Atlantis Revisited: Akademgorodok, The Siberian City of Science* (Princeton: Princeton University Press, 1997).

33   Josephson, *New Atlantis Revisited,* 110.

34   L. Trut, I. Oskina, and A. Kharlamova, "Animal Evolution during Domestication: The Domesticated Fox as a Model," *Bioessays* 31 (2009): 349—360.

35   진화생물학 분야에서는 불안정 선택이라는 용어가 다른 의미로도 사용된다.

36   Tamara Kuzhutova, interview with authors, January 2012.

37   M. Nagasawa et al., "Oxytocin-Gaze Positive Loop and the Coevolution of Human-Dog Bonds," *Science* 348 (2015): 333—336; A. Miklosi et al., "A Simple Reason for a Big Difference: Wolves Do Not Look Back at Humans, but Dogs Do," *Current Biology* 13 (2003): 763—766.

38   B. Hare and V. Woods, "We didn't domesticate dogs, they domesticated us," 2013, http://news.nationalgeographic.com/news/2013/03/130302-dog-domestic-evolution-science-wolf-wolves-human/.

39   C. Darwin, *The Expression of Emotions in Man and Animals,* 2nd ed. (London: J. Murray, 1872).

40   N. Tinbergen, *The Study of Instinct* (Oxford: Clarendon Press, 1951); N. Tinbergen, "The Curious Behavior of the Stickleback," *Scientific American* 187 (1952): 22—26.

41   K. Lorenz, "Vergleichende Bewegungsstudien an Anatiden," *Journal fur Ornithologie* 89 (1941): 194—293; K. Lorenz, *King Solomon's Ring,* trans. Majorie Kerr Wilson (London: Methuen, 1961). Original in German is from 1949.

42 A. Forel, *The Social World of the Ants as Compared to Man*, vol. 1 (New York: Albert and Charles Boni, 1929), 469.

43 T. Nishida and W. Wallauer, "Leaf-Pile Pulling: An Unusual Play Pattern in Wild Chimpanzees," *American Journal of Primatology* 60 (2003): 167—173.

44 A. Thornton and K. McAuliffe, "Teaching in Wild Meerkats," *Science* 313 (2006): 227—229.

45 B. Heinrich and T. Bugnyar, "Just How Smart Are Ravens?" Scientific American 296 (2007): 64—71; B. Heinrich and R. Smokler, "Play in Common Ravens(Corvus corax)," in *Animal Play: Evolutionary, Comparative and Ecological Perspective*, ed. M. Bekoff and J. Byers (Cambridge: Cambridge University Press, 1998), 27—44; B. Heinrich, "Neophilia and Exploration in Juvenile Common Ravens, Corvus corax," Animal Behaviour 50 (1995): 695—704.

46 L. Trut, "A Long Life of Ideas," in *Dmitry Konstantinovich Belyaev*, 89—93.

47 D. Belyaev, A. Ruvinsky, and L. Trut, "Inherited Activation-Inactivation of the Star Gene in Foxes: Its Bearing on the Problem of Domestication," *Journal of Heredity* 72 (1981): 267—274.

48 관찰된 변화의 35퍼센트는 유전자 변이가 원인이었다: L. Trut and D. Belyaev, "The Role of Behavior in the Regulation of the Reproductive Function in Some Representatives of the Canidae Family," in *Vie Congres International de Reproduction et Insemination Artificielle* (Paris: Thibault, 1969), 1677—1680; L. Trut, "Early Canid Domestication: The Farm-Fox Experiment," *American Scientist* 87 (1999): 160—169.

49 F. Albert et al., "Phenotypic Differences in Behavior, Physiology and Neurochemistry between Rats Selected for Tameness and for Defensive Aggression towards Humans," *Hormones and Behavior* 53 (2008): 413—421.

50 Svetlana Gogolova, email interview with authors.

51 Natasha Vasilevskaya, interview with authors, January 2012.

52 Aubrey Manning, Skype interview with authors.

53 Aubrey Manning, Skype interview with authors.

54 존 펜트러스(John Fentress), J. P. 스콧(J. P. Scott), 버트 홀도블러(Bert Holldobler), 패트릭 베이트슨(Patrick Bateson), 클라우스 이멜만(Klaus Immelman), 로버트 힌데(Robert Hinde)같은 사람들.

55 Bert Hölldobler, Skype interview with authors. 홀도블러는 1971년 학회에 참석했다.

56 D. Belyaev, "Domestication: Plant and Animal," in *Encyclopedia Britannica*, vol. 5 (Chicago: Encyclopedia Britannica, 1974): 936—942.

57 R. Levins, "Genetics and Hunger," *Genetics* 78 (1974): 67—76; G. S. Stent, "Dilemma of Science and Morals," *Genetics* 78 (1974): 41—51.

58 *Genetics* 79(June 1975 supplement): 5.

59 S. Argutinskaya, "D. K. Belyaev, 1917—1985, from the First Steps to Founding the Institute of Cytology and Genetics of Siberian Branch of the Russian Academy of Sciences of USSR (ICGSBRAS)," *Genetika* 33 (1997): 1030—1043.

60 P. McConnell, *For the Love of a Dog* (New York: Ballantine, 2007).

61 A. Horowitz, "Disambiguating the 'Guilty Look': Salient Prompts to a Familiar Dog Behavior," *Behavioural Processes* 81 (2009): 447—452; C. Darwin, *The Expression of Emotions in Man and Animals* (London: J. Murray, 1872); K. Lorenz, *Man Meets Dog* (Methuen: London, 1954); H. E. Whitely, *Understanding and Training Your Dog or Puppy* (Santa Fe: Sunstone, 2006); D. Cheney and R. Seyfarth, *Baboon Metaphysics: The Evolution of a Social Mind* (Chicago: University of Chicago Press, 2007); F. De Waal, *Good Natured: The Origins of Right and Wrong in Humans and Other Animals* (Cambridge: Harvard University Press, 1997).

62 A. Horowitz, "Disambiguating the 'Guilty Look.'"

63 J. van Lawick-Goodall and H. van Lawick, *In the Shadow of Man* (New York:Houghton-Mifflin, 1971).

64 P. Miller, "Crusading for Chimps and Humans," National Geographic website, December 1995, http://s.ngm.com/1995/12/jane-goodall/goodall-text/1.

65 A. Miklosi, *Dog Behaviour, Evolution, and Cognition* (Oxford: Oxford University Press, 2014).

66 M. Zeder, "Domestication and Early Agriculture in the Mediterranean Basin: Origins, Diffusion, and Impact," *Proceedings of the National Academy of Sciences* 15 (2008): 11587 —11604; "Domestication Timeline," American Museum of Natural History website, http://www.amnh.org/exhibitions/past-exhibitions/horse/domesticating-horses/domestication-timeline.

67 M. Deer, "From the Cave to the Kennel," Wall Street Journal website, October 29, 2011, http://www.wsj.com/articles/SB10001424052970203554104577001843790269560.

68 M. Germonpre et al., "Fossil Dogs and Wolves from Palaeolithic Sites in Belgium, the Ukraine and Russia: Osteometry, Ancient DNA and Stable Isotopes," *Journal of Archaeological Science* 36 (2009): 473—490.

69 E. Axelsson et al., "The Genomic Signature of Dog Domestication Reveals Adaptation to a Starch-Rich Diet," *Nature* 495 (2013): 360—364.

70 R. Bridges, "Neuroendocrine Regulation of Maternal Behavior," *Frontiers in Neuroendocrinology* 36 (2015): 178—196; R. Feldman, "The Adaptive Human Parental Brain: Implications for Children's Social Development," *Trends in Neurosciences* 38 (2015): 387 —399; J. Rilling and L. Young, "The Biology of Mammalian Parenting and Its Effect on Offspring Social Development," *Science* 345 (2014): 771—776.

71 S. Kim et al., "Maternal Oxytocin Response Predicts Mother-to-Infant Gaze," Brain Research 1580 (2014): 133—142; S. Dickstein et al., "Social Referencing and the Security of Attachment," *Infant Behavior & Development* 7 (1984): 507—516.

72 J. Odendaal and R. Meintjes, "Neurophysiological Correlates of Affiliative Behaviour between Humans and Dogs," *Veterinary Journal* 165 (2003): 296—301; S. Mitsui et al., "Urinary Oxytocin as a Noninvasive Biomarker of Positive Emotion in Dogs," *Hormones and Behavior* 60 (2011): 239—243.

73 M. Nagasawa et al., "Oxytocin-Gaze Positive Loop and the Coevolution of Human-Dog Bonds"; M. Nagasawa et al., "Dog's Gaze at Its Owner Increases Owner's Urinary Oxytocin during Social Interaction," *Hormones and Behavior* 55 (2009): 434—441.

74 세로토닌이라는 이름은 한참 뒤에야 채택되었다.

75 G. Z. Wang et al., "The Genomics of Selection in Dogs and the Parallel Evolution between Dogs and Humans," *Nature Communications* 4 (2013), DOI:10.1038/ncomms2814.

76 Descartes in a letter dated January 29, 1640; see Descartes's View of the Pineal Gland in "The Stanford Encyclopedia of Philosophy," http://plato.stanford.edu/entries/pineal-gland/#2.

77 Larissa Kolesnikova, phone interview with authors.

78 Larissa Kolesnikova, phone interview with authors.

79 L. Kolesnikova et al., "Changes in Morphology of Silver Fox Pineal Gland at Domestication," *Zhurnal Obshchei Biologii* 49 (1988): 487—492; L. Kolesnikova et al., "Circadian Dynamics of Biochemical Activity in the Epiphysis of Silver-Black Foxes," *Izvestiya Akademii Nauk Seriya Biologicheskaya* (May-June 1997): 380—384; L. Kolesnikova, "Characteristics of the Circadian Rhythm of Pineal Gland Biosynthetic Activity in Relatively Wild and Domesticated Silver Foxes," *Genetika* 33 (1997): 1144—1148; L. Kolesnikova et al., "The Melatonin Content of the Tissues of Relatively Wild and Domesticated Silver Foxes Vulpes fulvus," *Zhurnal Evoliutsionnoĭ Biokhimii i Fiziologii* 29 (1993): 482—496.

80 John Scandalious, phone interview with authors.

81 N. Tsitsin, "Presidential Address: The Present State and Prospects of Genetics,"in *XIV International Congress of Genetics,* ed. D. K. Belyaev, vol. 1 (Moscow: MIR Publishers, 1978), 20.

82 Penelope Scandalious"s journal, personal communication with authors.

83 M. King and A. Wilson, "Evolution in Two Levels in Humans and Chimpanzees," *Science* 188 (1975): 107—116; 유전자 발현 및 변형에 관해서라면 그들은 점 돌연변이와 관련된 변화를 언급했다.

84 Aubrey Manning, Skype interview with authors.

85 Aubrey Manning, Skype interview with authors.

86 L. Mech and L. Boitani, eds., *Wolves: Behavior, Ecology, and Conservation* (Chicago:University of Chicago Press, 2007).

87 J. Goodall to W. Schleidt, as cited in "Co-evolution of Humans and Canids," *Evolution and Cognition* 9 (2003): 57—72.

88 L. S. B. Leakey, "A New Fossil from Olduvai," *Nature* 184 (1959): 491—494.

89 일부 연구자들은 오늘날에도 여전히 다지역 기원설을 지지하며 "아프리카 기원설"을 주장하는 연구 단체와 열띤 논쟁을 벌이고 있다. 다지역 기원설은 약 200만 년 전 호모 에렉투스가 아프리카를 떠나 유럽, 아시아, 아프리카의 구세계로 한 차례 이주하여 서식했음을 사실로 받아들인다. 이후 호모 에렉투스는 서로 갈라졌고, 이처럼 느슨하게 연결된 인구는 지난 200만 년에 걸쳐 현대 인간으로 함께 진화되었다. 반면에 아프리카 기원설은 인류의 조상 호미닌이 아프리카를 벗어나 두 차례 주된 흐름을 경험했음을 사실로 받아들인다. 이들은 약 200만 년 전에 먼저 호모 에렉투스로 군집을 이룬 뒤 약 10만 년 전에 호모 사피엔스로 군집을 이루었다. 현대의 호모 사피엔스는 아프리카에서 출현했으며, 두 번째 이주의 물결에서 호모 에렉투스와 호모 네안데르탈렌시스와 같은, 유럽과 아시아에 거주하던 현생 이전 호미닌들의 자리를 호모 사피엔스가 차지했다. C. 벅스트롬(C. Bergstrom)과 L. 듀가트킨, 《진화(Evolution)》(New York : W. W. Norton, 2012)에서 수정.

90 이후로 320만 년 전까지

91 D. K. Belyaev, "On Some Factors in the Evolution of Hominids," *Voprosy Filosofii* 8 (1981): 69—77; D. K. Belyaev, "Genetics, Society and Personality," in *Genetics: New Frontiers: Proceedings of the XV International Congress of Genetics*, ed. V. Chopra (New York: Oxford University Press, 1984), 379—386.

92 그러나 오늘날엔 150만 년에서 200만 년 전에 출현한 것으로 여겨진다.

93 D. K. Belyaev, ""On Some Factors in the Evolution of Hominids.""

94 D. K. Belyaev, ""Genetics, Society and Personality.""

95 인간의 자기가축화 개념은 벨랴예프 이전에도 간혹 언급되었지만 체계적으로 혹은 자세하게 언급된 적은 없었다. W. Bagehot, *Physics and Politics or Thoughts on the Application of the Principles of "Natural Selection"and "Inheritance" to Political Society* (London: Kegan Paul, Trench and Trubner, 1905). 덧붙이자면, 이후에 인간의 자기가축화는 벨랴예프가 논의하고 있는 내용과 전혀 다른 과정을 설명하기 위해 사용되었다: P. Wilson, *The Domestication of the Human Species* (New Haven: Yale University Press, 1991).

96 B. Hare, V. Wobber, and R. Wrangham, "The Self-Domestication Hypothesis: Evolution of Bonobo Psychology Is Due to Selection against Aggression," *Animal Behaviour* 83 (2012): 573—585. Related papers include B. Hare et al., "Tolerance Allows Bonobos to Outperform Chimpanzees on a Cooperative Task," *Current Biology* 17 (2007): 619—623; V. Wobber, R. Wrangham, and B. Hare,"Bonobos Exhibit Delayed Development of Social Behavior and Cognition Relative to Chimpanzees," *Current Biology* 20 (2010): 226—230; V. Wobber, R. Wrangham, and B. Hare, "Application of the Heterochrony Framework to the Study of Behavior and Cognition," *Communicative and Integrative Biology* 3 (2010): 337—339; R. Cieri et al., "Craniofacial Feminization, Social Tolerance, and the Origins of Behavioral Modernity," *Current Anthropology* 55 (2014): 419—443.

97 D. Quammen, "The Left Bank Ape," National Geographic website, March 2013, http://ngm.nationalgeographic.com/2013/02/125-bonobos/quammen-text.

98 지형을 묘사한 지도는 다음을 참조한다: http://mappery.com/map-of/African-Great-Apes-Habitat-Range-Map.

99 J. Rilling et al., "Differences between Chimpanzees and Bonobos in Neural Systems Supporting Social Cognition," *Social Cognitive and Affective Neuroscience* 7 (2012): 369—379.

100 벨랴예프의 생각처럼, 보노보의 자기가축화와 관련된 변화는 스트레스 호르몬 체계와 관련된 조절 유전자 발현과 변화 시기에 의해 이루어졌다는 일부 증거도 있다. 가축화된 종들에 미치는 유전자 조절의 정확한 역할은 여전히 밝혀지지 않은 상태다: F. Albert et al, "A Comparison of Brain Gene Expression Levels in Domesticated and Wild Animals", PLOS Genetics 8(2012) ; B. Hare et al, "The Self-Domestication Hypothesis"에서. 주: "자기가축화 가설의 또 다른 진화 시나리오가 있는데, 관찰된 행동 차이는 침팬지가 보노보와 동일한 조상으로부터 가혹한 공격성을 선택했기 때문이라는 것이다. 마찬가지로 두 종 모두 이론상 그들에게서 드러나는 특성 가운데 일부를 지닌 공통된 조상에서 갈라져 나왔을 가능성이 크다. 그러나 보노보 두개골에 대한 개체발생론은 이 같은 의견에 반대한다. 성장 시기에 침팬지의 두개골은 훨씬 먼 친척인 고릴라, 즉 서부고릴라의 개체발생적 패턴을 충실히 따르는 … 반면 보노보의 두개골은 침팬지뿐 아니라 오스트랄로피테쿠스를 포함한 다른 모든 유인원에 비해 여전히 작고 미숙하다."

101   P. Borodin, "Understanding the Person," in *Dmitry Konstantinovich Belyaev,* 2002.

102   Nikolai Belyaev, Skype interview with authors.

103   Misha Belyaev, interview with authors.

104   Misha Belyaev, interview with authors.

105   Kogan in *Dmitry Konstantinovich Belyaev,* 2002.

106   D. Belyaev, "I Believe in the Goodness of Human Nature: Final Interview with the Late D. K. Belyaev," *Voprosy Filosofii* 8 (1986): 93—94.

107   A. Miklosi, *Dog Behavior, Evolution, and Cognition.*

108   부신 피질을 감소시켜서.

109   I. Plyusnina, I. Oskina, and L. Trut, "An Analysis of Fear and Aggression during Early Development of Behavior in Silver Foxes (Vulpes vulpes)," *Applied Animal Behaviour Science* 32 (1991): 253—268.

110   N. Popova, N. Voitenko, and L. Trut, "Change in Serotonin and 5-oxyindoleacetic Acid Content in Brain in Selection of Silver Foxes according to Behavior," *Doklady Akademii Nauk SSSR* 223 (1975): 1498—1500; N. Popova et al., "Genetics and Phenogenetics of Hormonal Characteristics in Animals.7. Relationships between Brain Serotonin and Hypothalamo-pituitary-adrenal Axis in Emotional Stress in Domesticated and Non-domesticated Silver Foxes," *Genetika* 16 (1980): 1865—1870.

111   보다 정확성을 기하기 위해, 세로토닌의 전구체인 L-트립토판을 여우에 주입했다.

112   A. Chiodo and M. Owyang, "A Case Study of a Currency Crisis: The Russian Default of 1998," Federal Reserve Bank of St. Louis *Review* (November/December 2002): 7—18.

113   L. Trut, "Early Canid Domestication," 168.

114   Letter from John McGrew to Lyudmila Trut.

115   Letter from Charles and Karen Townsend to Lyudmila Trut.

116   *New York Times, February 23, 1997.*

117   이 사건들에 관한 근사한 연대표는 국가 인간 게놈 연구소 웹사이트에서 확인할 수 있다: http://unlockinglifescode.org/timeline?tid=4.

118   C. Rutz and J. H. St. Clair, "The Evolutionary Origins and Ecological Context of Tool Use in New Caledonian Crows," *Behavioural Process* 89 (2013): 153—165.

119   B. Klump et al., "Context-Dependent'Safekeeping' of Foraging Tools in New Caledonian Crows," *Proceedings of the Royal Society B* 282 (2015), DOI:10.1098/rspb.2015.0278.

120   V. Pravosudovand and T. C. Roth, "Cognitive Ecology of Food Hoarding: The Evolution of Spatial Memory and the Hippocampus," *Annual Review of Ecology, Evolution, and Systematics* 44 (2013): 173—193.

121   J. Dally et al., "Food-Caching Western Scrub-Jays Keep Track of Who Was Watching When," *Science* 312 (2006): 1662—1665.

122   M. Wittlinger et al., "The Ant Odometer: Stepping on Stilts and Stumps," *Science* 312

(2006): 1965—1967; M. Wittlinger et al., "The Desert Ant Odometer: A Stride Integrator that Accounts for Stride Length and Walking Speed," *Journal of Experimental Biology* 210 (2007): 198—207.

123 B. Hare et al., "The Domestication of Social Cognition in Dogs," *Science* 298 (202): 1634 —1636. 헤어는 리처드 랭엄의 지도하에 논문을 발표했다. 그의 박사학위 논문 제목은 다음 과 같다. "Using Comparative Studies of Primate and Canid Social Cognition to Model Our Miocene Minds"(Harvard University, 2004).

124 S. Zuckerman, *The Social Life of Monkeys and Apes* (New York: Harcourt Brace, 1932).

125 G. Schino, "Grooming and Agonistic Support: A Meta-analysis of Primate Reciprocal Altruism," *Behavioral Ecology* 18 (2007): 115—120; E. Stammbach, "Group Responses to Specially Skilled Individuals in a Macaca fascicularis group," *Behaviour* 107 (1988): 687— 705; F. de Waal, "Food Sharing and Reciprocal Obligations among Chimpanzees," *Human Evolution* 18 (1989): 433—459.

126 A. Harcourt and F. de Waal, eds., *Coalitions and Alliances in Humans and Other Animals* (Oxford: Oxford University, 1992).

127 C. Packer, "Reciprocal Altruism in *Papio anubis*," *Nature 265 (1977)*: 441—443.

128 D. Cheney and R. Seyfarth, *How Monkeys See the World* (Chicago: University of Chicago, 1990).

129 이 주제에 관한 헤어의 작업 내용은 다음과 같다. Hare et al., "The Domestication of Social Cognition"; M. Tomasello, B. Hare, and T. Fogleman, "The Ontogeny of Gaze Following in Chimpanzees, Pan troglodytes, and Rhesus Macaques, Macaca mulatta," *Animal Behaviour* 61 (2001): 335—343; S. Itakura et al., "Chimpanzee Use of Human and Conspecific Social Cues to Locate Hidden Food," *Developmental Science 2* (1999): 448—456; M. Tomasello, B. Hare, and B. Agnetta," Chimpanzees, Pan troglodytes, Follow Gaze Direction Geometrically," *Animal Behaviour* 58 (1999): 769—777; B. Hare and M. Tomasello, "Domestic Dogs (Canis familiaris) Use Human and Conspecific Social Cues to Locate Hidden Food," *Journal of Comparative Psychology* 113 (1999): 173—177; M. Tomasello, J. Call, and B. Hare, "Five Primate Species Follow the Visual Gaze of Conspecifics," *Animal Behaviour* 55 (1998): 1063—1069.

130 A. Miklosi et al., "Use of Experimenter-Given Cues in Dogs," *Animal Cognition* 1 (1998): 113—121; A. Miklosi et al., "Intentional Behaviour in Dog-Human Communication: An Experimental Analysis of Showing Behaviour in the Dog," *Animal Cognition* 3 (2000): 159— 166; K. Soproni et al., 'Dogs' (Canis familiaris) Responsiveness to Human Pointing Gestures," *Journal of Comparative Psychology* 116 (2002): 27—34.

131 이 같은 테스트와 관련한 늑대의 능력에 대해서는 논의가 진행 중이다: "A Simple Reason for a Big Difference"; A. Miklosi and K. Soproni, "A Comparative Analysis of Animals' Understanding of the Human Pointing Gesture," *Animal Cognition* 9 (2006): 81—93; M. Udell et al., "Wolves Outperform Dogs in Following Human Social Cues," *Animal Behaviour* 76 (2008): 1767—1773; C. Wynne, M. Udell, and K. A. Lord, "Ontogeny's Impacts on Human-Dog Communication," *Animal Behaviour* 76 (2008): E1—E4; J. Topal et al., "Differential Sensitivity to Human Communication in Dogs, Wolves, and Human Infants," *Science* 325

(2009): 1269—1272; M. Gacsi et al., "Explaining Dog/Wolf Differences in Utilizing Human Pointing Gestures: Selection for Synergistic Shifts in the Development of Some Social Skills," *PLOS ONE* 4 (2009), DOI.org/10.1371/journal.pone.0006584; B. Hare et al., "The Domestication Hypothesis for Dogs' Skills with Human Communication: A Response to Udell et al. (2008) and Wynne et al. (2008)," *Animal Behaviour* 79 (2010): E1—E6.

132 B. Hare, "The Domestication of Social Cognition in Dogs."

133 Brian Hare, Skype interview with authors.

134 B. Hare and V. Woods, *The Genius of Dogs* (New York: Plume, 2013), 78—79.

135 B. Hare et al., "Social Cognitive Evolution in Captive Foxes Is a Correlated By-product of Experimental Domestication," *Current Biology* 15 (2005): 226—230.

136 여우가 숨긴 음식으로부터 후각 신호를 찾지 않았음을 확인하는 다른 실험들도 실시되었다.

137 Brian Hare, Skype interview with authors.

138 43마리의 길들인 새끼 여우와 32마리의 통제군 새끼 여우.

139 길들인 여우에 비해 통제군 여우가 인간 주변에서 더 무서워하고 불편해한 건 아니었다. 브라이언의 조수 나탈리는 그의 지시대로 이 사실을 확인하기 위해 실험 전 가외의 시간을 대조군 여우들과 함께 보냈고, 이것이 혼동 요인이 아님을 확인하기 위해 추가 실험들을 실시했다.

140   Hare and Woods, 87—88.

141 Irena Mukhamedshina, interview with authors.

142 R. Seyfarth, "Vervet Monkey Alarm Calls: Semantic Communication in a Free-Ranging Primate," *Animal Behaviour* 28 (1980): 1070—1094.

143 보로딘은 두루미와 얼룩다람쥐에서 개와 주머니줄무늬 다람쥐에 이르기까지 모든 동물의 의사소통을 연구했다.

144 Sveta Gogoleva, email interview with authors.

145 S. Gogoleva et al., "To Bark or Not to Bark: Vocalizations by Red Foxes Selected for Tameness or Aggressiveness toward Humans," *Bioacoustics* 18 (2008): 99—132.

146 S. Gogoleva et al., "Explosive Vocal Activity for Attracting Human Attention Is Related to Domestication in Silver Fox," *Behavioural Processes* 86 (2010): 216—221.

147 미세위성 표지자(microsatellite markers)도 사용했다.

148 A. Kukekova et al., "A Marker Set for Construction of a Genetic Map of the Silver Fox (Vulpes vulpes)," *Journal of Heredity* 95 (2004): 185—194; A. Graphodatsky et al., "The Proto-oncogene C-KIT Maps to Canid B-Chromosomes," *Chromosome Research* 13 (2005): 113—122.

149 320개의 유전자 좌. A. Kukekova et al., "A Meiotic Linkage Map of the Silver Fox, Aligned and Compared to the Canine Genome," *Genome Research* 17 (2007): 387—399.

150 그들은 발견한 내용을 개 게놈 지도와 비교하기도 했다. 여기에서 그들은 은여우에서 발견된 17쌍의 염색체와 일반적으로 개에게 발견되는 39쌍의 염색체 차이가 다양한 유전자 융합의 결과라는 사실을 알게 되었다. 대부분 여우의 염색체는 상당한 양의 개 염색체로 이루어져 있다.

151 National Institute of Mental Health, Molecular Mechanisms of Social Behavior, MH0077811, 08/01/07—07/31/11; National Institute of Mental Health, Molecular Genetics of Tame

Behavior MH069688, 04/01/04—03/31/07.

152 K. Chase et al., "Genetic Basis for Systems of Skeletal Quantitative Traits: Principal Component Analysis of the Canid Skeleton," *Proceedings of the National Academy of Sciences of the United States of America* 99 (2002): 9930—9935; D. Carrier, K. Chase, and K. Lark, "Genetics of Canid Skeletal Variation: Size and Shape of the Pelvis," *Genome Research* 15 (2005): 1825—1830.

153 K. Chase et al., "Genetic Basis for Systems of Skeletal Quantitative Traits"; L. Trut et al., "Morphology and Behavior: Are They Coupled at the Genome Level?" in *The Dog and Its Genome*, ed. E. A. Ostrander, U. Giger, and K. Lindblad-Toh (Woodbury, NY: Cold Spring Harbor Laboratory Press, 2005), 81—93.

154 안나와 류드밀라는 유전학자들이 개발한 수학 모델을 이용하여 3세대에 걸쳐 온순한 여우와 공격적인 여우를 서로 교배하는 매우 구체적인 번식 실험 계획안을 작성했으며, 그로 인해 분자유전학적 분석은 길들인 행동과 관련된 유전자의 위치를 찾는 막강한 힘을 갖게 되었다; A. Kukekova et al., "Measurement of Segregating Behaviors in Experimental Silver Fox Pedigrees," *Behavior Genetics* 38 (2008): 185—194.

155 A. Kukekova et al., "Sequence Comparison of Prefrontal Cortical Brain Transcriptome from a Tame and an Aggressive Silver Fox (Vulpes vulpes)," *BMC Genomics* 12 (2011): 482, DOI:10.1186/1471-2164-12-482. 여기에서 실시된 예비 작업에는 다음 내용이 포함된다: J. Lindberg et al., "Selection for Tameness Modulates the Expression of Heme Related Genes in Silver Foxes," *Behavioral and Brain Functions* 3 (2007), DOI:10.1186/1744-9081-3-18; J. Lindberg et al., "Selection for Tameness Has Changed Brain Gene Expression in Silver Foxes," *Current Biology* 15 (2005): R915—R916.

156 당시 벨랴예프는 유전자 발현과 가축화에 관해 다른 내용을 제시했다. 그는 가축화 과정에 영향을 미치는 대규모 유전자 클러스터들이 스스로 극소수 "마스터 조절 유전자"의 지배를 받을지 모른다고 제안했다. 그의 제안이 맞다면, 이 마스터 조절 유전자는 이제 여우의 가축화 기간에 일제히 나타나는 많은 변화들 — 행동, 털 색깔, 호르몬 수치, 뼈의 길이와 너비 등의 변화들 — 을 통제할지 모른다. 류드밀라와 안나는 이 마스터 조절 유전자가 존재한다면, 이것을 발견하기까지 장차 수년의 시간이 걸린다는 걸 알고 있다. 그러나 사랑하는 여우들에 관한 한 류드밀라는 그보다 훨씬 오랜 기간이 걸리는 일에 대해서도 완벽하게 계획을 세웠다. 결국 그들이 다른 유전자 클러스터에서 유전자 발현을 통제하고 배열하는 마스터 조절 유전자를 발견하게 된다면, 류드밀라는 여우 팀이 "전체 가축화 과정[에 대한] 통제"를 활용하리라 믿는다.

157 이 유전자들은 SOX6과 PROM1이었다: F. Albert et al., "A Comparison of Brain Gene Expression Levels in Domesticated and Wild Animals," *PLOS Genetics* 8 (2012), doi.org/10.1371/journal.pgen.1002962.

158 M. Carneiro et al., "Rabbit Genome Analysis Reveals a Polygenic Basis for Phenotypic Change during Domestication," *Science* 345 (2014): 1074—1079.

159 A. Wilkins, R. Wrangham, and T. Fitch, "The 'Domestication Syndrome' in Mammals: A Unified Explanation Based on Neural Crest Cell Behavior and Genetics," *Genetics* 197 (2014): 795—808.

160 Letter from Rene and Mitchell to Lyudmila Trut.

161 Letter from Moiseev Dmitry to Lyudmila Trut.

은여우 길들이기

초판 1쇄 발행 | 2018년 7월 20일
초판 2쇄 발행 | 2019년 3월 20일

지은이 | 리 앨런 듀가킨, 류드밀라 트루트
옮긴이 | 서민아
펴낸이 | 이은성
편 집 | 김윤성
디자인 | 전영진
펴낸곳 | 필로소픽

주 소 | 서울시 동작구 상도동 206 가동 1층
전 화 | (02)883-9774
팩 스 | (02)883-3496
이메일 | philosophik@hanmail.net
등록번호 | 제379-2006-000010호

ISBN 979-11-5783-113-5 03400
필로소픽은 푸른커뮤니케이션의 출판 브랜드입니다.

이 도서의 국립중앙도서관 출판예정도서목록(CIP)은 서지정보유통지원시스템 홈페이지(http://seoji.nl.go.kr)와
국가자료공동목록시스템(http://www.nl.go.kr/kolisnet)에서 이용하실 수 있습니다. (CIP제어번호: CIP2018018407)